U0168922

智能电网
信息化平台建设

宋景慧　胡春潮　张超树　彭子平
　　　　　　　　　　　　　　　　编　著
吴福疆　赵　伟　刘　石　孙　辉

中国电力出版社
CHINA ELECTRIC POWER PRESS

内 容 提 要

本书在介绍智能电网的相关概述及特性、智能电网与综合能源的交互影响、信息化平台的建设意义及发展的基础上，对智能电网信息化体系架构做出详细分析，并着重介绍了智能电网信息化平台的建设流程、核心技术架构和建模技术，展示了智能电网信息化平台功能及平台建设数据分析，并结合平台示范案例，提炼出智能电网信息平台的建设经验。

本书结合当前智能电网信息化的发展趋势，充分反映了信息化技术在智能电网模式构建过程中所起的关键性支撑作用，同时介绍了当前智能电网信息化体系架构、建模等核心技术以及平台实践案例。通过本书的分析与研究，广大读者朋友们可以对智能电网的信息化体系构建有相应的了解与认知。

本书可供能源、电网、信息化、材料等相关领域的科研人员、工程技术人员和管理人员阅读，也可作为高等院校相关专业师生的辅助教材。

图书在版编目（CIP）数据

智能电网信息化平台建设/宋景慧等编著．—北京：中国电力出版社，2021.7
ISBN 978-7-5198-5636-6

Ⅰ．①智… Ⅱ．①宋… Ⅲ．①智能控制－电网－信息化建设 Ⅳ．①TM76-39

中国版本图书馆 CIP 数据核字（2021）第 089932 号

出版发行：中国电力出版社
地　　址：北京市东城区北京站西街 19 号（邮政编码 100005）
网　　址：http://www.cepp.sgcc.com.cn
责任编辑：赵鸣志
责任校对：黄　蓓　李　楠
装帧设计：赵姗姗
责任印制：吴　迪

印　　刷：三河市万龙印装有限公司
版　　次：2021 年 7 月第一版
印　　次：2021 年 7 月北京第一次印刷
开　　本：787 毫米×1092 毫米　16 开本
印　　张：19.25
字　　数：332 千字
印　　数：0001—1000 册
定　　价：98.00 元

前 言

　　智能电网也被称为"电网 2.0"，它是建立在集成的、高速双向通信网络的基础上，通过应用先进的传感和测量技术、先进的设备技术、先进的控制方法以及先进的辅助决策支持系统技术等，实现电网的可靠、安全、经济、高效、环境友好和使用安全的目标。智能电网的主要特征包括自愈、激励和包容用户、抵御攻击、提供满足 21 世纪用户需求的电能质量、容许各种不同发电形式的接入、启动电力市场以及资产的优化高效运行。

　　在现代电网的发展过程中，各国结合其电力工业发展的具体情况，通过不同领域的研究和实践，形成了各自的发展方向和技术路线，也反映出各国对未来电网发展模式的不同理解。近年来，随着各种先进技术在电网中的广泛应用，智能化已经成为电网发展的必然趋势，发展智能电网已在世界范围内形成共识。从技术发展和应用的角度看，世界各国、各领域的专家、学者普遍认同以下观点：智能电网是将先进的传感测量技术、信息通信技术、分析决策技术、自动控制技术和能源电力技术相结合，并与电网基础设施高度集成而形成的新型现代化电网。由于智能电网的研究与开发尚处于起步阶段，各国国情及资源分布不同，发展的方向和侧重点也不尽相同，国际上对其还没有达成统一而明确的定义。根据目前的研究情况，智能电网就是为电网注入新技术，包括先进的通信技术、计算机技术、信息技术、自动控制技术和电力工程技术等，从而赋予电网某种人工智能，使其具有较强的应变能力，成为一个完全自动化的供电网络。

　　针对我国智能电网信息化发展状况和信息化平台开发实施过程中遇到的实际问题，编者撰写了本书，全面分析了智能电网信息化与综合能源服务发展现状及未来发展前景，明确了战略意义，梳理并深入讲解了当前智能电网信息化体系架构、建模等核心技术以及平台实践案例，以使读者对建设信息化平台全过程有一个系统、全面、直观的了解。本书可供能源、电网、信息化、材料等相关领域的科研人员、工程技术人员和管理人员阅读，也可作为高等院校相关专业师生的辅助教材。

本书在编写过程中得到了来自各方面的协助与支持，多位南方电网公司领导与专家提出了宝贵的意见与建议，多家服务厂商和项目合作单位为资料收集提供了大力支持，使本书的质量得到进一步提高，在此一并表示衷心的感谢。

限于编者水平，编写时间仓促，书中难免有不足之处，望广大读者批评指正。

编　者

2020 年 12 月

目 录

第一章　概　　述

随着全球新一轮科技革命和产业变革的兴起，先进信息技术、互联网理念与能源产业深度融合，推动着能源新技术、新模式和新业态的兴起。发展智能电网成为保障能源安全、应对气候变化、保护自然环境、实现可持续发展的重要共识。

智能电网贯穿电力系统各个环节，涵盖发电、输变电、配电、用电、调度、通信网络、信息平台、智慧能源、技术保障等电网发展的方方面面，是推动能源革命的重要手段，是现代能源体系的核心，也是支撑社会发展的基石。

互联网技术已经成为世界经济增长的新引擎，在"互联网+"的风口下，智能电网开启了能源与互联网有机结合的大门，智能电网布局也成为国家抢占未来低碳经济制高点的重要战略措施。

第一节　智能电网的概念及特性

所谓智能电网（smart power grids），就是电网的智能化，也被称为"电网 2.0"。它是建立在集成的、高速双向通信网络的基础上，通过先进的传感和测量技术、先进的设备技术、先进的控制方法，以及先进的决策支持系统技术的应用，实现电网的可靠、安全、经济、高效、环境友好和使用安全的目标。其主要特征包括自愈、激励和保护用户、抵御攻击、提供满足 21 世纪用户需求的电能质量、容许各种不同发电形式的接入、启动电力市场，以及资产的优化高效运行。

一、智能电网的概念的提出

随着特高压输电技术以及互联网、物联网、云计算、大数据技术的发展，人们对智能电网的内涵、架构、作用的认识不断深化。但由于世界各国自身的国情、所处的发展阶段和资源分布存在差异，对智能电网发展的侧重点也有所不同，就智能电网的概念来说，全球仍没有统一、明确的定义。

中国科学技术部《智能电网重大科技产业化工程"十二五"专项规划》指出：英国、法国、德国等国家着重发展泛欧洲电网互联，意大利着重发展智能表计及互动化的配电网，而丹麦则着重发展风力发电及其控制技术；日本智能电网的核心是建设与太阳能发电大规模推广开发相适应的电网，解决国土面积狭小、能源资源短缺与社会经济发展的矛盾；韩国的智能电网研究重点放在智能绿色城市建设上；澳大利亚智能电网建设的目标是发展可再生能源和提高能源利用效率，主要工作集中在智能表计的实施及其相关的需求侧管理方面。而英国《卫报》网站 2015 年 6 月 22 日撰文称：对于欧洲来说，能源效率是关键，智能电网是推广低碳技术和实现经济脱碳化的一个平台。对拉丁美洲而言，建造智能电网的一个重要驱动力在于抑制窃电行为。对我国而言，智能电网更大的意义在于打造一个能够与巨大电力需求相匹配的坚强电网。而对美国和日本来说，建造智能电网主要是为了加强电网的适应能力，以便在极端天气事件和自然灾害发生时保持电力的稳定供应。可见，发展符合各自国情的智能电网已成为大家的共识。

2015 年 7 月 6 日，国家发展改革委、国家能源局发布了《关于促进智能电网发展的指导意见》（以下简称意见）（下文简称《意见》），提出了中国发展智能电网的指导思想、基本原则、发展目标、主要任务、保障措施，提出到 2020 年，我国将初步建成安全可靠、开放兼容、双向互动、高效经济、清洁环保的智能电网体系，满足电源开发和用户需求，全面支撑现代能源体系建设，推动我国能源生产和消费革命；带动战略性新兴产业发展，形成有国际竞争力的智能电网装备体系。可以说，这是我国自 2009 年国家电网公司、南方电网公司先后提出智能电网发展计划，到 2010 年 3 月 "加强智能电网建设" 首次在《政府工作报告》中提出，再到 2012 年 3 月中国科学技术部发布的《智能电网重大科技产业化工程 "十二五" 专项规划》以来，全面、系统阐述我国智能电网发展的权威性、政策性文件。《意见》的发布，使我国智能电网建设主要由企业推进、各领域分散探索、局部发展及技术与政策间不平衡，向有序、协调、规范性的方向发展。

在全球经济一体化的格局下，能源革命、信息革命、电力技术发展和相互间的融合必然影响国际合作；智能电网标准的国际化也将使智能电网的发展具有互相影响、互相借鉴、协调发展的趋势。目前，我国正处在智能电网规划发展的关键时期，为了进一步凝聚国内共识、形成合力，探求智能电网与 "互联网+智慧能源" 及 "能源互联网" 的关系，加强与世界同行的交流、创新，有必要从本质上进一步厘清智能电网的概念。

我们选用美国和我国的政府部门、国家电网公司对智能电网的定义或者描述，归纳分析智能电网的基本属性。美国《能源独立与安全法案（2007）》（EISA）中智能电网的定义为：智能电网指的是现代化的电力网络传输系统，可以监测控制每一个用户及节点，并保证信息及电能在发电厂、设备及其间的任意点双向流动，可以监控、保护并且自动优化与之相连的设备运行，这些设备包括集中和分布式的电源，以及通过输电网和配电网与之相连接的工业用户、楼宇化系统、储能装置、终端用户及其自动调温器、电动汽车、电器及其他家用设备。《意见》中提到：智能电网是在传统电力系统基础上，通过集成新能源、新材料、新设备和先进传感技术、信息技术、控制技术、储能技术等新技术，形成的新一代电力系统，具有高度信息化、自动化、互动化等特征，可以更好地实现电网安全、可靠、经济、高效运行。发展智能电网是实现我国能源生产、消费、技术和体制革命的重要手段，是发展能源互联网的重要基础。国家电网公司对坚强智能电网的表述是：以特高压电网为骨干网架、各级电网协调发展的坚强电网为基础，以信息通信平台为支撑，具有信息化、自动化、互动化的特征，包含电力系统的发电、输电、变电、配电、用电和调度各个环节，覆盖所有电压等级，实现"电力流、信息流、业务流"的高度一体化融合的现代电网。

　　首先，智能电网中的"智能"不是指常规的自动化，而是智能化。自动化是相对于由人直接操作而言的，即把人在现场直接操控的一些工作交由机器执行，或者由人在远程指挥完成。即人在自动化中仍然是分析问题、解决问题、发出指令的主体，而自动化只是解决问题的工具，如同无人值守变电站、自动步枪等。智能化是指机器或者系统，根据人设定的目标和条件，自主分析问题、解决问题。虽然自动化及智能化系统仍然受人控制，但是人的作用由发出指令过渡到设定功能。我国一些变电站综合自动化运行管理中的有些环节已经不仅限于常规自动化功能，还能够实现在线自诊断，并将诊断结果送往远方主控端。因此，智能化是构成电网系统区域子系统或者整个电网为了实现新的重大功能所具有的智能。这些重大的功能包括能源变革中的电网安全、经济、绿色运行。

　　其次，智能电网中的"电网"不是指常规的电网，而是新型电网。常规电网是指电力系统中各等级电压的变电站及输配电线路组成的整体，通常包含变电、输电、配电三个单元，电力网的任务是输送与分配电能，改变电压。而新型电网中，"电网"的概念有所拓展，一是增加了大量不同性质的"储电"方式，包括抽水蓄能发电、新型储电系统或设备，包括对高载电生产厂（如电解铝）通过智能化改造以起到移峰填谷的"储电"作用。二是大量可再生能源发电接入电网，使原来的单向电力"用户"成为双向电力"客户"，相应地需要对原有的电网进行硬件改造以满足电网安全的需要。三是电网的概念将延伸到发电端，根据需要包括部分或者全部发电设备。

3

最后，智能电网是一个整体的新概念，不是"智能"与"电网"的简单叠加。一是不能用"智能"简单定义传统"电网"，智能电网应是智能化及新型电网融合成为一种全新的电网运行形态。二是不能理解为整个电网智能化才是智能电网。智能电网是一个庞大的系统，可以由很多部分组成，如智能变电站、智能配电网、智能电能表、智能调度、智能城市用电网、新型储能系统等，根据需要可将多个系统整合为一个系统。还可以根据需要在电网的某一个局部进行智能化，如既可以优先在输电侧，也可以优先在配电网实现电网的智能化。

二、智能电网的构成

目前，全球对智能电网尚未形成一个统一的概念，各国在智能电网的建设内容方面也各具特色。根据现阶段智能电网的建设特征和目标分析来看，我国智能电网的建设主要由以下几个部分构成：

1. 灵活的分布式电源

智能电网的优势之一是兼容性，既支持大电源的集中式接入，又能够接入更多分布式的清洁能源，如光伏发电、风电、水电等。分布式电源的并网运行对配电网的潮流控制提出了新的要求，智能电网将提供新的保护方案、电压控制技术和仪表来满足双向潮流的需要。集中和分布式能源的同时接入将提高电力系统的可靠性和效率，提供对电网峰荷电力的支持；同时，当大电网遭到严重破坏时，这些分布式电源可自行形成孤岛或微网向医院、交通枢纽和广播电视等重要用户提供应急供电。

2. 坚强的骨干网架

国家电网公司提出全面建设以特高压电网为骨干网架、各级电网协调发展的坚强智能电网是符合我国国情的智能电网建设目标。通过一个统一的、共同的平台对电网进行全面的协调、规划和运行，以大型能源基地为依托，建设由 1000kV 交流和 ±800kV、±1000kV 直流构成的特高压电网，形成电力"高速公路"，促进大煤电、大水电、大核电、大型可再生能源基地的集约化开发，在全国范围内实现资源优化配置。同时，通过高级调度中心建设、大电网运行控制技术和灵活输电等智能电网技术和装备研发，来保障在长距离、大负荷输电的情况下电网的稳定性。

3. 高级的配电自动化系统

与输电网相比，配电网的灵活性、自动化分析和控制水平还不足。高级配电自动化建设将成为智能电网的重要构成部分。高级的配电自动化将包含系统的监视与控制、配电系统管理功能和与用户的交互，实现对负荷的管理以及电价实时定价。配网自动化通过与智能电网的其他组成部分的协同运行，既可改善系统监视、无功与电压管理、降低线损，提高资产使用率，也可辅助优化人员调度和维修作业安排等。

4. 可通信的电力设备

在目前的电网设备中，除了部分二次设备可以实现远程操作外，大部分电力设备之间的信息传输基本上是单向方式。而未来智能电网将会形成一种新的通信和交互机制，实现电网设备间的信息交互，以此为依托可以大幅度提高电网的智能性。利用智能电网的互动性，能够实现双向的传输数据，实行动态的浮动电价制度，利用传感器对发电、输电、配电、供电等关键设备的运行状况进行实时监控，遇到电力供应的高峰期之时，能够在不同区域间进行及时调度，平衡电力供应缺口，从而达到对整个电力系统运行的优化管理，提高电网运行的稳定性和可靠性。

5. 实时的电网监测与控制系统

完善的智能电网需要建立涵盖从发电、输电网到配网的电网实时监控系统，通过传感器实现实时地（秒级到毫秒级延迟）全面查看电网状态，监控电网运行，通过建立电力传感器系统和更新电力体系的自动控制系统，电网性能信息能够被集成的监控与数据采集系统（SCADA）系统，提供自动、接近实时的电网电力控制能力，解决预测、检测和修复电力系统的安全运营问题。从而可以通过完善的智能电网监控和调度，实现尽早发现故障，采取正确的措施来快速隔离问题，避免代价高昂的断电现象，保障电网安全和用电可靠性，实现电网自愈功能。管理系统功能日趋复杂，这也需要集成分散的决策机制，即将智能集成入电网，从而实现电网管理的优化，大幅度减少断电现象。

6. 互动的终端解决方案

智能电网区别于传统电网的另外一个特点是"互动"。与最终端的电力消费者能够双向互动，获得最优化的供用电方案，改变现有的用电行为，提升客户满意度。与用户进行互动的最基本要求是，电网企业能够实时采集和跟踪客户端的用电信息，进行负荷的控制，分析并采取最经济、稳定的供电方案；同时终端设备能够将实时电价、电量等信息传导给用户。因此，在智能电网的建设中，智能计量装置的应用将成为实现供用电双方互动的基础设备。通过智能计量装置，供电企业能够实时采集客户信息，与智能计量装置集成的管理软件能够获取这些数据进行分析，掌握负荷信息，对配电做出调解；根据用电信息，供电企业可以计算实时电价、预测电价走势，并通过用户终端智能家电来调节电器用电方案。

三、智能电网的特征

智能电网包括六个方面的主要特征，这些特征从功能上描述了电网的特性，而不是最终应用的具体技术，它们形成了智能电网完整的景象。

1. 自愈电网

自愈是指把电网中有问题的元件从系统中隔离出来，并且在很少或不用人为干预的情况下可以使系统迅速恢复到正常运行状态，从而几乎不中断对用户的供电服务。从本质上讲，自愈就是智能电网的"免疫系统"，这是智能电网最重要的特征。

自愈电网可以进行连续不断的在线自我评估以预测电网可能出现的问题，发现已经存在的或正在发展的问题，并立即采取措施加以控制或纠正，确保了电网的可靠性、安全性、电能质量和效率。

自愈电网将尽量减少供电服务中断，充分应用数据分析技术，执行决策支持算法，避免或限制电力供应的中断，迅速恢复供电服务。可以基于实时测量的概率风险评估确定最有可能失败的设备、发电厂和线路；可以基于实时应急分析确定电网整体的健康水平，触发可能导致电网故障发生的早期预警，确定是否需要立即进行检查或采取相应的措施；通过与本地及远程设备的通信，可以基于故障、电压降低、电能质量差、过载和其他不希望的系统状态分析，采取适当的控制行动。

自愈电网通常采用连接多个电源的网络设计方式。当出现故障或发生其他问题时，在电网设备中的先进传感器确定故障并与附近的设备进行通信，以切除故障元件或将用户迅速地切换到另外的可靠电源上，同时传感器还有检测故障前兆的能力，在故障实际发生前，将设备状况告知系统，系统就会及时地发出预警信息。

2. 鼓励和促进用户参与电力系统的运行和管理

在智能电网中，用户将是电力系统不可分割的一部分。鼓励和促进用户参与电力系统的运行和管理是智能电网的另一重要特征。从智能电网的角度来看，用户的需求完全是另一种可管理的资源，它将有助于平衡供求关系，确保系统的可靠性；从用户的角度来看，电力消费是一种经济的选择，通过参与电网的运行和管理，可以修正其使用和购买电力的方式，从而获得实实在在的好处。

在智能电网中，用户可以通过其本身的电力需求及电力系统满足其需求的能力的平衡来调整消费。用户通过参与需求响应（DR）计划改变其固有的习惯用电模式，从而减少或转移高峰电力需求，保障电网用电高峰期稳定运行，同时电力公司通过降低线损和减少效率低下的调峰电厂的运营，达到减少资本开支和营运开支，提升效益的目标。

在智能电网中，和用户建立的双向实时的通信系统是实现鼓励和促进用户积极参与电力系统运行和管理的基础。实时的双向系统可以通知用户其电力消费的成本、实时电价、电网的状况、计划停电信息，以及其他一些服务的信息，同时用户也可以根据这些信息制定自己的电力使用方案。

3. 抵御攻击后快速恢复

电网的安全性要求需要一个能够提高电网遭受物理攻击和网络攻击的抵抗性，并快速从供电中断中恢复全系统能力的解决方案。智能电网的设计和运行都以最大限度地降低遭受攻击后造成严重后果和快速恢复供电服务为目标，确保智能电网具备同时承受对电力系统的几个部分的攻击和在一段时间内多重协调的攻击的能力。

智能电网的安全策略包含威慑、预防、检测、反应，以尽量减少和减轻对电网和经济发展的影响。不管面对的是物理攻击还是网络攻击，电力企业都要加强电网与政府之间重大威胁信息的密切沟通，同时在电网规划中强调安全风险，加强网络安全，以提高智能电网抵御风险的能力。

4. 容许各种不同类型的发电和储能系统接入

智能电网具备安全、无缝地容许各种不同类型的发电和储能系统，通过简化联网过程，快速接入系统的能力。

依据改进的互联标准保障各种各样的发电和储能系统更易接入电网，包括分布式电源如光伏发电、风电、先进的电池系统、即插式混合动力汽车和燃料电池等。

在智能电网中，大型集中式发电厂包括环境友好型电源，如风电、大型太阳能电厂和先进的核电厂将继续发挥重要的作用。在加强输电系统的建设确保这些大型电厂仍然能够远距离输送电力的同时，通过接入各种各样的分布式电源，一方面减少对外来能源的依赖，另 方面提高供电可靠性和电能质量。

5. 促进电力市场蓬勃发展

在智能电网中，先进的设备和广泛的通信系统为市场参与者提供了充分的数据，进而支撑每个时间段内市场的运作，因此智能电网的发展极大促进了电力市场蓬勃发展。

智能电网通过市场上供给和需求的互动，可以最有效地管理如能源、容量、容量变化率、潮流阻塞等参量，降低潮流阻塞，扩大市场，汇集更多的买家和卖家。用户通过实时报价来感受到价格的增长从而降低电力需求，推动成本更低的解决方案，并促进新技术的开发，新型洁净的能源产品也将给市场提供更多选择的机会。

6. 优化资产应用并确保运行更加高效

智能电网具备优化调整其电网资产的管理和运行以实现用最低的成本提供所期望的功能。这并不意味着资产将被连续不断地用到其极限，而是有效地管理需要什么资产以及何时需要，每个资产将与所有其他资产进行很好的整合，以最大限度地发挥其功能的同时，降低成本。

智能电网将应用最新技术以优化其资产。例如通过动态评估技术连续不断地监测和评价其资产能力，并使资产能够在更大的负荷下使用。智能电网也可通过高速通信网络实现对运行设备的在线状态监测，以获取设备的运行状态，在最恰当的时间给出需要维修设备的信号，实现设备的状态检修，同时使设备运行在最佳状态。智能电网甚至可对系统的控制装置进行调整，选择最小成本的能源输送系统、最佳的容量、最佳的状态和最佳的运行以提高运行的效率，降低电网运行的费用。

此外，先进的信息技术将提供大量的电网数据和资料，并集成到现有的企业系统中。这些信息将为规划人员提供更精准的电网数据，从而提高其电网规划的能力和水平，同时加强电网运行和维修能力，使得电网建设投资得到更为有效的管理。

第二节　智能电网相关概念解读

在智能电网建设中，涉及三个重要概念，即电网智能化、企业数字化和数字电网平台，这三者有着密切的联系。

电网智能化和企业数字化是一个事物的两个方面，如同一个硬币的"两面"，不可分离。而数字电网平台是基于电网数字化、实现企业数字化的重要基础。打个比喻，电网智能化如同一部品质很好但设计传统的高级跑车；企业数字化则是给它配上一套现代化的电子操控系统，便于我们很好地驾驭；而数字电网平台是支撑这套操控系统建设和运转的重要基础。

一、电网智能化

电网智能化包括两个层面：首先是设备智能化，通过在传统电气设备上采用先进的传感技术、量测技术和控制技术等，实现设备智能化。这里的智能化包括设备自身能够感知运行状态和健康状态，能够通过"主动报告"被感知，而且还可以接受远方操作而被控制，类似传统的"四遥"。然后通过先进的通信技术和互联网技术，实现万物互联，形成电力物联网。其次是电网智能化。形成电力物联网以后，不同程度地运用"云大物移智"（即云计算、大数据、物联网、移动应用和人工智能技术），对电网的智能化运行进行控制和维护，实现电网智能化。

广义的智能电网建设，涉及发电、输电、变电、配电、用电五大环节，包括清洁友好的发电、安全高效的输变电、灵活可靠的配电、多样互动的用电、智慧能源与能源互联网、全面贯通的通信网络、高效互动的调度及控制体系、集成共享的信息平台、全面覆盖的技术保障体系 9 个领域的内容。

（1）智能输电线路。利用设备在线监测、无人机巡线、雷电定位、故障定位以及视频监控等技术，提升智能化运维水平。运用复合光纤相位变化检测技术，实现对线路潮流极限的动态控制，大幅提高线路运行的经济性。

（2）智能变电站。通过主要设备智能化、一次系统模块化、二次系统集成化、通信系统网络化，实现对变电站运行调整的远程集中控制及电气操作"一键式"自动完成。利用变电设备在线监测和巡检机器人应用，变被动教条式预试定检为主动预测式运行和维护。

（3）智能配电网。通过配电自动化实现配网故障的快速定位、隔离和自愈，缩短非故障段停电时间。利用配网广域同步监测技术实现配网故障的精准定位，有效缩短故障抢修时间。运用智能柱上开关、智能环网柜、智能配电房，实现配网可视可控。

（4）智能用电。主要包括低压智能台区与智能家居。低压智能台区主要是实现低压无功自动补偿、三相不平衡和电能质量自动优化等。智能家居方面，通过智能插座、智能用电终端、智能传感和"互联网+"技术，实现家庭用能设备现地（或远程）智能控制和家居环境参数实时监测与控制，并通过能源管理系统实现家庭能效的精益管理。

二、企业数字化

企业数字化分为两个层面：电网的数字化和企业的数字化。

（1）电网数字化，是相对于实体物理电网而言的。电网智能化过程中必然伴随电网数字化，其中也包括两个层次：①设备数字化，包括设备运行状况和健康状况动态参数的数字化，以及反映设备结构性能方面的静态参数（包括 3D 可视化）。②电网数字化基于设备数字化，通过建模实现整个电网乃至电力系统的数字化。数字化以后的电网，首先能做到可视化或透明化。现在的物理电网只能看到设备外观和表象，看不到它内部固有的静态参数，更看不到设备健康状况和实时运行动态，可视化则能让传统电网变成"透明电网"。其次是实现电网的可控，包括在线进行自动控制和调整优化，还可以模拟加入"干预"，实现电网各种运行方式和情景的仿真。目前我们仍在被动地适应电网潮流的自然分布，谈不上驾驭电网，只有当潮流控制器等大功率电力电子产品广泛应用，以及整个智能电网实现系统级的全面可控以后，驾驭电网的能力才得到真正体现。

（2）企业数字化。电网实现数字化后必然产生大数据，但不等于就是企业的数字化。产生大数据不是目的，真正的目的是要管理它、运用它、挖掘它的价值。只有实现"一切业务数据化、一切数据业务化"，且数据被充分运用于提升业务管理水平，才具备企业数字化的初步特征。这只能算是企业数字化的第一个阶段，这一阶段的目的主要是满足驾驭好智能电网的需要。企业数字化的第二个阶段，是让数据真正成为一个企业的要素资源，甚至成为配置其他资源的关键要素。数据能够更加清楚和准确地判断真正的需求在哪里，资源该往哪里配置，真正实现科学决策。通过数据可以发现新的价值存在，催生新的商业机会和商业模式，支撑整个产业未来新的业态和企业的发展转型。

三、数字电网平台

电网智能化过程中必然产生大数据，这些大数据如何被有效地利用起来，是个很复杂的技术和管理问题，也是众多大型企业没有解决好的问题。

建设数字电网平台，业内 IT 术语称为"数据中台"，非 IT 业内人士通常称为企业大数据平台，二者是一回事。其作用有两个方面：一是对下实现集成；二是对上支撑应用。

向下集成可归纳为"两个全面"：全面贯通、全面共享。全面贯通包括全环节、全时空、全过程的贯通，就是从发电到输电、变电、配电，一直到用电等贯通电力从生产到消费的所有环节；全时空就是电网过去的、现在的、未来的，以及多维度空间；全过程，主要指电网企业内部业务流程，从规划建设、生产运营一直到客户服务，是一个完整的业务流程；全面共享包括数据资源共享、分析能力共享和应用能力共享。

通过数字电网平台能够对数据做到全面贯通和全面共享，可支撑电网各类应用。所支撑的各类应用包含的功能，也可归纳为"两个全面"：全面感知、全面可控。全面感知，指对电网不仅实现可视化，而且可深度感知内部运行状态，并通过仿真计算进行情景模拟，辅助分析决策，实现状态优化调整。全面可控，指实现对智能设备的实时控制，提高对智能电网的驾驭水平，提升各项业务管理指标，以及对企业运营全方位实时监控和科学决策。因此，数字电网平台建设至关重要，它是基于电网数字化、实现企业数字化的重要基础平台。

第三节　智能电网与传统电网的比较

传统电网是一个刚性系统，电源的接入与退出、电能量的传输等都缺乏弹性，致使电网没有动态柔性及可组性；垂直的多级控制机制反应迟缓，无法构建实时、可配置、可重组的系统；系统自愈、自恢复能力完全依赖于实体冗余；对客户的服务简单、信息单向；系统内部存在多个信息孤岛，缺乏信息共享。虽然局部的自动化程度在不断提高，但由于信息的不完善和共享能力的薄弱，使得系统中多个自动化系统是割裂的、局部的、孤立的，不能构成一个实时的有机统一整体，所以整个电网的智能化程度较低。

　　从技术发展和应用的角度看，世界各国、各领域的专家、学者普遍认为：智能电网是将先进的传感测量技术、信息通信技术、分析决策技术、自动控制技术和能源电力技术相结合，并与电网基础设施高度集成而形成的新型现代化电网。从技术的角度来看，智能电网与传统电网相比有明显的改善，主要对比见表1-1。

表1-1　　　　　　　　　　　　智能电网与传统电网的比较

项目	传统电网	智能电网
通信技术	电网与用户之间没有通信或者只有电网向用户传达的控制信息。两者之间没有交互信息	电网与用户之间采用双向通信，两者之间实时交互信息
量测技术	采用电磁表计及其读取系统；供电网络采用辐射状	采用可以双向通信的智能固态表计；供电网络采用网状
设备技术	设备运行管理采用人工校核；设备出现故障后，将造成电力中断；供电恢复时需要人工干预	设备运行管理采用远方监视；设备出现故障后，自适应保护和孤岛化；供电恢复自愈化
控制技术	功率控制方式采用集中发电方式；潮流控制方式单一，由发电侧流向供电侧	功率控制方式采用集中和分布式发电并存的方式；潮流控制方式有许多种
决策支持技术	运行人员依据经验分析、处理电网紧急问题	通过动画、动态着色、虚拟现实等数据展示技术，帮助运行人员分析和处理紧急问题

　　与传统电网相比，智能电网将进一步拓展对电网全景信息（指完整的、正确的、具有精确时间断面的、标准化的电力流信息和业务流信息等）的获取能力，以坚强、可靠、通畅的实体电网架构和信息交互平台为基础，以服务生产全过程为需求，整合系统各种实时生产和运营信息，通过加强对电网业务流实时动态的分析、诊断和优化，为电网运行和管理人员提供更为全面、完整和精细的电网运营状态图，并给出相应的辅助决策支持，以及控制实施方案和应对预案，最大限度地实现更为精细、准确、及时、绩优的电网运行和管理。

　　与传统电网相比，智能电网将进一步优化各级电网控制，构建结构扁平化、功能模块化、系统组态化的柔性体系架构，通过集中与分散相结合，灵活变换网络结构、智能重组系统架构、最佳配置系统效能、优化电网服务质量，实现与传统电网截然不同的电网构成理念和体系。由于智能电网可及时获取完整的电网信息，因此可极大地优化电网全寿命周期管理的技术体系，承载电网企业社会责任，确保电网实现最优技术、最佳可持续发展、最大经济效益、最优环境保护，从而优化社会能源配置，提高能源综合投资及利用效益。

第四节　智能电网的优势

与现有电网相比，智能电网体现出电力流、信息流和业务流高度融合的显著特点，其先进性和优势主要表现在以下方面：

（1）具有坚强的电网基础体系和技术支撑体系，能够抵御各类外部干扰和攻击，能够适应大规模清洁能源和可再生能源的接入，电网的坚强性得到巩固和提升。

（2）信息技术、传感器技术、自动控制技术与电网基础设施有机融合，可获取电网的全景信息，及时发现、预见可能发生的故障。故障发生时，电网可以快速隔离故障，实现自我恢复，从而避免大面积停电的发生。

（3）柔性交/直流输电、网厂协调、智能调度、电力储能、配电自动化等技术的广泛应用，使电网运行控制更加灵活、经济，并能适应大量分布式电源、微电网及电动汽车充放电设施的接入。

（4）通信、信息和现代管理技术的综合运用，将大大提高电力设备的使用效率，降低电能损耗，使电网运行更加经济和高效。

（5）实现实时和非实时信息的高度集成、共享与利用，为运行管理展示全面、完整和精细的电网运营状态图，同时能够提供相应的辅助决策支持、控制实施方案和应对预案。

（6）建立双向互动的服务模式，用户可以实时了解供电能力、电能质量、电价状况和停电信息，合理安排电器使用；电力企业可以获取用户的详细用电信息，为其提供更多的增值服务。

智能电网具有很多的特点。第一，具有稳定性，在进行相关信息输送时，能够有较高的运行效率和传输速度，在某种程度上，降低了相关信息被非法人员获取的概率。当屯网山现较严重的问题时，依旧可以继续进行供电工作，不会造成大范围的停电。当室外环境较为恶劣时，仍然会持续正常运作，电力信息具有很强的稳定性和安全性。第二，智能电网还具有一定的自愈性，如果电网在进行正常工作时，遭遇到其他因素的干扰，那么智能电网可以自行进行调节和恢复，将自身出现的故障和问题及时处理和修复，主动完善网络结构。智能电网可以一直对自身的安全性做出分析，在遇到故障之前，可以进行自我预防和控制，如果故障无法避免，将会在出现故障的第一时间进行自我诊断，并且开始修复，对电网的安全运行起到很重要的作用。第三，智能电网具有兼容性，对于不同种类的格式和信息，智能电网可以进行调节和控制，进行信息的反馈，体现了其很强的综合能力。可以接受微电网接入，对于很多种类的网络传输方式都能兼容，为相关用户提供了一定的增值服务。第四，还具有经济性，当前形势下，信息和通信技术行业在进行运作时，首先要重点考虑成本问题，要想推动行业的持续快速发展，就需要一定的收益作为支持的动力。智能电网的出现是对电力的有效支持，减少经济损失的同时，还进一步增强了能源利用的效率，推动了大量相关信息的传输和运行。第五，智能电网还具有集成性，它可以完成相关信息数据的共享和集成，在借助相关平台的基础上，进行标准化的管理。智能电网可以将很多种类的信息进行有效整合，经过相关的调节和控制，满足用户接受信息的需求，还可以避免重要信息遭到丢失和盗取。

第五节　智能电网的战略意义

智能电网建设意义主要体现在以下几个方面：

（1）具备强大的资源优化和配置能力。我国智能电网建成后，将形成结构坚强的受端电网和送端电网，形成"强交、强直"的特高压输电网络，实现大水电、大煤电、大核电、大规模可再生能源的跨区域、远距离、大容量、低损耗、高效率输送，区域间电力交换能力明显提升。

（2）具备更高的安全稳定运行水平。电网各级防线之间紧密协调，具备抵御突发性事件和严重故障的能力，能够有效避免大范围连锁故障的发生，显著提高供电可靠性，减少停电损失。

（3）能适应并促进清洁能源的发展。电网将具备风电机组功率预测和动态建模、低电压穿越和有功无功控制，以及常规机组快速调节等控制机制，结合大容量储能技术的推广应用，对清洁能源并网的运行控制能力将显著提升，使清洁能源成为更加经济、高效、可靠的能源供给方式。

（4）实现高度智能化的电网调度。全面建成横向集成、纵向贯通的智能电网调度技术支持系统，实现电网在线智能分析、预警和决策，以及各类新型发输电技术设备的高效调控和交直流混合电网的精益化控制。

（5）可满足电动汽车等新型电力用户的服务要求。将形成完善的电动汽车充放电配套基础设施网，满足电动汽车行业的发展需要，实现电动汽车与电网的高效互动。

（6）能实现电网资产高效利用和全寿命周期管理。可实现电网设施全寿命周期内的统筹管理。通过智能电网调度和需求管理，电网资产利用小时数大幅提升，电网资产利用效率显著提高。

（7）能实现电力用户与电网之间的便捷互动。将形成智能用电互动平台，为用户提供优质的电力服务。同时，电网可综合利用分布式电源、智能电能表、分时电价政策及电动汽车充放电机制，有效平衡电网负荷，降低负荷峰谷差，减少电网及电源建设成本。

（8）可以实现电网管理信息化和精益化。形成覆盖电网各个环节的通信网络体系，实现电网数据管理、信息运行维护综合监管、电网空间信息服务，以及生产和调度应用集成等功能，全面实现电网管理的信息化和精益化。

（9）发挥电网基础设施的增值服务潜力。在提供电力的同时，服务国家"三网融合"战略，为用户提供社区广告、网络电视、语音等集成服务，为供水、热力、燃气等行业的信息化、互动化提供平台支持，拓展及提升电网基础设施增值服务的范围和能力，推动智能城市的发展。

（10）促进电网相关产业的快速发展。电力工业属于资金密集型和技术密集型行业，具有投资大、产业链长等特点。建设智能电网，有利于促进装备制造和通信信息等行业的技术升级，同时为我国占领世界电力装备制造领域的制高点奠定基础。

第六节　智能电网与综合能源的交互影响

随着社会的发展，多部门、多行业的融合将成为主流。智能电网将与能源网进行融合，从狭义上说，智能电网与能源网的融合是指能源传输网络的融合，通过融合，改变能源输出的模式；从广义上看，它是一个能源系统建设的过程。智能电网和能源网融合过程中会涉及三个网络，这三个网络是三个行业的力量代表，即电力行业、互联网行业和其他能源行业。三个行业之间进行博弈的结果会影响到今后的融合发展方向，主要分为三种融合模式，分别是"智能电网 2.0""互联网+能源网"和"互联能源网"。不同的融合模式适用于不同的情况和地区，主要的制约原因包括：时空的差异性、技术的发展和政策导向，以及地域的环境资源等。

一、智能电网 2.0

智能电网有着互动、自愈、更高的安全性以及更高的经济效益等特点，并且兼容接入了分布式能源，可以说是一项融合了多种高科技技术的现代化通信技术，自动化程度更高，反应速度也更加灵活方便。在智能电网 2.0 中，电力行业在博弈中占据了优势地位，智能电网作为主体将三者进行了融合，融合后形成的电网即为智能电网 2.0。

就物理融合这一角度而言，能源的利用表现出了多种特征：从微观角度看，设立了微电网单元，可以更好地适应 DG 的接入，并且区域能源还能实现自治；宏观上，以高压交流或者是直流大电网作为主干网架，连接不同的区域电网，电网之间进行优势互补，提高能源的利用率。

就信息融合这一角度而言，智能电网 2.0 拥有专门的通信网络，同时实现了将云计算和大数据等互联网技术进行有效融合的目的。通过量测体系和其强大的通信计算能力，智能电网 2.0 具备更高的网络弹性与更安全高效的系统运行能力。

二、互联网+能源网

目前，互联网的发展十分迅速，在很多传统行业中，互联网技术已经渗透到生产和经营过程中了，形成了"互联网+"技术模式，新的技术革命也给商业模式的创新带来了非常多的可能。在互联网和能源网的融合中，传统的能源行业也因为应用互联网而被颠覆。

在互联网+能源网模式中，互联网中有多个决策主体，通过决策主体的博弈最终形成新型物理网络，这些能源供应商也通过运用多种新型商业模式以吸引用户，建立多元的能源供应源，推动能源传输通道的建设。

这种模式的信息网络是以互联网为主的，以满足不同决策主体的信息需求。在互联网+能源网下，能源供应商的信息及能源的价格和交易准则都会放到互联网平台上进行自由交易。

三、互联能源网

在融合网中，当智能电网和能源网是平等主体时，互联能源网就产生了。在互联能源网中，智能电网和能源网是共存的，趋向中心化是其中最重要的思想，这也表明，不必借助任何网络来主导，智能电网和能源网就能够统一存在。在互联能源网中，通过应用能源转换器，各种能源不需要经过电网就可以在物理上进行连接和交互。未来 DG 会高度渗透，将来还可以通过 DG 来转换各种能源，这也意味着智能电网的统治力被削弱了。

与智能电网相似，互联能源网也是以专用网络为主，略微不同的是，智能电网的专用网络是通用于能源网的。将云计算、大数据等技术引用之后，利用计算机平台和资源，来统一管理不同形式的能源，协调不同能源之间的供需平衡，保障了能源系统的安全、稳定运行。

　　智能电网 2.0 模式适合在地域辽阔、电网基础设施完善，以及符合与能源资源分配不均匀的地域；能源互联网模式适用于一次能源资源丰富、地域狭小的区域；互联网+能源网则适用于各类互联网设施较为健全的大中型城市，在这样的条件下，市场相对更为活跃。"互联网+"这一商业模式也为城市的发展创造了更多商机，城市在发展经济的过程中，可以利用这一优势实现能源行业的转型升级。

　　虽然智能电网和能源网融合有不同的融合模式，但是有着共同的目标，就是通过互联网技术来实现能源的高效、便捷的利用。最终所有的融合形态都会形成信息物理融合系统。

第二章　智能电网的发展

尽管智能电网的概念是在 2003 年提出的，但智能电网技术的发展最早可追溯到 20 世纪 60 年代计算机在电力系统的应用。20 世纪 80 年代发展起来的柔性交流输电（FACTS）和诞生于 20 世纪 90 年代的广域相量测量（WAMS）技术，也都属于智能电网技术的范畴。进入 21 世纪，分布式电源（distributed electric resource，DER，包括分布式发电与储能）迅猛发展。人们对 DER 并网带来的技术与经济问题的关注，也在一定程度上催生了智能电网。

第一节　电力行业的发展需求

自进入信息化时代，全球资源环境压力增大，能源需求增加，电力市场化进程加深，用户对电能的可靠性和质量要求也不断提升。随着经济发展、社会进步、科技和信息化水平的提高，依靠现代信息、通信和控制技术，提高电网智能化水平，适应未来可持续发展要求是世界电网发展的新趋势。

信息化作为坚强智能电网内在需求和坚实基础，面临着前所未有的机遇和挑战。电网发展要求信息化为坚强智能电网自动化、互动化提供安全可靠的公共平台和实现手段，进一步提升信息化平台信息传输、存储和处理能力，扩展信息平台信息共享的广度和深度，增强信息平台交互信息的方式和手段，全面支撑坚强智能电网发展，努力促进国家电网从传统电网向高效、经济、清洁、互动的现代电网的升级和跨越。

21 世纪以来，国内外电力企业、研究机构和学者对未来电网发展模式开展了一系列研究与实践，智能电网理念逐步萌发形成。近年来，美国智能电网建设主要关注加快电力网络基础架构的升级更新、最大限度利用信息技术、提高系统自动化水平，但普遍存在着对电网建设投入不足、电网设备陈旧及稳定性问题，亟需提高电网运营的可靠性。欧洲经济发展水平较高，网架架构、电源布点、电源类型臻于完善，负荷发展趋于平缓，电网新增建设规模有限，因此更加关注可再生能源和分布式电源的接入，以提高供电可靠性和电能质量，完善社会用户增值服务。我国正处于经济建设高速发展时期，电力系统基础设施建设面临巨大压力，同时各个地区能源分布和经济发展情况极不平衡，只有通过建设智能电网，才利于实现能源合理传输和配置。

第二节　智能电网发展历程

本书通过对传统电网技术和智能电网技术发展的历史做出阶段划分，从科学技术史的角度对智能电网技术发展的不同阶段做出具体分析，总结了智能电网发展的各个阶段。

一、传统电网技术阶段（1819～1998 年）

传统电网技术可以划分为 2 个阶段：①早期电力工业发展阶段（1889～1882 年），这一阶段发明了发电机、电动机、变压器及其他设备，形成了电力技术和电力工业。②传统电网技术大发展阶段的电力工业阶段（1882～1998 年），这一阶段随着电子技术、电子计算机技术和自动化技术的发展，电力工业自动化迅速向前发展。以大机组、大电厂、高电压、大电网、高度自动化为特点的现代化电力工业在不同的国家已经形成或正在形成。

二、智能电网技术的萌芽阶段（1998～2006 年）

美国电科院于 1998 年提出了复杂交互式系统的概念，在 2002 年又提出了"聪明的电网"概念。美国能源部于 2004 年开启智能电网工程项目，2005 年其下属的美国国家能源技术实验室启动了现代电网项目。在 2007 年 12 月，美国前总统乔治·布什签署了《能源独立和安全法案》，该法案第十三章名为智能电网，其内容涉及通过高新技术提升电力网的安全性、可靠性，支持可再生能源的接入和分布式发电，并通过智能技术提高电网自动化水平等，为美国智能电网的研究建设提供了可靠的保障。

三、智能电网技术的兴起与发展阶段（2006 年至今）

2006 年后，智能电网技术发展迈入新的时代，世界著名的 IBM 公司、Google 公司、Intel 公司、Siemens 公司、Duke 公司等纷纷提出自己的智能电网解决方案，具有代表性的是 IBM 公司与 ABB 公司、GE 公司、SBC 公司等设备制造商联合提出了智能电网解决方案。IBM 公司的智能电网解决方案涵盖了完整、规范的数据采集，基于 IP 协议的实时数据传输，应用服务无缝集成，完整、结构化的数据分析，有针对性的信息展现等五个层次。

2010 年，IBM 公司在上海世博会中承揽了国家电网馆从场馆总体策划、展示设计、工程施工、系统集成、媒体供应、艺术效果把控到展示运维的全套解决方案。该展区通过震撼和奇妙的互动体验向参观者展现了未来电网与自然、社会和谐共生的关系，并让观者切身体会到绿色智能电网给未来生活所带来的无限憧憬和想象。智能将是接通未来的关键，智能电网已经成为未来发展的重要趋势。

第三节 智能电网发展现状

美国电网是世界上最大的电网，是一个拥有复杂的半自动控制功能的自适应系统，具有强非线性、非静止及不确定性。随着风能、太阳能的接入，美国电网变得越加复杂。因此，电网高效、可靠的运行和控制已经成为 2003 年美国大停电后美国电力系统工作者最大的挑战。为了解决上述问题，美国电网引入了多级智能手段，在电网安装大量的传感器和执行元件以采集电网安全稳定运行与控制所需的智能信息，智能电网应运而生。

自从美国首先提出智能电网的概念后，世界上其他国家纷纷开始了对智能电网的研究。事实上，大量智能仪表的引入使得电网的运行更富有经济性、可靠性、可持续性、安全性和灵活性。智能电网不仅可以给电网带来益处，还可以给所有消费者和整个社会带来好处。研究表明，目前电网变成智能电网所带来的经济和环境效益已超过所需投资。从经济角度来说，用户可以在非高峰时段以较便宜的价格充分利用电能，通过用户参与到负荷管理中可以减小总的能源消耗。从环保角度来说，智能电网可以在满足负荷需求的情况下减小调峰负荷以减小碳排放量，而且新能源发电也成为智能电网的重要组成部分，以代替部分传统电能，从而提高环境质量。

智能电网作为一项新兴的电力技术，近年来在全世界都引起了广泛的关注。本节将介绍美国、欧盟、日本、韩国与中国等国家智能电网的规划、建设与应用。

一、美国

进入 21 世纪以来，美国电网作为世界上最复杂、最成熟、最大规模的电网，由于长期以来电网建设相对滞后，新扩建线路审批和建设周期长，导致电网老化、运行效率下降、停电事故增多、能源和环保压力不断增大，迫使美国政府不得不正视这一问题。

2003 年 2 月 6 日，时任美国总统布什宣布，"为了经济和国家的安全利益，我们将对电网进行现代化改造，以确保美国在 21 世纪的领导地位"。同年 4 月 2 日，美国能源部在华盛顿召集了 65 位电力行业和制造企业的专家参加会议，会议的主题就是讨论在电力发展的第二个百年里，美国应该建设一个什么样的电网，并将该计划命名为"Grid2030"。历史的发展往往有某种巧合，就在这次会议之后，2003 年 8 月 14 日，北美电网发生了有史以来最严重的一次大停电事故，业内称为"8·14 大停电"，事故波及美国 8 个州和加拿大的 1 个省，停电持续了 29h，5000 万人受到影响，直接经济损失高达 120 亿美元，美国政府甚至将此次事故与"911"恐怖袭击相提并论。"8·14大停电"更加说明了建设智能电网的必要性和紧迫性。美国能源部（DOE）痛定思痛，于 2004 年 1 月发表了 Grid2030 的建设蓝图。

在 DOE 的支持下，电网智能化项目（GridWise）正式启动。2005～2006 年，DOE与美国能源技术实验室（NETL）合作发起了"现代电网"倡议，主要任务是进一步细化电网现代化的建设愿景与计划，从概念上形成一个全国范围认可的智能电网体系。

二、欧洲

2005 年，欧盟正式发起并建立欧洲智能电网技术平台，旨在创造一个富有竞争力的研发环境，以推动欧盟整体电力网络特别是智能电网技术上的发展。2006 年 4 月，未来电力网络技术平台顾问委员会发布了《欧洲未来电力网络蓝图和战略》。该蓝图指出，未来的电力市场和电力网络必须能为用户提供一个可靠、灵活、可接入和低成本的电力供应系统，消除大规模分布式和可再生电源应用带来的系统阻塞。未来电力将由集中和分散的电源联合提供，终端用户在电力市场和电网上也具备更大的互动性，电网系统在欧盟内更加互连、安全和高效。2008 年底，欧洲公用事业电信联合会（UTC）发布了一份名为《智能电网——构建战略性技术规划蓝图》的报告，该报告进一步制订了智能电网发展计划的细节，以实现智能电网的发展目标。

三、日本

日本东京电力公司的电网系统被认为是世界上第一个接近于智能电网的系统。通过利用光纤通信网络，实现对系统范围内 6kV 中压馈线（已呈网络拓扑）的实时量测和自动控制与高级配电自动化（ADA）。其中用开关把馈线分成多个区间，并在相应区间安装与其他馈线的联络开关，形成了六分割三连接馈线。配电自动化系统通过对全部开关的遥控，协调多条馈线间的负荷转移，故障时可把故障影响范围限制在一个区间里，以致线路负荷率可达 85%，且快速供电恢复的用户大幅度增加，平均用户断电时间大幅度减少。2005 年东京电力平均停电时间（SAIDI）为 2min，系统平均停电频率（SAIFI）为 0.05 次。

四、韩国

2004 年 12 月，韩国开始启动"电力信息化工程"，该工程旨在增强电力系统的可靠性和安全性，减少资产管理运行维护费用，通过需求响应增加电力市场效率，提供新的电力增值服务。该工程在 2005～2010 年提供大约 2000 亿美元的经费，主要用于

10 个大型项目和 10 个小型项目，包括两个基础设施项目，计划在 2011 年前建立一个智能电网综合性试点项目。韩国大力推进利用 IT 技术将电网智能化的商用应用，于 2009～2012 年开展名为"绿色电力 IT"技术的试点，通过在发电站、送电塔、电线杆、家电产品上安装传感器，产生和双向传输各种电力信息。

五、中国

在 2008 年中国国际供电会议上，天津大学余贻鑫院士做了《建设具有高级计量、高级配电管理、高级输电和资产管理的自愈智能电网》的报告，成为我国研究智能电网的开端。在 2009 年 5 月举行的特高压输电技术国际会议上，国家电网公司正式对外公布了"坚强智能电网"计划。国家电网公司将分三个阶段推进坚强智能电网建设。2009～2010 年是规划试点阶段，重点开展坚强智能电网发展规划，制定技术和管理标准，开展关键技术研发、设备研制及各环节的试点；2010～2015 年是全面建设阶段，将加快特高压电网和城乡配电网建设，初步形成电网运行控制和互动服务体系，关键技术和装备实现重大突破和广泛应用；2016～2020 年是引领提升阶段，将全面建成统一的坚强智能电网，技术和装备达到国际先进水平。届时，利用智能电网优化配置资源的能力大幅提升，清洁能源发电装机比例达到 35%，分布式电源可实现"即插即用"。

第四节　智能电网发展的重要性及紧迫性

智能电网的核心内涵是实现电网的信息化、数字化、自动化和互动化。智能电网概念提出的时间虽然不长，但人们对这项变革的热情却极为高涨，其根本原因是智能电网战略不仅为全球能源转型提供了一个重要的契机，更为电力设备行业提供了无限的商机和难得的发展机遇。

智能电网是人类面对电力供需平衡、新能源的接入、电网可靠性以及信息安全挑战的一种必然选择。它代表了电网将来进化的一种愿景：结合先进的自动化技术、信息技术及可控电力设备，支持从发电到用电的整个电力供应环节的优化管理，尤其是新能源的接入以及电网的安全运行。智能电网在电网安全运行、为用户提供可靠高质量电能的前提下，可提高能源使用效率，减少对环境的影响，同时可以形成新的产业群，促进就业。

发展智能电网是社会经济发展的必然选择。为实现清洁能源的开发、输送和消纳，电网必须提高其灵活性和兼容性。为抵御日益频繁的自然灾害和外界干扰，电网必须依靠智能化手段不断提高其安全防御能力和自愈能力。为降低运营成本，促进节能减排，电网运行必须更为经济高效，同时须对用电设备进行智能控制，尽可能减少用电消耗。

智能电网是电网技术发展的必然趋势。通信、计算机、自动化等技术在电网中得到广泛深入的应用，并与传统电力技术有机融合，极大地提升了电网的智能化水平。传感器技术与信息技术在电网中的应用，为系统状态分析和辅助决策提供了技术支持，使电网自愈成为可能。调度技术、自动化技术和柔性输电技术的成熟发展，为可再生能源和分布式电源的开发利用提供了基本保障。通信网络的完善和用户信息采集技术的推广应用，促进了电网与用户的双向互动。随着各种新技术的进一步发展、应用并与物理电网高度集成，智能电网应运而生。

第五节　我国企业信息化的现状与前景

目前，我国在民用领域通过借鉴 IBM 公司和 The Open Group 等组织的国际主流的企业架构设计方法，在企业管理信息化等方面取得了较大的进步。然而，现有的结构框架设计方法的涉及范围较广、设计周期较长，同时要求企业具有标准化的业务流程，一方面，不能适应我国众多中小型企业要求的快速、简单、低成本和可持续发展的信息系统架构设计要求；另一方面，也不能满足国有大型企业信息系统的多层级管理模式、多种业务板块和多运营发展战略的需求。而采用企业化思想进行系统架构设计还处于起步阶段，体系结构设计工具尚未成熟，结构框架设计方法没有形成体系化。

体系结构设计方法在大型复杂系统的顶层设计中具有极为重要的作用，能够提升企业的信息流通效率和资源利用率。随着信息化变革的逐步推进和新技术的快速涌现，体系结构设计方法将成为各领域信息系统设计的基石。应积极开展体系结构设计方法研究，如数据模型、描述语言、开发方法和设计工具等，为我国各行业企业的信息系统建设提供重要支撑。

随着移动互联网、工业 4.0 等技术的快速发展，计算、通信与控制进一步走向有机融合与深度协作，信息系统在各行各业中的地位和作用更加凸显。信息系统的效率在很大程度上决定了一个企业的市场地位和整个国家的综合实力，因此必须紧紧抓住以云计算、大数据、软件定义网络和网络功能虚拟化为代表的新一代信息领域变革的契机，大力加强信息系统体系结构设计技术的理论基础研究工作。在充分借鉴国际主流结构框架设计方法优点和长处的基础上，通过业务积累和技术创新，逐步建立适合我国国情、独立自主、可持续发展的体系化企业架构设计方法。

第六节　分布式能源的蓬勃发展

一、分布式能源简介

分布式能源诞生于 138 年前由爱迪生主持兴建在美国曼哈顿市珍珠街的发电厂开始。当时该项目既供电也利用余热供热，综合热效率达到 50%，成为第一个能源供应和能源利用紧密结合的技术领域和商业模式。分布式能源诞生之后，由于其区块能源供应特征和能源梯级利用特征，在工业园区、商业楼宇、公用建筑等特定领域稳健发展。

分布式能源是一种建在用户端的能源供应方式，可独立运行，也可并网运行，是以资源、环境效益最大化确定方式和容量的系统，将用户多种能源需求，以及资源配置状况进行系统整合优化，采用需求应对式设计和模块化配置的新型能源系统，是相对于集中供能的分散式供能方式。

国际分布式能源联盟（WADE）对分布式能源定义为：安装在用户端的高效冷/热电联供系统，系统能够在消费地点（或附近）发电，高效利用发电产生的废能生产热和电；现场端可再生能源系统包括利用现场废气、废热以及多余压差来发电的能源循环利用系统。国内由于分布式能源正处于发展过程，对分布式能源认识存在不同的表述。具有代表性的主要有如下两种：第一种是指将冷/热电系统以小规模、小容量、模块化、分散式的方式直接安装在用户端，可独立地输出冷、热、电能的系统。能源包括太阳能利用、风能利用、燃料电池和燃气冷、热、电三联供等多种形式。第二种是指安装在用户端的能源系统，一次能源以气体燃料为主，可再生能源为辅。二次能源以分布在用户端的冷、热、电联产为主，其他能源供应系统为辅，将电力、热力、制冷与蓄能技术结合，以直接满足用户多种需求，实现能源梯级利用，并通过公用能源供应系统提供支持和补充，实现资源利用最大化。

二、分布式能源的优点

分布式能源具有能效利用合理、损耗小、污染少、运行灵活、系统经济性好等特点。

分布式能源系统分布安置在需求侧的能源梯级利用以及资源综合利用和可再生能源设施，根据用户对能源的不同需求，实现对口供应能源，将输送环节的损耗降至最低，从而实现能源利用效能的最大化。

分布式能源是以资源、环境效益最大化确定方式和容量的系统，根据终端能源利用效率最优化确定规模。

分布式能源采用先进的能源转换技术，尽量减少污染物的排放，并使排放分散化，便于周边植被的吸收。同时，分布式能源利用其排放量小、排放密度低的优势，可以将主要排放物实现资源化再利用，例如排放气体肥料化。

分布式能源依赖于最先进的信息技术，采用智能化监控、网络化群控和远程遥控技术，实现现场无人值守。同时，也依赖于未来以能源服务公司为主体的能源社会化服务体系，实现运行管理的专业化，以保障各能源系统的安全可靠运行。

三、国内外分布式能源发展情况

近年来，发达国家分布式能源发展迅猛，政府通过规划引领、技术支持、优惠政策，以及建立合理的价格机制和统一的并网标准等方法，有效地推动分布式能源的发展，分布式能源系统在整个能源系统中的占比不断提高，其中欧盟分布式能源占比约达 10%。

（一）美国分布式能源发展情况

美国从 20 世纪 70 年代末期开始发展分布式能源，分别从节能与环保两个出发点推进分布式能源的发展。环保署专门成立了分布式能源协作小组，明确分布式能源是经济可行的清洁能源解决方案，且视为国家首要事务之一。

美国分布式能源以天然气为主，光伏等其他分布式能源较少，占比分别为 71% 和 29%，应用项目类型集中在工业和制造业领域。目前，美国能源部认为，美国分布式能源的发展潜力还有 110～150GW，其中工业领域的分布式能源潜力为 70～90GW，商业及民用领域的分布式能源潜力为 40～60GW。同时美国政府发布多项鼓励政策，如减免部分投资税、缩短资产折旧年限、简化经营许可程序、项目并网等，调动项目投资的积极性。这些配套政策提高了项目的经济性，鼓励和推动了分布式能源项目的发展。

（二）日本分布式能源发展情况

受资源和位置限制，日本很早就开始重视节能减排技术的推广。日本分布式发电以热电联产和太阳能光伏发电为主，商业分布式发电项目主要用于医院、饭店、公共休闲娱乐设施等；工业分布式发电项目主要用于化工、制造业、电力、钢铁等行业。据日本经济贸易产业省（METI）预计，到 2030 年，日本热电联产装机容量将可能达到 1630 万 kW，并计划在 2030 年前分布式能源系统发电量将占总电力供应的 20%。

政策方面，日本政府通过特殊税费、低息贷款、投资补贴、新技术发展补贴等方式，保证分布式能源项目的投资回报，大力推广分布式能源项目，提高能源利用效率。东京都政府以奥运会为契机，制定了 8 大城市战略和 25 个政策方针，其中之一即为构建智能能源城市。为此东京都政府推出了"智能能源区域形成推进事业"的补助制度，2015～2019 年间投入了 55 亿日元，补助热电融通网络及热电联产等项目的初期投资费用。

（三）丹麦分布式能源发展情况

丹麦是世界上能源利用效率最高的国家，80%以上的区域供热能源采用热电联产方式产生，分布式发电量超过全部发电量的 50%。丹麦以其风电产业和大规模的风力发电闻名世界。早在 1975～2000 年，丹麦已经减少 30%用于住宅供暖的化石能源消费。20 世纪 90 年代，热电联产（CHP）已经被丹麦的城镇、村庄以及住宅落户广泛应用，形成了小型 CHP 与区域供暖相结合的系统。

丹麦对于分布式能源采取了一系列明确的鼓励政策，先后制定了《供热法》《电力供应法》和《全国天然气供应法》等，在法律上明确了保护和支持立场。《电力供应法》规定，电网公司必须优先购买热电联产生产的电能，而消费者有义务优先使用热电联产生产的电能。

（四）德国分布式能源发展情况

德国的分布式能源利用以可再生能源为主，是全球推广分布式光伏发电最成功的国家之一。截至 2017 年底，德国光伏发电装机容量达到 41.7GW，主要应用形式为屋顶光伏发电系统。以天然气为燃料的小型热电联供设备（CHP）在德国也占有相当市场。德国对其支持政策体现在多方面，如：CHP 向公共电网售电实行"优先价格法"；全年能效超 70%，享受退税优惠等。分布式能源微型化在德国也已实现，极适用于家庭用户。同时德国也涌现了如西门子公司等全球卓越的分布式能源技术领跑者。

（五）中国分布式能源发展情况

中国分布式能源起步较晚，主要集中在北京、上海、广州等大城市，安装地点为医院、宾馆、写字楼和大学城等，由于技术、标准、利益、法规等方面的问题，主要采用"不并网"或"并网不上网"的方式运行。

分布式能源是最能体现节能、减排、安全、灵活等多重优点的能源发展方式，我国早在"十二五"规划中就明确提出了要促进分布式能源系统的推广应用。因此，国内优秀的分布式能源企业越来越重视对行业市场的研究，特别是对公司发展环境和需求趋势变化的深入研究。

以下以风能和光伏为例介绍近年来分布式能源的发展情况。

1. 风能

2017 年，国家能源局出台相关文件加快分散式风电发展，要求各省制定"十三五"

分散式风电发展方案，并明确分散式风电项目不受年度指导规模的限制，鼓励建设部分和全部电量自发自用，以及在微电网内就地平衡的分散式风电项目，并要求电网公司对于规模内的项目应技术确保项目接入电网。多个省（市、自治区）也陆续发布了地方性政策和规划。

在多个地方规划出台的同时，2018 年有很多分散式风电项目陆续开工建设并进入并网阶段。2019 年，分散式风电新增并网达到百万千瓦级，并将持续一段时间。

2. 光伏

2016～2018 年上半年，我国分布式光伏发电呈现爆发式增长。截至 2018 年底，我国分布式光伏发电累计并网容量为 5062 万 kW，占光伏发电总装机的 29%。与此同时，光伏产业也面临补贴拖欠、破坏生态环境、局域性反送电等问题。

2018～2019 年初，国家对光伏发电发展政策进行重大调整，要求控制发展节奏，优化新增规模，从单纯的扩大规模向对先进技术（领跑者计划）、扶贫、无补贴平价项目进行倾斜，以提高发展质量。对于分布式光伏发电，首次调低了补贴强度并实施规模控制，细化了其定义和运营模式，明确了不同类型项目的电价补贴范围和拨付次序。

2004 年以来，美国、加拿大、英国、澳大利亚、丹麦、瑞典、意大利等国相继发生的大停电事故，深刻说明传统能源供应形式存在着严重的技术缺陷。随着时代的发展，特别是信息社会的发展，已经不可能继续支撑人类文明的发展进程，必须加快信息时代新型能源体系的建立，分布式能源是该体系的核心技术。

分布式能源技术是我国可持续发展的必然选择。我国人口众多，自身资源有限，按照能源利用方式，依靠自己的能源是绝对不可能支撑 13 亿人的"全面小康"；而使用国际能源不仅存在着能源安全的严重制约，而且也使世界的发展面临一系列新的问题和矛盾。我国必须立足于现有能源资源，全力提高资源利用效率，扩大资源的综合利用范围，而分布式能源无疑是解决问题的关键技术。

分布式能源是缓解我国严重缺电局面、保证可持续发展战略实施的有效途径之一，发展潜力巨大。随着我国智能电网建设步伐的加快，必将有效应对分布式能源频繁和不稳定的电压负荷，解决分布式能源并网技术难题。此外，我国已经有多家分布式能源专业化服务公司，大部分已建项目运行良好，分布式能源在我国已具备大规模发展的条件。它是能源战略安全、电力安全以及我国发展战略的需要，可缓解环境、电网调峰的压力，能够提高能源利用效率。

随着我国智能电网建设步伐的加快，必将有效应对分布式能源频繁和不稳定的电压负荷，解决分布式能源并网技术难题。此外，我国已经有多家分布式能源专业化服务公司，大部分已建项目运行良好，分布式能源在我国已具备大规模发展的条件。

四、分布式能源发展面临的问题

现行电力体制机制不利于分布式能源发展，主要包括以下几点：电网企业"吃价差"的模式，对分布式电源的自发自用有排斥，缺乏积极性；一个供电营业区内只设立一个供电营业机构的规定，一定程度上制约了自主供电的发展；支持分布式能源的政策体系还不完善，缺乏相关技术规范、管理措施和运行机制等，致使消纳困难；同时分布式电源由于技术原因，对配网规划、电能质量、继电保护等产生负面影响，在发展过程中有待解决。

除了电力体制的问题，当前无论国外还是国内，分布式能源系统的实际应用项目大多以天然气为原料，然而化石燃料的短缺及燃烧化石燃料所造成的各种问题越来越明显，这也在一定程度上限制了分布式能源系统的进一步发展。在对太阳能、风能等可再生能源的利用方面，以往大多采用单一的太阳能发电或风能发电项目。但由于太阳能或风能等可再生能源存在能流密度低、受环境影响大且能源供给不连续、不稳定的缺点，使得风光机组很难单独运行，需要采用一些功率补偿或者功率平滑的措施，包括大电网的吸纳（调节大电网中出力可控的机组）、需求响应或需求侧管理、分布式小型燃油燃气发电、电储能和热储能，乃至综合能源系统等。

此外，当大量的分布式电源接入电网后，由于它们多数直接接入各级配电网，尤其是110kV及其以下电压等级的配电网，使得配电网自上而下都成为线路潮流可能双向流动的电力交换系统。然而，当前的配电网络是按单向潮流设计的，不具备有效集成大量分布式电源的技术潜能，即现有电网难以接纳高比例的分布式可再生能源。

因此，如何处理数以百万计甚至数以千万计广泛分布的分布式电源和应对可再生的风能和太阳能发电的间歇性、多变性和不确定性，同时确保电网的安全性、韧性、可靠性和人身与设备安全，并激励市场，成为未来电网需要解决的问题。目前来看，这些任务必须由智能电网来完成。

五、发展分布式能源的思路和措施

建立分布式能源发展新机制，在确保安全的前提下，积极发展融合先进储能技术、信息技术的微电网和智能电网技术，提高系统消纳能力和能源利用效率。

完善并网运行服务，规范现有自备电厂成为合格市场主体，允许在公平承担发电企业社会责任的条件下参与电力市场交易。全面放开用户侧分布式电源市场，加快推进体制机制改革，促进分布式能源与集中供能系统协调发展，努力形成分布式能源发电无歧视、无障碍上网新机制。健全完善支持发展的法律法规和政策体系，修订现行电力法及相关法律法规中不利于分布式能源发展的条款,明确分布式能源的法律地位。出台分布式能源管理规定,制定发布分布式能源接入电网及并网运行管理办法,以分布式能源为主要发展载体,把推动能源生产和消费革命与"互联网+"结合起来,构建能源互联网,在第三次工业革命中抢得制高点。

六、发展分布式能源要突破的关键性技术

(1)储能技术。智能电网环境下分布式能源的发展可行与否很大程度上取决于储能技术的发展,储能技术是实现分布式发电并网的关键。传统的电力系统电能运行模式为产生-传输-使用,而储能技术为这一模式增加了一个存储的环节,可以大大提高电力系统运行的稳定性和可靠性,为分布式能源的安全并网提供了一个保险阀,极大地提升了电网运行的经济性和灵活性。尤其是对于大型分布式能源的开发利用,储能技术更是必不可少的技术支持。

(2)超导技术。目前,电力系统主要需解决的关键问题包括:稳定性问题、电能质量问题、大容量输送问题、短路故障保护问题和降低网络损耗等。超导电力技术在解决上述问题方面具有显著的优势,超导技术在电力系统的应用将促进电网技术的重大变革,为大规模智能电网的建设提供坚实的技术基础。

(3)电动汽车充电技术及其配套充电站技术。全球能源危机的大背景下,已经可以预见未来将是新能源领域的发展空间,汽车作为居家必需品,无论是产量还是质量都在飞速发展。我国人口基数大,经济发展迅速,随着基础设施的日益完善,汽车需求量必将会保持高速增长的态势,因此大力发展和倡导新能源汽车尤其是新能源电动汽车将是未来国家发展的战略走向。因此应该在结合分布式能源的基础上,在重点地区发展电动汽车充电站,一方面,可以解决电能的存储,实现削峰填谷;另一方面,可以满足日益增长的电动汽车充电需求。

(4)智慧型电表技术。智慧型电表基础设施(AMI)通常是指将客户现场智能电表和其他技术与通信网络和数据接收和管理系统相结合,从而实现客户和公用事业之间的双向信息流。智能电表的功能包括:支持先进的电价系统;远程开/关电源控制,或流量或功率限制;分布式发电的进口、出口和反应计量。

这些功能为分布式能源系统带来了更多复杂的数据流,从而激励和促进系统推广。基于AMI的发展潮流,公用事业公司正在寻求基于高度分布式发电和负荷监测的大数据来开展商业模式的方法,增加能源消费者对电力市场的参与并实现需求方灵活性。

(5)建筑能源管理系统。能源管理系统(EMS)是基于计算机的能源设备控制系统,可以在家庭层面、商业建筑层面甚至高层建筑层面。尽管所连接的设备及不同

EMS 类型的复杂程度可能会有很大差异，但从分布式能源的角度来看，建筑级系统的关键潜力在于提供可对电力需求管理的自动化系统。

（6）数字技术。由于信息通信技术（ICT）、云计算技术、大数据分析和采矿技术、智能风力涡轮机技术等的不断创新，数字化将渗透到能源系统中。与此同时，分布式数字化交易技术（如新兴区块链技术）将使分布式能源在将来能够独立于集中交易系统，这将为社区、城市及其他地区的能源交易奠定基础。

七、储能的发展

日益增长的能源消费，特别是煤炭、石油等化石燃料的大量使用对环境和全球气候所带来的影响使得人类可持续发展的目标面临严峻威胁。据预测，如按现有开采不可再生能源的技术和连续不断地日夜消耗这些化石燃料的速率来推算，煤、天然气和石油的可使用有效年限分别为 100～120 年、30～50 年和 18～30 年。显然，21 世纪所面临的最大难题及困境可能不是战争及食品，而是对新能源和可再生能源的研究和开发。寻求提高新能源稳定利用的先进方法，提高可再生能源利用率，已成为全球共同关注的首要问题。而这就需要大力发展储能产业。

（一）国内外储能发展情况

储能是能源转型的关键技术，北美、欧洲各国为了促进储能产业的可持续发展，制订并实施了许多鼓励性政策和补贴。目前，我国储能领域的技术、市场、政策、立法、标准、监管等产业基本要素尚不成熟，如何促进国内储能产业可持续发展值得深入思考。在未来能源格局中，储能产品与服务将全面覆盖交通、建筑和工业三大用能领域。电化学储能技术将作为主流储能技术，与综合能源服务、智慧能源技术共同成为未来能源企业的基本配置。目前，储能产业集中度不高，基础与核心技术研发投入不足，大型能源企业需要做好前瞻布局、把握产业全局、引领市场方向，注重储能技术储备，适时开发超大规模化学储能技术，承担起可再生能源时代能源安全保障的任务。

近十几年来，随着能源转型的持续推进，作为推动可再生能源从替代能源走向主体能源的关键，储能技术受到了业界的高度关注。2019 年，全球储能增速放缓，呈理性回落态势，为储能未来的发展留下了调整空间。储能产业在技术路线选择、商业应用与推广、产业格局等方面仍存在很多不确定性。

1. 美国储能发展情况

2015 年 10 月至 2016 年 2 月期间，发生在美国加利福尼亚州（下文简称加州）的阿里索（Aliso Canyon）天然气气田泄漏所引发的电力短缺危机加速了美国对于安装储能系统、保障供电安全的步伐。发生事故的阿里索天然气地下储气库隶属于美国 Sempra 能源公司下属南加州天然气公司，在事故期间，储气井共计泄漏天然气 10.7 万 t，是美国历史上最大的天然气泄漏事故，前后共导致 1.1 万名附近居民离家疏散，总损失约 10 亿美元。阿里索天然气气田在冬季可满足 CEC 所辖区域内 20%的高峰负荷，夏季满足 60%的高峰负荷。若没有阿里索的天然气储备，将给地区的供电、供暖和燃气供应带来严重挑战。为了弥补电力不足，加州在 6 个月的时间里在几个地点部署了 100MW 的储能设备。随着储能应用的价值和重要性日益显现，为培育多元化储能技术，创造有利于储能技术企业和系统集成商发展的长期稳定市场，保障美国电力系统电力、电量的供应，美国从 2010 年开始研究实施公用事业公司储能强制采购计划。加州甚至通过数次立法，要求加州三大系统运营商（PG&E、SCE 和 SDG&E）到 2020 年部署 1.8GW 储能的目标。截至 2017 年底，美国人容量储能装机容量为 708MW/867MWh，其中加州装机约为 127MW，容量为 380MWh。

2. 英国储能发展情况

英国电力市场化改革是世界许多国家参考的典范，也深刻影响着我国的电改路径。英国自 1989 年开始至今施行了三次比较大的改革，2011 年，英国能源部正式发布了《电力市场化改革白皮书（2011）》，开始了以促进低碳电力发展为核心的第三轮电力市场改革，容量市场作为该次改革的一个重要组成部分而被提出。

容量市场的建立主要基于当前能源低碳化发展背景。自欧盟决心推动新能源变革以来，《巴黎协定》《2030 年气候与能源框架协议》《可再生能源发展指南》等文件不断推动英国能源更新换代，新能源迅速挤占传统化石能源发电份额，加快燃煤、核电等机组的退役时有发生。2010~2016 年间共退役 23GW 装机容量的燃煤电厂及核电厂，这其中除了正常退役的机组以外，也包括了部分由于环保要求而提前退役的机组；预计未来 10 年，还将有 24GW 的燃煤电厂及核电厂面临退役。传统发电机组退役一方面使得电网可用资源减少，调节能力减弱；另一方面传统机组盈利能力更加不稳定，降低了社会投资信心。同时随着经济社会的发展，英国电力市场的需求还将继续增长，加剧了对备用容量的需求。

2013 年英国能源气候变化部颁布了《英国电力市场改革执行方案》，希望通过建立容量市场，为容量提供稳定、持续性的新刺激，保证现有容量机组的盈利能力，维持投资者对新建容量机组的热情，减少目前较高的容量储备所带来的资金流失。

英国从 2016 年开始允许包括电化学储能在内的新兴资源参与容量市场，容量市场允许参与容量竞拍的资源同时参与电能批发市场，大大促进了英国储能装机容量的快速提升。2016 年，超过 500MW 的储能资源在容量市场拍卖中中标，占该年总竞拍容量的 6%，且此次拍卖出清价格为 22 英镑/（kW·年），高于前一年 18 英镑/（kW·年）。

同样，作为新兴事物的储能，参与市场也非一帆风顺。储能电站在容量市场大量中标，引起部分传统电源运营商质疑。

2017 年初，他们向主管部门施压，认为储能不具备长期供电能力，会对电力供应安全构成风险。2017 年 12 月，英国容量市场修改了针对储能电池的降额系数，该系数在一定程度上表征着在电力系统紧急事件中储能贡献的容量价值，直接影响储能在容量市场中的收益。降额系统的调整主要针对放电时间小于 4h 的储能系统，尤其对于放电时间为 30min 左右的储能系统影响很大。该调整使得持续放电时间较短的储能系统在容量市场中收益明显降低。

2018 年 11 月，因需求管理供应商 Tempus Energy 公司质疑英国容量市场规则偏向传统发电机组，歧视需求响应和储能等新兴资源，欧洲法院裁定暂停英国容量市场竞拍。随着成本降低，储能将在更多应用领域扮演着重要角色，与传统发电机组的博弈才刚刚开始。

3. 澳大利亚储能发展情况

南澳州可再生能源发电占比高，是澳大利亚占比最高的州，天然气发电规模大但气源紧张，电力供应不确定性大，且电网对外联系薄弱，难以依靠电网互联进行互济支撑，需要建设像储能电站这样的高灵活性电源。

截至 2017 年底，南澳州电源总装机容量为 544 万 kW，其中风电 170 万 kW，光伏 78 万 kW，合计占比 46%；燃气发电装机容量为 267 万 kW，占比 49%。南澳州仅有两条线路（输电能力为 82 万 kW）与维多利亚州相连。2017 年 3 月南澳州政府出台《能源计划》，提出建立储能和可再生能源技术基金，对储能项目建设予以部分资金资助，总预算 1.5 亿澳元。南澳州特斯拉电池储能项目获得政府经济资助，并通过参与电量市场和辅助服务市场获利。该项目位于南澳州 Hornsdale 风电场附近，由该风电场业主投资并负责运营，特斯拉公司建设，采用锂离子电池技术，总容量为 100MW/129MWh，2017 年 12 月 1 日与风电场三期项目同时投运。2017 年底，澳大利亚非用户侧储能达到了 174MW，规划与建设的储能容量超过 575MW，大部分项目与新能源发电相关。

4. 意大利储能发展情况

近年来意大利可再生能源发电持续增长，特别是意大利南部和西西里、萨丁岛，风电和太阳能发电发展迅速，对电网的渗透率越来越高。其中西西里岛和萨丁岛的风电、太阳能发电已经分别达到当地总发电量的 36% 和 41%，且岛内电网与主网的联络比较薄弱，系统稳定裕度比较小。为提高电网可再生能源的接纳能力，降低因电网原因造成的弃风、弃光电量，意大利国家输电网公司 Terna 在意大利萨丁岛、西西里岛分别安装了 8.65、7.3MW 储能系统，在中南部电网分 3 个地点安装了 6 套储能系统，规模为 35MW/23MWh。

监管层面，意大利电力监管政策允许 Terna 建设和运营用于输电网安全运行、提高可再生能源渗透率和用于调度服务的发电设施。并且项目在列入电网规划并经过经济发展部和监管机构批准后，相应的投资可以享受相应的资产回报。

5. 我国储能发展情况

得益于清晰的盈利模式，2017 年以前，我国储能项目主要集中在用户侧；而自去年以来，我国电网侧的储能电站实现了阶跃式的发展。截至 2018 年，我国累计投运电化学储能项目达到了 1.02GW/2.9GWh，电网侧储能电站贡献了接近三分之一的容量。

但与国外储能电站的应用相比，我国投运的储能电站呈现如下特点：全部由电网辅业单位投资建设，电网公司租赁；其功能为保障电力可靠供应，保障电网安全稳定运行；相关成本也尚未有明确的疏导机制。相对国外储能电站的发展，我国储能电站还面临着诸多问题。

政策方面，尽管国家出台了诸多政策和文件均强调要积极发展储能，发挥储能在电网调峰、可再生能源并网等领域的作用，但这些政策和文件只是明确了储能的"重要性"，没有配套出台可操作的"实用性"政策。业界评论我国储能处于厂商投资热、研究评论热、主管部门反应平淡的局面。

价格机制方面，电网侧独立储能电站的上网电价、充电电价未有明确定位，价格机制作为储能项目的生命线直接决定项目的可持续发展。市场准入方面，独立储能电站可参与的市场类型有限，现货市场尚未建成，辅助服务市场品种单一，且缺乏可操作性，尚未有独立储能电站参与市场的实际案例。

投资主体方面，仍以电网企业投资为主，社会资本参与较少，电网侧储能电站投资强度也将直接影响商业模式的创新发展。盈利模式方面，电网公司投资的储能设施缺少成本疏导机制，社会资本投资的储能项目缺少可预期的盈利空间。

（二）储能技术分类

随着新能源发电规模的快速增长，研究分布式电源的输出特性和并网对电力系统的电能质量、潮流分布、系统稳定可靠性和并网协同规划等方面带来的影响越来越重要。而电能的不可大量长久存储一直是一个难题，电储能和机械储能技术的应用使得电能、热能、机械能存储成为可能。而在储能系统中，电化学储能技术因其灵活性、稳定性，目前已在电力系统等多个领域得到大范围应用。

1. 抽水储能

抽水储能用电动机将下游水库的水抽到上游，将机械能转化为水的势能进行能量储备。受地理位置、气候变化影响，水力发电是除火力发电外规模最大的发电产业，主要用于电力系统调频和负荷高峰储备使用。目前，抽水储能正加强对地下水和海洋水库的建设。

2. 蓄电池储能

蓄电池包括铅酸电池、锂电池、钠基电池和液流电池等。锂离子电池以其安全性高、输出功率高、使用寿命长的优点，大规模用于电动汽车和规模化发电厂。除美国特斯拉电动汽车公司拥有世界上最大的锂电池储能站外，我国是世界上最大的锂电池生产基地。由于锂离子能源稀缺、成本高，利用钠离子电池可进一步降低储能成本。此外，比传统铅酸电池充放电速度更快、成本更低的铅碳电池也得到了快速发展。当前，吉林大学研究的高性能铅碳电池已经成功应用于超级电容，而液流电池被广泛应用于电网应急备用电源和负荷削峰填谷储备。

3. 超导磁储能

超导磁储能是指在低温惰性气体环境中工作的超导线圈储存在电流磁场中的能量。超导磁储能具有体积小、质量轻、电磁响应快、储能效率高、储能时间长、损耗低及输出功率高等优点，目前广泛应用于提高电力系统暂态稳定性方面。超导磁储能在世界上还处于初始发展阶段，未来使用高温超导体降低储能成本、加强惰性气体低温储存是发展关键。

4. 飞轮储能

飞轮储能系统包括转子部分、轴承部分和能量转换部分。飞轮高速运转时转动惯量不断增大，储存能力也越来越大。在真空条件下运行可以减小运行阻力，实现储能效率最大，具有寿命长、维护少的优点。目前，大功率的飞轮储能系统主要应用于风力发电和航空航天。风力发电时保持最佳尖速比，可实现最大风能捕获，减少风损。

5. 超级电容储能

超级电容是介于蓄电池和常规电容器之间的一种特殊的双电层电化学元器件，相比传统电容器储存能量更大，相比蓄电池可反复循环充电，具有充电时间短、清洁环保、功率密度高、使用寿命长等优点，可有效针对分布式电源输出波动性和随机性特征进行储能，尤其是风力发电变桨系统。目前，超级电容器广泛应用于新能源汽车电池，改善了以往锂电池充放电时间长、寿命短的缺点，大大延长了电动汽车电池的使用寿命。目前，上海已建成超级电容供电公交车专线，未来基于纳米技术可实现超级电容更加快速地高能量充放电。

6. 压缩空气储能

压缩空气储能是利用电力系统处于负荷低谷时的剩余电力进行空气压缩，然后将高压空气储存在报废矿井、地下洞穴、海底储气罐或新建储气井中。当负荷高峰时膨胀释放驱动汽轮机发电，减少电力系统供电压力，具有储存成本低、工作时间长、可大量储存、使用寿命长、安全可靠性高的优点。压缩空气可以弥补不具备建设风电、水电站地区的缺憾，具有良好的发展前景。目前，我国对压缩空气储能技术还在积极探索中，如何做到压缩空气储能清洁高效和实现快速响应也是技术难点。

（三）储能技术对我国智能电网的重要性

（1）提高电网系统的安全性。当前，我国的电网系统已经覆盖了全国各地，给人们提供了生活和工作所需的电力资源。但是由于电源距离负荷中心较远，导致我国的智能电网系统普遍存在输电跨度较大的问题，一定程度上不利于电力系统的安全性和稳定性。通过储能技术的应用，可以在电网系统中构建多个储能支撑装置，为电网电压、频率等参数的调整提供支持，降低电力系统受到外界干扰所引发的震荡，有助于提高整个电力供应的安全性和稳定性。

（2）提高供电质量。在电力供应过程中，不可避免地会因为一些意外事故导致电力供应中断，影响终端用户的用电体验。尤其是医院、消防、银行等特殊用电客户，一旦电力中断，可能造成较为恶劣的社会影响。通过储能技术在智能电网中的应用，可以通过 UPS 为医院、消防、银行等特殊用电场所提供备用电源，即便是电力供应中断，也可以通过启用备用电源来减少断电所造成的损害。此外，在储能系统当中，引入电力电子技术，可以实现对电力系统的有功功率灵活调节，完成无功补偿，降低外部扰动对电力供应性的影响，提高整个电力系统的供电质量。

（3）推动新能源发电的发展。近年来，新能源发电由于其具有可再生性、清洁性等特点，得到了广泛的应用，逐渐成为我国未来能源发展的主要方向之一。但是随着风电、光电等可再生能源的发电量不断增大，占电网总容量的比例越来越高，在并网过程中对传统局域电网的冲击也越来越大，严重影响电力供应的稳定性。因此，必须深入研究与可再生能源发电相匹配的高效储能系统，为可再生能源的大规模推广和应用提供先决条件。

（4）有助于优化电网资源配置。近年来，虽然我国的电网覆盖取得了丰硕的成果，满足了不同地区居民的用电需求，但是在个别区域，仍存在较为严重的电力资源供需问题。如负荷较大的京津唐区域、长三角区域等，在用电高峰阶段都存在较为明显的供需不平衡情况。储能技术的应用，可以优化电网的资源配置，提高电能的综合利用效率，有助于解决当前区域电力供应供需不平衡的问题。

（5）实现电网峰谷负荷的自我调节。对于电力系统而言，白天与夜间的电网负荷存在较大差异，最高负荷峰谷差可以达到发电量的30%以上，而且呈现出较为明显的上升趋势。如果不能对电力实现较好的调度，一方面部分城市会在用电高峰时段，出现拉闸限电的现象；另外一方面在用电低谷时段，多余的电能产生了不必要的浪费。利用储能技术在电网当中建立一些储能型电站，可以将负荷低谷期间产生的电能进行储存，用于负荷高峰时段补充电网，很好地实现电网峰谷负荷的自我调节。

（四）储能系统的多场合应用

储能系统应用于不同的场合，其所起的主要作用和给不同的投资者所带来的价值方面也有所不同。长期以来，学者们对储能技术的应用规划做了大量的工作，建立了在各类应用场合下的不同储能技术的优化规划模型，同时对其经济性进行评价。其中根据应用场合可以大致分为在电网、用户侧和新能源应用（包括微网）中。

（1）储能系统应用于电网中，可以延缓电网升级、减少输电阻塞、提供辅助服务、提高供电可靠性，从而带来相应的收益，同时在峰谷电价机制下，储能系统可以通过低储高发实现套利。

（2）储能系统应用于新能源发电中，世界范围内节能减排形势日益严峻，如果说储能系统在电网侧的应用，主要是优化传统机组和电网经济运行的话，那么储能系统在新能源发电中的应用，则是为了优化整个系统的电源结构。两者都是节能减排战略的一部分。由于新能源（如风能、太阳能等）存在随机性和波动性的特点，不利于大规模并网，配备储能设施可以平抑新能源发电的波动，为系统提供更为稳定的电力，取得很好的效果。

（3）储能系统应用于用户侧，多应用蓄电池储能系统等具有快速调节性能的储能技术，主要用于调节负荷以节省电费、提供不间断供电等，而目前相关的研究文献都着重于储能系统节省电费方面的价值，而没有针对其作为不间断电源在减少用户缺电成本方面的价值，这样会使评估出来的经济性结论大大低于实际。

八、风电的发展

（一）风力发电的定义

风能是一种潜力很大的新能源。18世纪初，横扫英法两国的一次狂暴大风，吹毁了 400 座风力磨坊、800 座房屋、100 座教堂、400 多条帆船，并有数千人受到伤害，25 万株大树被连根拔起。仅就拔树一事而论，风在数秒钟内就发出了 1000 万马力（即 750 万 kW，一马力等于 0.75kW）的功率。有人估计过，地球上可用来发电的风力资源约有 100 亿 kW，几乎是全世界水力发电量的 10 倍。全世界每年燃烧煤所获得的能量，只有风力在一年内所提供能量的 1/3。因此，国内外都很重视利用风力发电。

风力发电通过风吹叶片驱动轮毂，经过齿轮箱变速带动发电机运行，将风能转化为电能接入电网，是除水电以外技术最成熟、成本最低、开发潜力最大的可再生能源，已在全球范围内实现大规模的开发应用。

（二）我国风电发展情况

随着我国风电装机容量不断增加，风电并网规模逐渐扩大，"十三五"期间我国的风电新增装机容量达到了 8000 万 kW 以上，2020 年全国风电装机将超过 2.1 亿 kW，但我国风电存在的弃风问题仍显严峻。风电的高效利用技术是解决弃风的重要途径，目前国外的风电利用技术包括成熟的压缩空气储能技术、风-光储能技术、以风-光-水互补发电系统的组合互补技术、风电制氢产电双储技术等，并着重考虑风电多能组合技术的经济性与社会效益。

与国外发达国家相比，我国风电发展与电网结构匹配具有一定的特殊性，且风电弃风利用技术的发展与应用相对滞后。因此，我国当前鼓励风电向集中式和分布式并重的方向发展。分布式风力发电特指采用风力发电机作为分布式电源，将风能转换为电能的分布式发电系统，发电功率在几千瓦至数百兆瓦（也有的建议限制在 30～50MW 以下）的小型模块化、分散式、布置在用户附近的高效、可靠的发电模式。从根本上看，它是一种新型的、具有广阔发展前景的发电和能源综合利用方式。分散式风电作为一种分布式发电方式，通过配电网的接入与就近消纳，可使风能资源就近开发利用。分布式风电的主要优势在于所发电量全部上网，弃风极小；而集中式大规模风电符合我国可再生能源规划与一次能源结构要求，在推进陆地风电大规模集中式发展的同时，我国也逐步推广大规模海上风电的集中式发展模式。

发展风电除了集中式与分布式齐头并进之外，风电还通常与其他能源组成互补技术，将不同种能源发电方式进行互补发电，在提高可再生能源用电的稳定性之外，还具有较好的环境效益。

（三）我国互补发电技术发展情况

我国在大规模互补发电技术中，风光互补系统是应用较早的互补技术，其规模覆盖几十千瓦至数百兆瓦，并具有较好的功率控制幅度，如 40MW 和 20MW 的风电、光伏的风光储联合发电系统的瞬时送出有功功率波动幅度可达 35MW，并且已经建立了较好的风光互补发电能量优化与协调管理系统。风水互补系统具有系统功率稳定、经济效益较好的优势，但风水协同运行仍需考虑风险承担能力、投入资源程度及资源利用率 3 个因素。目前国内开展了包括大唐多伦 20MW 风水互补电源项目、国家电投云南大荒山 286MW 风水互补示范项目等。在风水互补技术的研究方面，主要是对组合系统的综合效益进行的优化分析，并且分别建立了抽蓄电站和风电的联合运行模型，并基于多目标最优化模型等方法，计算分析了风水互补系统运行年限内的最大综合效益。我国在小型风光互补与风水互补技术的应用方面，主要是建立了村级风光互补发电系统与太阳能风能无线电话离转台电源系统等，解决了部分农村及偏远地区的用电需求。

为提高风电消纳问题，近年来国内提出了风-火电联合外送技术，通过火电机组的深度调峰技术，即包括火电机组锅炉的低负荷稳燃、提高火电机组的负荷相应速度、节能降耗、NO_x 排放及相应机组设备配备、一次调频和逻辑保护等技术，实现了对风电机组快速变负荷的消纳与输出。风火联合外送中火电输电波动幅度越大，则火电机组的协作价值越高，分配的利润比例也越高。此外，还包括多种能源联合互补发电技术，如水-火-风协调技术、风电-火电-抽水蓄能技术等。但是，目前仍然缺少多种电源复杂特性的电网调度与灵活性控制方法；同时，多时间尺度的全局优化与性能实时控制能力仍显不足。

（四）未来风电的技术路线

风电制氢技术将是未来风电发展的重要方向。随着电解水制氢成本的降低、储氢材料技术的进步，风电制氢将有望成为风电产业发展的重要匹配技术，进而通过风电规模化制氢与能量管理系统的结合，为风电的规模化消纳提供有力技术保证。同时，风电供暖也是未来风电消纳的重要技术手段，通过对城市供热系统调峰能力的研究，优化热-电联合运行策略，实施风电供暖系统的优化控制，可有效提高风电利用效率。此外，风电的其他储能方式也是未来风电利用的重要手段，随着压缩空气储能、飞轮储能、超导储能、超级电容器储能及新型电转气技术的提高与成本的降低，这些技术将为风电的消纳与利用提供重要的技术选择。

九、水电的发展

（一）水力发电的定义

水电作为一种清洁能源，具备可再生、无污染、运行费用低等优点。利用水电进行电力调峰，有利于提高资源利用率和经济社会的综合效益。在地球传统能源日益紧张的情况下，世界各国普遍优先开发水电，大力利用水能资源。我国不论是已探明的水能资源蕴藏量，还是可开发的水能资源，都居世界第一位。

水力发电的基本原理是利用水位落差，配合水轮发电机产生电力，也就是利用水的势能转为水轮的机械能，再以机械能推动发电机而得到电力。而低位水通过吸收阳光进行水循环分布在地球各处，从而恢复为高位水源。

在一些水力资源比较丰富而开发程度较低的国家（包括我国），今后在电力建设中要将因地制宜地优先发展水电放在首位。在水力资源开发利用程度已较高或水力资源贫乏的国家和地区，对已有水电站的扩建和改造势在必行，配合核电站建设所兴建的抽水蓄能电站将会增多。在我国除了有重点地建设大型骨干电站外，中、小型水电站由于建设周期短、见效快、对环境影响小，将会进一步受到重视。

（二）小水电的定义与优点

小水电在我国现行的国家标准下，主要是指地方、集体或个人兴建与运营的装机容量在25kW及以下的水力发电设置以及配套输电网络。我国水力资源丰富，适合小水电建设的区域较广，尤其在改革开放以后，我国小水电的建设得到了大力发展。近几年来，随着国家政策向农村地带的转移，国家高度重视农村的基础设施建设以及人民生产生活水平的提升，为了提高农村用电质量的提高，大力发展小水电建设并网是国家的一项重大战略。

小水电设备构造简单，建设投资成本小，不需要其他生产原材料的消耗，可以在负荷周边就近建设，是解决偏远地区供电问题的优先选择方案。由于水库存在调节能力较差、库存水能资源量有限的问题，各小水电站需要联网成片区工作，以达到电能可以相互调剂，使配电网内的供电更为可靠且稳定。

小水电虽然是分布式发电的一种形式，但是小水电的出现远远早于分布式发电概念的提出。在我国特有的地理位置条件下，小水电有着其他分布式发电没有的天然优势：

（1）水力资源储量丰富。我国水力发电资源储量巨大，尤其在西南以及江南地区，水力资源最为丰富。且我国水力发电的开发率较低，大量江河湖泊仍有很多水资源处在未开发的阶段，相比较于发达国家对水力发电资源的开发水平在80%左右，我国48%的水力资源运用率还有很大的开发空间。

（2）小水电建设技术成熟。改革开放以来，我国在水力资源开发、小水电站建设、水力发电设施的技术上处在世界顶尖水平，可以对水力资源进行更好的开发建设。

（3）水力发电效益好。小水电站建设投资低，发电成本较少，而且设施运行寿命长，资本收益效果好。

（4）小水电发电可以灵活调度。小水电发电机组可以灵活启动关停，可以根据电力系统负荷情况灵活地并入或者切出。

（5）节约能源。传统的火力发电需要消耗大量不可再生能源，且生产过程中产生大量的废气、废渣，对环境生态产生不利影响。而小水电生产过程中几乎没有污染物的排放，具有更大的生态意义。

近些年来，世界能源危机凸显，石油、煤炭等不可再生能源存在储量日益减少、污染严重、环境破坏严重的问题，而小水电的大规模利用，既可以更高效率地利用自然资源，且没有环境污染的问题。尤其我国是一个农业大国，偏远地区供电能力不足、基础设施落后的大背景下，小水电成为解决地区电力的安全供应、农网电压偏低的优化选择。

（三）小水电并网问题与解决

小水电除了自身的特点之外，其并网过程即相当于一个分布式电源的存在，所以其运行对电网的运行也存在一定影响。主要表现在以下方面：

（1）小水电发电受环境因素影响较大，且自身容量不同，季节径流水量变化大，其运行方式改变频繁，可能会影响配电网电能质量。在丰水季小负荷或者枯水季大负荷的情况下，末端电压可能出现偏离正常值过大的现象，极大地影响用户用电的质量。

（2）小水电较为集中的区域，电能潮流不再是电网内的单向流动，这会影响到电网内的损耗以及无功补偿设施的配置。

（3）小水电发电系统因为其建设较为简单，各种继电保护及自动装置配置不足，只对线路有简单的电压、电流保护，故其供电的可靠性不足。

（4）小水电在大电网的整体布局下，可以视为一个动态的电力元件，自身受外界环境扰动的情况下还会受到电力系统自身的扰动，最后二者的相互作用都会影响到电网的输电能力，以及各自的运行方式。

当前，针对分布式水电并网的研究，国内外都有较多研究成果，主要如微电网、虚拟发电厂和主动配电网等新的概念。

1. 微电网（Microgrid）

微电网主要针对将对于偏远的供电区域视为一个小范围自给自足的微网，范围内分布式电源作为微源对系统内供电。微电网的经济运行与控制方法是如今研究的重点。

微电网的经济运行主要是指利用较为智能的控制方法使范围内分布式电源、配电网、用户之间达到经济调度，建立经济运行的目标函数，构建以小水电为基础、结合其他如风电等构建区域内能源互补系统，最后实现微网内经济运行的目的。

2. 虚拟发电厂（VPP）

虚拟发电厂概念的提出，为分布式电源优化配置，以及更高效地利用水力资源提供了解决方案。相对于微网将偏远地区整体视为一个小型电力系统的方法，虚拟发电厂的概念旨在将一个区域内所有的小水电发电系统看成一个整体，即视为一个电厂并网的形式。虚拟发电厂同样可以像普通的火力发电厂一样有计划出力以及备用容量的参数。这个概念使小水电群结合为一个整体，同样可以和电网进行互动，解决了分布式发电控制方法的瓶颈。另外，分布式电源可以只在一个范围内根据电网需要灵活调度，不需要受到空间的限制。

3. 主动配电网（ADN）

结合微电网和虚拟发电厂的研究成果，近几年来，国内外学者又提出了主动配电网这一新的解决分布式电源并网问题的新概念。其主要通过研究分布式电源接入电网后电压的变化和电力系统运行方式上，解决分布式电源在无功出力情况下如何智能切出的问题，达到可以大规模接入分布式电源、提高资源利用率、保护环境生态的目的。

十、光伏发电的发展

（一）光伏发电的定义

光伏发电（Photovoltaic）是太阳能光伏发电系统（Solar power system）的简称，是一种利用太阳电池半导体材料的光伏效应，将太阳光辐射能直接转换为电能的新型发电系统，有独立运行和并网运行两种方式。

同时，太阳能光伏发电系统分为两种：一种是集中式，如大型西北地面光伏发电系统；另一种是分布式（以大于 6MW 为分界），如工商企业厂房屋顶光伏发电系统、民居屋顶光伏发电系统。

在太阳能光伏发电中，需要使用好光能，把它有效地转换为电力提供给人们使用。因此在发电站的设备中，就需要采用一些优化措施，保证设备发挥更高的效率，提高使用率。具体的优化措施包括：使用优化设备，降低弱光对光伏发电站效率的影响；使用高功率密度逆变升压设备，减少设备和材料的使用量，增加组串的匹配性设计，保证组件发电功率的最大化；利用科学技术对板阵直流集电线路优化，减少线缆用量和线路的损耗；充分考虑厂站整体的规划分析功率分布，不断优化发电单元的出线方式；使用先进的仿真软件对板阵支承结构进行优化设计。对这些设备进行技术优化，就可以提高使用效率，保证光伏发电的平稳发展。

（二）我国光伏发电发展情况

目前，世界上的化石能源储量正在呈直线趋势下降，同时世界各个区域的环境问题也在逐年增多。为了实现节约能源、促进环境可持续发展的目的，各个国家都将精力和时间放在了开发太阳能上面。

欧洲联合研究中心预测 21 世纪前半期人类能源结构将发生根本性变革，太阳能将是未来最主要的战略能源。太阳能利用最主要的方式是光热利用和太阳能发电利用，太阳能热水器、太阳能干燥器、太阳能空调制冷系统等属于光热利用；太阳能发电则采取光-热-电转换和光-电转换两种方式。技术的发展使太阳能日益成为分布式能源系统利用中重要的可再生能源。

我国太阳能资源较为丰富，具备利用潜力的地区占国土面积的三分之二。在区域分布式能源系统规划中，应科学合理地评估区域可利用太阳能资源程度和适宜的利用形式，在具有利用潜力的地区，尽可能利用太阳能资源，减少化石能源消耗。

国家可再生能源中心完成的《中国可再生能源展望 2018》的研究结果表明，未来分布式可再生能源将成为可再生能源中的一种重要的发展模式，起到了提升效率、优化布局的重要作用。中东部地区的分布式光伏就地消纳能够有效降低输电成本和能量损失，可弥补光照资源较差的缺陷。在 2020～2035 年期间新增分布式光伏装机将快速增长，预计到 2035 年可达光伏发电新增装机的 80%以上。

分布式光伏发电项目的特征明显，包括：项目规模大小可根据屋顶资源和电力需求进行灵活调整；接近电力负荷，多为就地接入配电网消纳，无需长距离输送和大规模的输电网投资，线损少；单个项目投资额小，中小企业甚至家庭用户都可成为分布式光伏项目的投资者。

（三）光伏发电配网问题

分布式光伏发电技术还具有适用性较高、不需花费过多时间和精力维修的特点，同时应用分布式光伏技术，还具有减少相关供电人员工作步骤的作用。在接入原有配电网过程中普及就近原则，有助于降低接入工作的复杂程度，并且对减少电能损耗还有着不小的帮助，同时还在很大程度上提高了电能的传输速度。我国政府也已经将对分布式光伏发电的分析作为了长期的工作内容。随着分布式光伏发电的不断推广，配电网的运行模式也发生了非常大的变化。

（1）与传统配电网的运行趋势不同，分布式光伏发电装置的接入是增加配电网发电方向的有效途径。由于太阳能具有辐射强度不断变化的特点，所以在此种情况下，相关工作人员可以根据用户的需求，提高分布式光伏发电装置输出功率的合理性和有效性。而一旦相关工作人员设置了不合理的输出功率，则不仅会限制配电网的正常运行，同时配电网的安全性能也会大幅度降低。所以说，分布式光伏发电不仅会给配电网的运行带来积极影响，同时还会降低配电网的运行速度，甚至还会带来非常大的安全隐患，因此需要引起相关人员的高度重视。

（2）分布式光伏发电产生的电能要想更好地为人类服务，就需要相关工作人员将更多的精力和时间放在促进电力电子装置发挥出优势上面。需要将分布式光伏发电产生的电能转化为适合人类使用的电能，之后促使电网发挥出自身的积极作用，而谐波作为电力电子装置运行下的产物，如果长期存在，将会大幅度降低电网中的电能质量。另一方面，电力电子装置具有动态调节能力相对较差、过载能力不甚理想、故障穿越能力不尽如人意的劣势。由此可知，将分布式光伏发电与配电网结合使用，对电网的正常运行具有非常不良的影响。而有效解决以上问题的关键就是相关工作人员致力于减小分布式光伏发电的接入容量。而一旦接入容量超出电网的可承受范围，那么电网的稳定性就会呈现逐渐下降的态势，直至电网无法有效工作。

提高分布式光伏发电技术的推广程度，是解决我国能源不断锐减问题的基础，同时其对落实环境保护工作还有着非常大的帮助。另外，提高主动配电网技术的应用频率，不仅具有提高供电安全性的作用，同时还有利于分布式光伏发电与主动配电网的有效结合。

十一、生物质能发电的发展

（一）生物质能发电的定义

生物质是指利用大气、水、土地等通过光合作用而产生的各种有机体，即一切有生命的可以生长的有机物质统称为生物质。生物质能就是太阳能以化学能形式储存在生物质中的能量形式，即以生物质为载体的能量。它直接或间接来源于绿色植物的光合作用，可转化为常规的固态、液态和气态燃料，取之不尽、用之不竭，是一种可再生能源，同时也是唯一一种可再生的碳源。生物质能的转换技术主要包括直接氧化（燃烧）、热化学转换和生物转换。生物质能发电技术是以生物质及其加工转化成的固体、液体、气体为燃料的热力发电技术，其发电机可以根据燃料的不同、温度的高低、功率的大小分别采用煤气发动机、斯特林发动机、燃气轮机和汽轮机等。

（二）生物质能的优点

随着应对全球气候变化的《巴黎协定》的签订，以及我国作出的2030年单位国内生产总值二氧化碳排放比2005年下降60%～65%的承诺，能源结构的调整迫在眉睫。目前我国能源结构仍以煤炭为主，有着迫切的能源结构调整需求。

生物质能作为一种可再生能源，植物生长过程中将大气中的碳固定在体内，燃烧生物质过程向大气中排放的碳来自植物体生长过程中从大气中固定的碳，所以生物质能是一种 CO_2 零排放的可再生能源。生物质能属于洁净的可再生能源，在能量转化中不会产生大量有害的 SO_2 等污染物，是改善能源结构的极佳选择。

我国有大量廉价的农作物秸秆及林业废弃物可收集利用，在生物质能丰富的地区建立生物质分布式能源系统，既可以缓解能源不足的问题，又解决了生物质秸秆就地焚烧带来的环境污染问题，同时通过补贴，增加了当地农民的收入。生物质能通过与分布式能源系统相结合，可以就近利用，实现能的梯级利用。

（三）生物质能发电技术

目前生物质发电主要有以下三种方式：

（1）直接燃烧发电。生物质直接燃烧发电技术通过改型传统内燃机发电设备而实现。直接燃烧过程中产生大量的 VOC 及颗粒物，环保效益较差。

（2）生物质与煤混合燃烧发电。混合燃烧可以提高发电的效率，且当生物质的比重小于 20% 时，不需要对现有设备进行大的改动。但由于仍需要使用大量的煤，对环境仍会造成破坏。

（3）生物质气化发电。通过将生物质气化得到燃气，再借助内燃机、燃气轮机、斯特林机、燃料电池等将生物质燃气的化学能转化成电能。热电联产模式是生物质分布式能源利用的主要方式之一。生物质气化后产生的燃气温度较高，含有的热量可以经过换热利用为用户提供热能。

分布式生物质能源技术对原料种类适应性强，项目规模灵活，可满足特殊用户的需求，在小规模下具有更好的经济性，更易于商业化发展，符合生物质资源特点和我国国情。生物质能分布式利用方式主要包括生物质成型燃料和生物燃气两方面，关键技术包括生物质成型燃料加工及燃烧、大中型沼气工程技术、生物质气化热解及燃气利用等。我国分布式生物质能源技术目前主要处于进行技术完善和应用示范阶段，预计到 2030 年前大部分关键技术将基本成熟，具备产业化的条件。我国分布式生物质能产业发展的主要方向是传统燃煤燃气替代、城镇/农村清洁生活能源供应和农村生态环境保护；发展重点是服务节能减排战略，利用生物质实现部分替代工业燃料，减少燃煤/燃油带来的污染；同时围绕国家新型城镇化战略，为新农村建设提供可持续的清洁能源，提高农村生态环境保护水平。

我国发展分布式生物质能的关键是因地制宜，不能脱离当地的社会经济发展条件，追求不切实际的发展目标。开发利用生物质能的主要功能是环保和节能，目的是减少污染，提供经济、可行的洁净替代能源，减少化石能源的压力。在定位上，近期应围绕节能减排战略需求，实现部分替代工业燃料，减少燃煤/燃油/燃气的消耗，降低企业减排成本；长期应发展液体燃料替代，实现生物质液体燃料规模化生产、能源作物规模化种植及能源藻的商业化利用。

十二、充电桩的发展

（一）充电桩的定义

充电桩就其功能而言类似于加油站里面的加油机，通常安装于公共建筑（公共楼宇、商场、公共停车场等）和居民小区停车场或充电站内，可以根据不同的电压等级为各种型号的电动汽车充电。充电桩的输入端与交流电网直接连接，输出端通过充电插头为电动汽车充电。充电桩一般提供常规充电和快速充电两种充电方式，消费者可在充电桩显示屏进行充电方式选择、充电时间调整、费用数据打印等操作。

（二）我国充电桩发展情况

近几年，我国新能源汽车充电技术得到了飞速发展，充电基础设备建设也日益壮大。但由于我国人口基数大，地域发展不均，据中国电动充电基础设施促进联盟最新数据显示，虽然我国充电基础设施累计建设超 130 万台，车桩比约为 3.12:1，仍远低于预期规划"一车一桩"的目标，充电桩缺口依然巨大。

此外，我国充电桩运营商发展初期"重数量、轻运营"，虽然多数充电桩集中分布于市区，但初期因对运营选址重视不足，部分充电桩布局在车流量较小、人烟稀少的偏远位置，导致充电高峰期车主想要找到空闲的、可使用的充电桩存在较大难度，造成充电桩整体利用率较低，难以形成良好的口碑。同时我国资源分布不均、人均土地利用率低、老旧小区增容改建难度大、市场监管力度不足等问题也在一定程度上制约着我国充电基础设施的进一步发展。

作为电动汽车配套基础设施，电动汽车保有量的变化也极大影响充电桩的发展。2015 年我国电动汽车销量仅为 33.1 万辆，在新能源补贴政策的支持下，2018 年新能源汽车销量突破 100 万，2019 年受政策补贴退坡的影响，新能源汽车销量增长放缓。截至 2019 年底，新能源汽车保有量达到 381 万辆。2020 年我国出台多项利好政策，再次刺激新能源汽车的销量增长，充电桩建设必然迎来强劲增长。

（三）充电桩未来发展趋势

2015 年我国发布的《电动汽车充电基础设施发展指南（2015～2020 年）》指出，至 2020 年，为满足全国 500 万辆电动汽车的充电需求，我国将新增分散式充电桩超过480 万，其中公共充电桩 50 万、私人桩 430 万，车桩比将达到 1:1。按照该目标，我国充电基础设施还有很大的发展空间，目前公共充电桩已完成既定目标，但私人充电桩完成率仅为 16.3%，还有近 360 万的缺口。因此，可预见未来私人充电桩将呈现爆发性建设推广态势。

从技术发展的角度来讲，现有新能源汽车续航能力较燃油车仍存在较大差距，新能源汽车要真正成为人们绿色出行的交通工具，成功取代燃油车，就必须提高新能源汽车的续航能力，降低新能源汽车的充电时长。影响汽车电池充电速度的因素有两点：①充电桩自身的输出功率。②电池密度、材质、容量、电池组管理系统 BMS 的能力。因此，要实现汽车电池快速充电，必须使充电桩技术与电池技术有机结合、共同发展。然而，作为配套设备的充电桩技术的发展，很大程度上又取决于汽车电池技术的发展。随着电池技术的进步，电池系统能量密度的持续提升，给新能源汽车配置 100kWh 以上的电池组是未来的趋势。要实现高倍率充电，必须以大功率充电桩与之相匹配。因此，大功率充电桩的研发是未来发展的趋势，350kW 以上的充电机功率配置将是未来的主流。

十三、电网消纳制约新能源的发展

近年来，随着我国能源转型进程的不断推进，以光伏发电、风力发电为代表的新能源发电装机规模不断扩大。据统计，截止到 2019 年底，我国新能源发电累计装机已达 4.15 亿 kW，占全国电源总装机的 21%；其中光伏发电 2.05 亿 kW，占比 10.2%；风力发电 2.1 亿 kW，占比 10.4%。高速发展的新能源产业已然成为我国能源结构中不容忽视的一部分。然而，事物总是存在两面性，新能源产业同样如此，伴随高速发展而来的就是难解的新能源消纳问题。

消纳，简单地讲就是消化、吸纳。因为发电厂（无论是水电、火电、核电、风电电源）发电后送上网，电能无法方便地储存，不用掉就是浪费，所以就要将富余的电能经调度送到有电能需求的负荷点，这个过程就是消纳。之所以无法定量发电、不产生过多的电量，是因为电力负荷的需求是很难以计划进行硬性规定的。需求在不断地变化，一个时期内某地区可能缺电，如枯水季节，水电发不出，为了满足当地电力的保障，一是增加电源建设，二是电能调度。而我国五大发电公司为了扩大市场份额，地方发电公司为了局部利益都会上马发电厂，等到供大于求时，多余电量的去向就成了问题。

随着新能源领域弃风、弃光量的不断增加，新能源消纳问题越来越制约着我国能源转型，以及电力行业的可持续发展。弃风、弃光是新能源受限的结果，其产生的主要原因有两个：调峰限电与网架限电。调峰限电是由于新能源装机占比高，电网调峰能力不足,受电力平衡条件限制,无法消纳新能源发电电力;网架限电是由于电网输送能力不满足新能源发电送出需求,受电网稳定条件约束,限制新能源发电电力。

为解决新能源消纳问题,2018 年底国家发改委、国家能源局出台了《清洁能源消纳行动计划(2018~2020 年)》(下文简称《行动计划》)。该《行动计划》规定了 2018~2020 年间每年的消纳指标:"2020 年,确保全国平均风电利用率达到国际先进水平(力争达到 95%左右),弃风率控制在合理水平(力争控制在 5%左右);光伏发电利用率高于 95%,弃光率低于 5%";还进一步明确了弃电量、弃电率的概念和界定标准,指出"原则上,对风电、光伏发电利用率超过 95%的区域,其限发电量不再计入全国限电量统计"。这一政策的施行很大程度上刺激了新能源电站并网及消纳的力度。

作为我国电网建设的支柱企业,国家电网公司对于新能源消纳问题同样十分重视。不久前,其发布的《2020 年重点工作任务》中就明确提出,要通过优化新增装机规模和布局、强化目标考核等措施,做好新能源并网服务和消纳,确保风电、光伏发电利用率均达到 95%以上。虽然"95%"的指标国家电网在前两年就已有提及,但据了解此前的推广规模并未覆盖到全网,2020 年可以说是国家电网首次面向全网制定"确保风电、光伏发电利用率均达到 95%以上"的指标。这不但表明解决新能源消纳问题已经被国家电网列为工作的重点,也能看出国家电网未来在新能源领域或许会有更多打算。

实际上,弃风弃光现象的出现,不外乎两个原因:①新能源近年来装机占比逐渐提高,使得原本以传统能源电力为主的电网系统的调峰压力增大。②虽然我国特高压电网建设在国际上名列前茅,但我国幅员辽阔,仍然存在着部分特高压通道输电能力不足的问题,使得新能源电力外送受限。近两年,国家电网对于新能源消纳送出工程的建设也是愈发重视。根据公开资料显示,国家电网 2018 年完成电网投资 4889 亿元,重点在于持续加强新能源并网和送出工程建设,建成了 5430km 新能源并网及送出线路,满足了 506 个新能源发电项目并网和省内输送的需要。

第三章　智能电网的信息化体系

在智能电网下，无论是从电能流的方向还是从企业业务链递进方向，每个环节都伴随有大量数据生成、采集、处理，供分析应用，并最终以不同的形态展示在用户面前。信息化的理念和技术将在这些环节实现智能化目标的过程中充分发挥作用。

智能电网建设是电网建设的重大革新，而信息化则是这次革新中不可或缺的重要内容和变革手段，信息化与电力工业深度融合的价值也将随着智能电网的建设体现得更加充分。

智能电网的信息化体系可以从信息化架构层级、电网产业链、业务类型三个不同的维度，对建设体系进行划分和组合。

第一节　智能电网信息化的定位分析

电力信息化是指应用通信、自动控制、计算机、网络、传感等信息技术，结合企业管理理念，驱动电力工业旧传统工业向知识、技术高度密集型工业转变，为电力企业生产稳定运行和提升管理水平提供支撑和引领变革的过程。

智能电网是以物理电网为基础、以特高压为骨架，运用先进的传感器测量技术、通信网络信息技术、控制技术与计算机技术，以通信信息平台为支撑，高度集成于传统的物理电网。智能控制具有数字化、信息化、互动化、自动化的特点，应用于整个电力系统的发电、输变电、配送电、调度和用电等各个实际环节中。信息化为实施基础，数字化是具体的表现形式，自动化是实现方式，互动化则体现内在的要求。其中的信息化作为"四化"的突破口具有十分重要的地位，是智能电网体系的"互联网+"。

智能电网信息化是发展智能电网的基础和保障，是推进信息化与工业化融合、走新型工业化道路的重要动力。通过信息化，可实现电网规划、设计、建设、生产、运营等服务信息的全面采集、流畅传输和高效处理，提升设备自动化、业务现代化及服务互动化水平，增强电网可视化发展能力、智能分析和科学决策能力。这要求信息化为智能电网自动化、互动化提供安全可靠的公共平台和实现手段，进一步提升信息化平台对信息的传输、存储和处理能力，扩展信息平台信息共享的广度和深度。智能电网信息化丰富了信息平台交互信息的方式和手段，全面支撑智能电网发展，对促进现代电网从传统电网向高效、经济、清洁、互动的智能电网升级和跨越起到了至关重要的作用。

第二节　智能电网信息化的发展地位

从经济角度来看，自智能电网信息化起始以来，我国电力信息化市场的总收入由 2014 年的 141 亿元增至 2019 年的 308 亿元，复合年增长率为 16.9%，并预计于 2024 年将进一步增至 712 亿元，2019～2024 年的复合年增长率预计将达到 18.2%。由此可见智能电网信息化发展速度之快，以及发展潜力之巨大。

随着信息技术水平的提升和市场竞争的加剧，国家对电力企业信息化水平要求不断提升，各电网公司、发电集团越来越重视统一制定信息化发展规划，建成信息系统之间"横向集成、纵向贯通"的总体格局。

一、多重源动力推动电力信息化快速发展

在国家城市化进程的总体策略推动下，伴随着全国高铁、城市轨道交通的迅猛发展，电网需要不断做出网架结构的延伸和改造。同时信息化与工业化的"两化融合"，"厂网分开""输配分离"等电力体制改革的不断深化和推进，节能减排、绿色新能源与电源结构调整、"煤电联营""铝电联营""电动汽车""智能电网"等新概念使得电力行业产业链不断延展，给电力企业信息化建设注入多重源动力，成为电力行业信息化发展的强大推动力。各电力企业在历史的发展机遇面前，纷纷推出信息化发展规划，描绘未来五年甚至更长时期的信息发展蓝图。

二、应用系统的深化和集成开发成为重点

随着信息技术水平的不断提高和市场竞争的日益激烈，电网公司、发电集团以及其他集团式电力企业逐渐意识到信息化发展的价值和意义，重视统一制定信息化发展规划，致力于集团信息化改革，加大推动集团信息化水平的力度。如在某一省电网公司内部各职能部门中，信息系统之间通过信息门户、数据中心和流程集成系统实现了横向的集成；而电网公司总部与省电网公司、省电网公司与地市公司之间的生产、营销、人财物等信息系统，根据管理需求，实现了业务上要求的纵向贯通。在信息系统软件尤其是企业信息门户软件和数据中心软件有效运行后，电力企业信息化建设中原有的"信息烟囱""信息孤岛"等情况将逐步消除，信息资源将快速地在整个企业集团内部贯通，极大地提高电力企业的管理水平和决策能力。基于上述信息化发展规划而产生的需求，用于实现信息系统之间集成的企业信息门户软件和数据中心软件越来越受到重视，在电力行业信息化建设中的地位逐步提高。

三、"互动化"进一步推动系统集成发展

在目前的电网设备中，大部分电力设备之间的信息传输基本上是单向方式。而未来智能电网将会形成一种新的通信和交互机制，实现电网设备间双向、互动的数据传输，以此为依托可以大幅度提高电网的智能性。形象地说，就是"电网上的设备之间将进入即时通信时代"。这对当前的电力信息通信网络提出了新的要求，也是智能电网信息化发展的巨大机遇。

第三节　智能电网信息化的发展现状

我国电力行业的信息技术应用始于 20 世纪 60 年代。在电力信息化建设的初始时期，信息技术主要应用在电力试验数字计算、工程设计科技计算、发电厂自动监测、变电站（所）自动监测等方面，其目标为提高电厂和变电站生产过程的自动化程度、改进电力生产和输变电监测水平、提高工程设计计算速度、缩短电力工程设计的周期等。

电力信息化发展第二阶段，指 20 世纪八九十年代，这一时期为专项业务应用阶段。计算机系统在业务领域得到应用，电力行业广泛使用了计算机系统，如电网调度自动化、发电厂生产自动化控制系统、电力负荷控制预测、计算机辅助设计、计算机电力仿真系统等。同时，企业开始注意开发建设管理信息的单项系统，用于各业务部门管理。

电力信息化发展第三阶段，指 20 世纪 90 年代初到 21 世纪初，这一时期为电力系统信息化建设加速发展时期。随着信息技术和网络技术日新月异，特别是国际互联网的出现和发展，促进电力行业信息化实现跨越式发展，信息技术的应用深度和广度在电力行业达到前所未有的地步。有计划地开发建设企业管理信息系统 MIS，信息技术的应用由操作层向管理层延伸，从单机、单项目向网络化、整体性、综合性应用发展，网络基础设施建设迅猛。企业级的信息集成应用全面展开，并开展了信息安全建设。

进入 21 世纪以来，电力信息化发展到第四阶段。信息化建设的目标主要在管理信息化方面，企业资源计划、资产设备全寿命周期管理、安全生产管理、供应链管理、集团控制、人财物集约化、全面预算管理等全面展开。围绕管理创新，进行企业业务流程的重新梳理、变革和重组，组织扁平化和精益化管理，不断降低成本，提高效益，

通过信息化支撑企业管理，不断提升企业的价值，最终建立起信息化企业。

电力信息化的成绩不容否定。但电力信息化的发展确实存在发展不平衡现象，企业间信息化水平参差不齐，部分企业领导对信息化重要性的认识不到位、缺乏战略规划和科学组织、信息部门处于从属地位等问题导致部分企业信息化水平不高、信息资源分散、系统缺乏集成、实用化水平较低、存在低水平重复建设等现象。信息技术与业务的融合不深，尚未形成有利于实施集团化运作、集约化发展、精细化管理的统一信息平台，制约了电力企业（集团）资源整合和企业管理的现代化进程。

目前我国智能电网信息化建设与国家电网公司的发展要求，以及国际领先电力企业相比较还存在差距，主要表现在以下方面：

（1）信息资源亟待更大范围的集成共享。例如业务之间仍然存在一定程度的数据壁垒，部门间数据还未充分分享，数据重复存储且不一致的现象依然存在。

（2）一体化平台承载能力有待提高。随着用电数据采集和输变电状态监测等海量数据的产生，对信息网络传输能力和接入方式、数据中心存储能力和处理能力提出了更高的要求，一体化平台承载能力还有待提高。

（3）信息安全主动防御能力有待提升。大量信息系统投入运行，企业上下形成了规模大、系统复杂、业务依赖性强的业务应用环境，任何局部运行问题均有可能影响到全网，引发企业信息系统的应用障碍。

（4）信息化管控与协调机制有待完善。在集团化、集约化的过程中，业务管理的变革和业务系统自上而下的推广应用，使得信息化管控建设与业务发展依然存在不同步现象。主要是部分系统的设计思路与信息安全管控存在差异，需要进一步研究符合智能电网运行的更为灵活的安全防护体系。

（5）信息安全技术督查能力有待加强。企业网络一体化平台的不断拓展，变电站、营业所、智能终端等接入和入网终端的变化，信息业务系统的高度集中、信息领域新技术发展与应用等都给信息技术监督（督查）工作提出了更高的要求，技术监督监控和分析能力有待进一步提高。

（6）业务应用融合及分析决策能力有待提升。随着公司稳步推进组织架构变革，管理方式创新，业务流程优化，各业务应用提出了新要求、新需求，现有业务应用系统存在不适应、难以支撑的局面。

此外，信息安全指标的集中监测，以及与上级单位、下属单位的信息安全指标联动机制、信息安全运行事件及异常的调查和分析能力等有待完善和提高。

通过以上论述，可以得出当前在智能电网信息化建设方面的不足主要在于信息平台构建、业务应用集成等方面。

第四节　智能电网信息化的发展趋势

智能电网代表了电网的发展趋势。作为智能电网发展的基础和保障，信息化技术贯穿了发电、输电、变电、配电、用电和调度等各个环节，是电力企业人、财、物集约化管理不可或缺的手段，已经成为智能电网发展的中坚力量。

智能电网信息化建设将随着电网应用需求的提升而面临新的发展要求。

一、信息化将渗透到业务价值链的各环节

智能电网的建设将覆盖从电源、输配电、售电到用电管理的各个环节，信息化也将成为各业务环节实现智能化的手段，信息化部门需要为更多新的业务需求提供支撑和服务，如提供基于智能设备的应用功能、为设备安全交互提供可监测的数字宽带网络等。信息化部门也需要更加深入业务，紧跟智能电网建设带来的业务变革。

二、管理信息化与自动化将结合紧密

在建设智能电网的环境下，调度自动化与管理信息化的结合将更加紧密。由于大批的智能设备、仪器仪表、传感器等将被置入各级电网以及终端用户侧，届时将有大量的设备状态数据、生产实时数据、负荷数据在各类设备之间、系统之间传递。企业的生产管理和经营决策都需要依赖这些数据来完成，管理决策信息也需要有效地反馈到电网运行中，并进行调节。信息化部门将需要提供自动化与管理信息化交互的平台，为更多实时数据的安全传输、科学管理和分析应用提供环境和工具。

三、面向服务的信息一体化架构是发展方向

目前，电力信息化建设正在从专业级应用向企业级应用转变，信息集成建设成为当前电力企业解决信息孤岛、实现信息资源共享的重要手段。智能电网建设将加快企业信息一体化的进程。

智能电网的基础是电网业务的全数字化，信息资源能够得到充分地共享和应用，实现业务的协同化运作，因此信息一体化架构将成为智能电网下的电网企业信息化架构。由于未来会有各种类型的智能设备在不同时期进入网络环境，并且基于智能电网的环境会有各种应用需求产生，因此需要企业的信息集成平台是一个面向服务、能够提供标准化接口的平台，是兼容分散式和集中式的信息系统。

四、技术引领与业务驱动并重、信息化与业务创新深度融合

智能电网的建设将会促使电网企业进行大量的业务创新和管理创新。信息技术的

发展将带动业务与管理创新能力的提升，促使企业研发更多新的应用和面向用户的增值服务；同时，管理能力的创新也将对信息技术提出更高的要求。二者互相促进，形成良性发展螺旋式上升的状态。

在这样的环境下，信息化将不仅仅扮演业务支撑的角色，而是需要完全参与到企业业务创新的过程中，通过引进新的信息技术，不断地挖掘智能电网的应用价值。

第五节 智能电网信息化的建设方向

智能电网是当今社会高速发展过程中，信息技术与能源变革相互融合的产物。电力企业要利用现代的信息技术，不断深化电网各环节的数字化程度、信息集成水平和智能分析能力，提升电网企业的生产、经营、管理水平，加强信息和电网的结合，引领电网传统业务向智能化、信息化方向迈进，从而推进智能电网建设蓬勃、健康发展。

基于以上发展趋势，对新时期智能电网如何推进信息化建设，做了如下具体阐述。

一、以"智能+"为基础搭建智能变电站

智能电网的构建，是新时期电力事业现代化发展的内在需求。以"智能+"为基础，搭建智能变电站是电网企业信息化建设的重要内容。智能电网涉及输变配电、发电、调度电等环节，而变电站的智能化构建，是整个电网系统的核心。智能变电站以信息化建设为依托，实现信息数字化，并在信息共享标准化的构建中，依托通信平台，实现自动化远程数据采集及监控，保障了变电站的智能化控制。

电网企业在智能变电站的构建中，通过自动控制、协同互助的关系构建，实现了变电站信息化升级；同时"在线分析决策"功能的生成，能够保障电网企业基于电力系统的运行状态，实现实时调配，极大地提高了变电站的运行安全与稳定。

二、立足智能电网视域生成大数据空间

在大数据时代，电网企业信息化建设的重要立足点就是生成大数据空间，为智能电网在发、配、调等方面提供智能化调控。当前，"互联网+"的实施，重点是在智能电网中大量使用的移动互联网、信息安全技术，云计算、大数据、物联网等技术融合运用，让信息通信新技术在智能电网（发、输、变、配、用、调）过程深度融合渗透运用，在输变电智能化、源网荷协调优化、智能调度控制、智能配用电、企业经营管理、信息通信六大领域加大研究开发，保障了智能电网的科学构建。

首先，通过大数据云技术，能够实现对电网运行的深度调控，在输变电智能化、调度智能化、配用电智能化等领域，保障电网运行的安全稳定；其次，大数据能够为

电网企业提供数据分析，了解不同时间段、不同区域内的用电情况，进而科学合理地配电输送，保障各时间段、各区域的用电需求；最后，智能电网下电力营销信息化的构建，是当前电网企业信息化建设的重要领域。依托信息化平台，实现电力营销业务流程的优化与调整，并且在电费收取、电费计算及业务包装等方面，实现了信息化平台的搭建，满足了用户端的服务需求。因此，智能电网的构建，为企业大数据空间的生成创设了条件，同时也为电网企业优化经营管理环境，适应新时期电力事业的发展要求。

三、建立集成平台实现"三流"有效融合

要想企业的信息化建设更好地支撑智能电网建设，就要将原有的、分别建设的各个业务应用系统平滑地整合在一起，将电力流、信息流及业务流融合，建立起相互统一的业务应用系统和高效运行的层次化信息体系。

集成平台的建立，是实现电网企业信息化的重要基础。电网企业在智能电网的建设中，应转变传统业务模式，实现业务流程统一、整合，保障各业务系统的高效运行。对于电网企业而言，应通过建立融合各个系统的、面向服务的、兼容分散式和集中式应用系统的信息化集成平台，使不同的系统和不同主体能够相互识别、交换信息并协调运行，达到系统之间的无缝集成，包括电网运行数据、电网拓扑结构数据、计量数据、用户数据，以及外部应用系统数据的实时交互。从而促使整个智能电网成为一个层次分明、完整高效的整体，支撑电力流、信息流、业务流三流合一，满足业务的不断变化，支持未来智能电网的业务应用。

因此，信息化集成平台，是智能电网运行的重要基础，应通过业务流、信息流和电力流的有机融合，实现建立高效、统一的信息化集成平台。随着电网智能化程度的不断提高，对电网企业信息化建设的要求更加苛刻，要求搭建完善的信息化管理平台，实现电网智能化平台的生成。

四、优化信息化环境、完善安全防御体系

我国智能电网的安全建设强调的不仅仅是要求骨干网架的安全稳定、抗攻击性强、冗余能力强，对保障智能电网运行的整个信息环境的安全也同样有严格的要求。智能电网的信息化建设也需要建立一套覆盖物理层到应用层的纵横交错的信息安全防御体系，便于应对日益严峻的信息安全形势，预防恶意软件、黑客、网络病毒等损害企业信息化建设的行为，保障智能电网信息化业务的顺利开展。

构建完善的安全防御体系，是信息化建设的重要保障。一是强化安全防御能力，通过入侵检测、防火墙等技术的应用，保障电网信息系统的运行安全；二是规范信息

化运行操作，提高职工的安全防范意识；三是建立安全防御体系，有效防范黑客、病毒等有害信息安全的行为，为电网企业提供良好的信息化环境。例如基于防火墙的安全防御体系通过防火墙技术，实现外网的有效隔离，避免了黑客的恶意攻击。因此，应全面落实安全防御体系的构建，有效提升电网信息化建设的安全防御能力。

综上所述，在智能化时代，电网企业依托信息化建设，加快智能电网升级改造，是现代化发展的必然要求，是适应时代发展需求的重要举措。智能电网的实现，要求电网企业要加快信息化建设进程，通过搭建大数据空间、构建信息化集成平台、完善信息安全防御体系等方向，有效提升电网企业信息化程度，保障电网企业现代化发展。

第六节　智能电网信息化的体系架构

智能电网是一个完整的信息架构和基础设施体系，其目标是实现对电力客户、电力资产、电力运营的持续监视，利用"随需应变"的信息提高电网公司的管理水平、服务水平、工作效率和电网可靠性。

与传统的电网相比，智能电网将进一步扩展对电网的监视范围和监视的详细程度，整合各种管理信息和实时信息，为电网运行和管理人员提供更全面、更完整和更细致的电网状态视图，并加强对电力业务的分析和优化，改变过去基于有限的、时间滞后的信息进行电网管理的传统方式，帮助电网企业实现精细化和智能化的运行和管理。

一、智能电网体系架构

智能电网具有以下主要特点：①可观测——量测、传感技术；②可控制——对观测状态进行控制；③嵌入式自主处理技术；④实时分析——从数据到信息的提升；⑤自适应；⑥自愈。因此，智能电网的基本构架立足于系统化、体系化、全方位的设计理念，核心目标要素是既"坚强"又"智能"，主要由发展基础体系、技术支撑体系、智能应用体系三大体系构成。

（一）发展基础体系

发展基础体系指电网系统的物理载体，是实现"坚强"的重要基础，主要由三大部分组成：①以特高压电网为骨干网架、各级电网协调发展的实体电力网络，是整个坚强智能电网的物理载体，是实现坚强智能电网的基础。②电网支撑站点（包括变电站/换流站、电网储能点、电网补偿点、配网控制点等），是实现坚强智能电网各项应用功能的基础，也是支撑实体坚强智能电网的关键。③电网设备和满足电网安全经济运行、灵活可靠的各种坚强智能电网装备。上述三者将构成坚强智能电网的物理基础。

（二）技术支撑体系

技术支撑体系是电网系统的信息载体，是智能电网的信息传输基础。坚强智能电网实现电力流、信息流、业务流高度一体化的支撑前提在于信息的无损采集、流畅传输、有序应用。各个层级的通信支撑体系是坚强智能电网信息运转的有效载体，是坚强智能电网坚实的信息传输基础。通过充分利用坚强智能电网多元、海量信息的潜在价值，挖掘其背后所蕴含的知识，服务于坚强智能电网生产流程的精细化管理和标准化建设，提高电网调度的智能化和科学决策水平，提升电力系统运行的安全性和经济性。

（三）智能应用体系

智能应用体系是电网系统的应用载体，是推动智能电网发展的重要动力。坚强智能电网的建设成就，归根结底要落实在业务应用上。智能应用体系涵盖发电侧、电网侧、用电侧的相关业务，推动技术创新与进步，促进清洁环保能源发展，提高能源投资及利用效益，增进电网与环境、社会和用户之间的和谐发展。

二、智能电网信息化建设

基于智能电网的架构体系，信息化建设将主要有以下内容。

1. 稳健的通信网络设施和高性能的数据处理设备

智能电网的运行依赖于大量数据采集、传输和计算分析，稳健的通信网络是智能电网的基础。智能电力设备将通过通信网络进行数据通信和互动，实施自动故障识别、对已经发生的扰动做出响应等。

基于通信网络设施，大量的数据在各设备、系统之间进行传输和计算，对数据的处理能力和计算效率提出了更高的要求，分布式计算技术和网格计算服务器的应用应运而生。

2. 集成的电网实时监控信息与管理信息

电网运行数据和设备运行状态数据的采集分析为整个电网运行控制和管理决策提供支持。目前，电网企业信息化比较领先的企业已经通过生产实时数据平台等技术手段实现了电网实时信息与管理信息的单向交互，为进一步科学管理电网运行提供了支撑。业务管理人员通过对设备状态数据的分析，能够对设备资产实施全生命周期跟踪管理，对设备进行有效的评估和风险控制，最大化程度提高设备的使用效率，实现电网的经济运行。

3. 基于企业服务总线的信息化集成平台

智能电网强调需要建立高速的信息通道，使数据在业务流引擎的驱动下，在电网设备运行、电网调度及各业务系统间有序流动，包括电网实时运行数据、电网拓扑结构数据、计量数据、用户数据及外部应用系统数据，从而实现信息集成，形成跨部门、跨系统、跨应用的业务协同环境。电网企业可以通过建立企业服务总线，集成分散式和集中式的应用系统。同时，为了不同系统和不同主体能够相互识别与交换信息、协调运行，接口协议和通用信息模型（CIM）等标准规范必不可少。而且，要达到系统之间的无缝衔接，还必须界定各个系统的软、硬件组成，明确它们相互之间的接口。

4. 新一代电网的业务功能开发和应用创新

智能电网业务功能的开发与应用创新是智能电网价值的根本体现。智能电网的功能开发可以覆盖电网企业业务流、电能流的各个环节。从目前的研究进展和发展趋势来看，与智能电网相关的业务需求基本有：电网的优化、系统模拟和方针、设备资产的全生命周期管理、设备状态的检测与远程诊断、电力交易撮合、营销与配电一体化管理、需求侧管理、智能家电应用解决方案、企业生产经营绩效分析等。智能电网的业务功能将随着业务的发展和需求的增长不断地丰富完善。

5. 纵深的信息安全防御体系

智能电网的核心目标要素是既"坚强"又"智能"，"坚强"不仅仅是要求骨干网架的安全稳定、抗攻击性强，对智能电网运行所依赖的整个信息环境的安全也同样有严格的要求。建立一套覆盖物理层到应用层的纵深信息安全防御体系是对智能电网的基础支撑。

三、智能电网信息技术架构

智能电网信息技术架构可分为四层两纵，四层分别是指数据采集层、基础设施层、信息集成层、应用展示层，两纵分别是指电网信息安全防护体系和电网信息化标准体系。

（1）数据采集层由传感器、PML、执行器、RFID 等构成，负责采集多种类型的数据并传递给上层处理。

（2）基础设施层分为系统硬件平台和系统软件平台。系统硬件平台由服务器、存储设备、网络、IDC 机房、容灾中心构成。系统软件平台分为 GIS 平台、云计算平台、电子商务平台等，平台由操作系统、中间件、实时数据库、关系数据库、非结构化数据库支撑。

（3）信息集成层中应用集成平台（SOA）负责集成基础设施层的软硬件，数据集成与共享平台（数据中心）负责处理数据采集层传递的数据。

（4）应用展示层负责综合展示应用。分为综合风险控制决策与应急指挥、管理驾驶舱、双向互动营销门户三大部分。综合风险控制决策与应急指挥负责电源侧，其中的应用有电源规划、电网规划、大规模储能接入优化、可再生能源/分布式能源管理等。管理驾驶舱负责电网侧，其中的应用有智能电网风险评估、智能变电站管理、电网调度决策支持、综合停电管理等。双向互动营销门户负责用户侧，其中的应用有用电信息采集与分析、家庭智能用电管理、电动汽车充放电管理、客户智能用电优化等。

该架构中现代化智能电网信息安全防护体系，现代电网信息化标准体系贯穿每一层，且该信息化总体架构具有互动、绿色、安全、自愈、优质和经济的特点。

目前有 SOA（Service-O-riented Achitected）和基于 Agent 的系统 2 种技术，以实现智能电网信息化架构。

第七节　智能电网信息化应用技术

智能电网的构建离不开各种信息技术的应用。为使智能电网稳固，安全且高效地运转，减小在电能上的损耗，达到供电节能的效果，就必须持续发展信息化技术，将其与发、输、变、配、用、调度和信息等各个环节的电力系统有机结合。实现从发电到用电所有环节信息智能交流，以提升智能电网在运转上的智能化性能，在人机交互上达成更好的效果，减小运转与治理上的困难度，提升设备运转上的可靠度和安全度。

一、集成管理技术

集成技术是通过优化综合布线系统和计算机网络技术，将各类分离的设备、应用系统和软件等数据集成到一个统一的系统，从而达到数据信息的共享、优化，确保整个系统的高效、集中管理。集成技术主要解决各个系统之间相互连接和相互操作的问题，是一个多厂商、多协议的体系结构，需要解决各种设备、子系统、系统平台、应用软件、协议等与子系统、施工配合、组织管理、人员调配等一切集成问题。智能电网涉及各种智能终端设备、智能开关、智能调度系统、智能发电系统等，利用集成技术，才能将这些设备、应用软件和信息技术集成在一起。智能电网的集成管理技术包括关系与非关系数据库技术、数据挖掘技术、融合与集成技术、过滤与反清洗技术。

二、数据分析技术

数据分析技术是在已经获取的数据流或者信息流中寻找匹配的关键词或者关键短语，从而快速找到相关数据信息。智能电网运行过程中，产生大量的数据信息，这些数据信息可以真实反映智能电网的运行状态，从而判断针对电网存在的问题，并做出预测判断，有利于电网公司采取一定的措施进行防范，确保电网有序运行。利用数据分析技术，可以对智能电网获取的海量数据信息进行分析，找到电网运行的规律，从而为电网运行、决策提供参考。与传统的电网逻辑推理技术相比，数据分析技术可以实现对电网运行的各个阶段、环节进行统计分析，集搜索、分类、比较、分析和归纳，因此智能电网数据分析技术相关性比较强，可以针对智能电网复杂、繁琐的大数据结构信息进行分析，同样也可以对半结构化和非结构化的数据信息进行数据分析。智能电网数据分析技术可以获取外部数据信息，并对数据进行分类存储，按照数据库划分类别。在大数据模式下对其进行聚类和分类算法分析出数据的形式，利用并行算法，将传统数据挖掘技术进行转化变成现代数据分析技术。

三、安全技术

智能电网在利用信息通信技术传输、存储、使用过程中，可能遭到网络黑客的攻击，从而导致智能电网信息系统瘫痪或者数据信息泄露，给电力用户和电力公司造成巨大的经济损失。安全技术是智能电网正常有序运行的前提和保障，智能电网的安全技术包括安全平台支撑技术和物理数据安全技术。

安全平台支撑技术确保智能电网信息化平台和数据库数据信息的安全，包括安全认证、安全审计、安全风险评估与预警等安全技术标准的设定等。安全认证指通过制定一定的认证体系标准，对访问的人员身份和设备进行认证和鉴别，防止非法入侵人员；安全审计则是对信息平台和应用软件进行实时监控，对信息平台和应用系统运行过程中存在的风险进行预警和安全评估，如果确定平台和应用系统运行过程中存在一定的风险，则需要立即对程序或者数据信息进行删除和隔离，防止感染其他系统和数据信息，确保数据信息的安全性和可靠性。安全风险评估是对智能电网的系统、智能设备、应用软件进行风险评估，及时发现系统存在的漏洞、木马，并采取一定的防御措施。

物理数据安全技术又称实体安全技术，可保护计算机、通信网络设备被不利因素破坏。智能电网物理数据安全技术主要保护智能电网的软硬件设备，通过对智能电网数据信息的效验、加密、审计、隔离备份、恢复等操作，确保智能电网数据库、信息系统不被攻击破坏，确保计算机机房设备运行的安全性和稳定性。

第八节 计算机应用技术对企业信息化的积极影响

一、增强信息的时效性与精确性

在生产运营中企业所需要信息包含种类繁多，其中不仅需要整合员工信息，还需分析处理阶段性财务报告。而在未使用信息技术之前，仅以纸质文档进行处置，不仅整体过程繁琐，还会因丢失、误用等问题造成难以挽回的后果，浪费工作人员的时间与精力，无法保证整体效果与质量。而在使用计算机应用技术后，其能够有效解决相关问题，利用信息技术搭建资源数据库及时上传、保存相关信息，不仅能够提高信息利用率，还能够保证整体过程的实效性与准确性，进一步提升企业经营管理效率。

二、完善现有管理模式

内部管理作为企业实现经营发展的核心环节。以计算机应用技术为人力资源管理提供有效助力，不仅能够合理规划信息资源使用，还能够以其自身所具有的积极影响推动整体运作效率。在传统管理模式下，因缺乏智能化操作，使其在实际应用中存在较大问题，而以计算机应用技术为依托，能够极大降低整体运作成本，打破外界限制阻碍，减少资源浪费，以迎合社会经济发展需求为前提，采取有效措施解决现阶段存在的问题。

三、提升企业综合素养

企业人员在其日常工作中应用计算机技术完成工作任务，解决实践中遇到的问题，而且作为必备技能应用，计算机不仅能够加强企业信息化建设，还能够锻炼员工的操作能力。一般情况而言，企业工作人员都受过高等教育，能够快速、全面掌握计算机使用方式，以良好操作发挥计算机全部功用，进而积极、主动利用计算机完成日常工作任务，提高企业核心竞争力。

第九节　在企业信息化中计算机应用技术的具体应用

一、在企业生产活动中的应用

在企业生产环节，计算机应用技术主要是为了推动生产自动化发展，同样可以对以往人工活动效率低的问题进行改善。尤其是在现代社会发展的过程中，传统企业生产模式逐渐无法应对市场激烈的竞争环境，依靠人工进行生产活动无法满足市场的供需要求。并且相较于人工操作，引入计算机应用技术实现自动化生产能够减少生产环节的纰漏问题，使企业生产满足机械化、自动化、标准化、规模化的要求，流水线生产的效率要远高于人工操作。并且在企业生产中计算机应用技术的应用范围较广，如产品的设计、开发、生产、检测等环节都可以利用计算机应用技术来进行自动化生产作业。

二、在企业供应活动中的应用

通过企业信息化能够构建起完整的供应链，利用计算机应用技术来对生产过程的供应活动进行有效的协调，实现供应链一体化的发展要求。在企业供应活动中通过信息管理系统的应用来对各供应环节进行有效的衔接，这样在程序化的操作下可以优化供应活动流程，并且利用管理系统能够对供应活动中的各个环节进行有效跟踪，从而在产品发生问题时及时追溯到源头，通过管理系统的应用实现供应活动的规范化发展，能够更好地对各个生产环节进行把控，为产品的质量提供可靠保障。而管理系统的建立需要有计算机应用技术作为基础，并且在企业供应活动中利用计算机应用技术可以根据所获取的市场信息来调控其生产活动，将原料供应商、企业生产环节、下游销售商有机结合起来，有效地推动企业供应活动的精细化管理，进一步提高企业在运营中的竞争力。

三、在企业内部管理中的应用

内部管理属于企业信息化中的重要部分，其与企业的运营情况有着直接的联系，而在企业内部管理中所涉及的内容较多且范围较广，尤其是在现今企业内部管理职能不断增多的形势下，内部管理的信息化建设显得尤为重要。而通过计算机应用技术则可以通过管理系统来设置程序化的内部管理流程，对管理活动的各个环节进行有效的规范，并且在内部管理信息化中利用计算机应用技术能使各个部门之间更好地进行对接，从而在企业内部建立起完整的内部管理网络，使内部管理工作可以科学、高效地执行，进而提高企业内控水平。在实际中需要对企业运营的信息进行全面的收集及整理，在此基础上利用计算机应用技术进行编程，这样可以在企业信息化中通过计算机程序来对企业进行规范化管理，并保证所应用的管理系统符合企业的实际情况。例如目前大部分公司都会使用的 ERP 软件，可以把销存、财务、生产、办公甚至客户关系都有效地集中起来进行管理，并适时得出准确的数据分析，不仅方便了企业管理者的管理，更能帮助管理者做出科学有效的决策。

四、加强计算机应用技术创新

在企业信息化中需要重视创新来更好地适应现今市场经济形势的发展要求，为此可以根据企业发展需求、市场发展情况来研究计算机应用技术的创新应用方向。在信息时代下，大数据理念已经逐渐深入到各行各业中，因此在企业的运营中应重视大数据的应用，通过计算机应用技术能够对海量信息数据进行分析及处理，这样可以通过利用大数据来增强企业在运营过程中的决策力、洞察力，并根据数据信息来对企业运营流程进行优化。可以说大数据属于现代社会发展背景下的重要信息资产。例如在企业运营中可以收集行业的数据信息，并通过计算机应用技术来进行大数据分析，从而对市场发展形势进行判断，并分析消费者的选择倾向，使企业运营方向更好地满足消费者的需求，使企业的市场定位更加精准、可靠。

五、在企业经营活动中的应用

目前电子商务的快速发展推动了企业经营活动的转型，而在企业信息化建设中需要根据自身的经营方向及发展需求来研究是否适合开展电子商务。同时可以利用计算机应用技术来构建起网络服务体系，使信息化建设可以体现到企业经营活动的过程中。企业可以利用计算机网络、电子商务技术将企业产品的销售、售后服务、客户拓展有机结合成一个整体。全方位把控客户信息及市场相关信息，对经营过程中出现的问题做出积极有效的应对。例如电子商务的出现改变了企业经营方式，互联网已经成为世界上最流行、最可靠的电子商务媒介。传统企业为了在新时代背景下寻求更好的发展，投身电子商务领域也成为一种必然趋势。

第十节　智能电网与物联网的融合

一、智能电网和物联网的概念

智能电网就是电网的智能化，它是建立在集成的、高速双向通信网络的基础上，通过先进的传感和测量技术、先进的设备技术、先进的控制方法以及先进的决策支持系统技术的应用，实现电网的可靠、安全、经济、高效、环境友好和使用安全的目标。智能电网是一个综合性概念，它是以发电设备、变压器、各类电压等级的输配电线路、配电设备及保护装置等传统的物理电网为基础，通过现代先进的传感测量技术、通信技术、计算机技术和控制技术等与物理电网的高度集成化，使电网史加安全、高效与环保。

智能电网的主要特征包括自愈、激励和包括用户、抵御攻击、提供满足用户需求的电能质量、容许各种不同发电形式的接入、启动电力市场，以及资产的优化高效运行。

物联网在国际上又称为传感网，是继计算机、互联网与移动通信网之后的又一次信息产业浪潮。它是利用互联网和局部网等通信手段把人员、物、机器、控制器和传感器通过新的方式连在一起，形成物与物、物与人和人与机器之间的相互联系，从而实现信息化、智能化和远程管理控制的智能网络。

二、物联网的关键技术

要想实现物联网智能化的特点，必须采用先进的智能化技术，而物联网的关键性技术主要由以下几个方面构成：

1. 物联网具有先进的数据采集技术

在物联网数据采集技术中，目前较为流行的技术分别是传感器技术和嵌入式系统技术。通过在电网设备中嵌入传感器，实现数据的采集，然后利用计算机将采集的数据进行数字化处理，转变成数字信号。

2. 物联网具有及时的信息传输技术

物联网中的信息传输技术可包括近距离通信技术和远程信息传输技术。在近距离通信技术中，可采用无线蓝牙技术和无线射频识别技术。通过在可跟踪的电网设备上植入射频标签，利用特定设备读取相关数据，从而获得需要采集的设备相关的数据信息。远程信息传输技术分为有线信息传输技术和无线信息传输技术。有线信息传输技术中主要采用以电话线为传输媒质的传输技术组合和无源光纤网络技术；远程无线信息传输技术主要采用的是 GPRS、3G 和 WLAN 技术等。

3. 物联网具有强大的数据分析技术和智能控制技术

物联网是建立在计算机技术基础上的，可利用云计算强大的功能，对采集的数据进行分析和整合，把分析之后的数据及时反馈给决策者和物联网控制的物和设备，通过最优化的决策，实现对电网的智能控制。

三、物联网技术与智能电网的融合

利用物联网先进的数据采集技术，实现电网数据的实时量测和采集。在对电网系统实施数据的采集过程中，主要采集结构化数据和非结构化数据。结构化数据主要指的是用电量、电网调度和控制需要的实时数据，同时还包括大量的各种设备状态运行过程中产生的静态和动态信息数据，非结构化数据主要包括视频监控、图像处理过程中产生的数据，这些数据不方便用数据库二维逻辑的形式来表示。由于需要采集的数据量巨大，先需要通过先进的参数量测技术获得数据并将其转换成数据信息，然后由各电网的终端将这些数据按照统一的标准上传到数据中心，这实际上构成了一定规模的物联网系统。通过这些数据来评估用电量分布、电网设备的健康状况和电网的完整性。

利用物联网及时的信息传输技术，实现对智能电网设备的有效诊断和控制。在电网运行过程中，最重要的是保证电网运行的稳定和安全。因此实现对智能电网设备的有效诊断就变得非常重要。利用物联网中各种数据的采集，当智能电网出现故障时，由各变电站录波器记录故障录波数据，将这些数据通过物联网的通信传输设备，传输到电网子站的数据库。这些数据包括静态和动态的数据，然后通过物联网强大的云计算能力，对电网中可能的故障进行识别，并对数据进行预处理，从而确定造成电网出现故障可能的设备和原因，再将这些数据由调度中心，通过数据解压和解释模块，实现实时诊断，最终由各电网终端形成故障简报，并将故障简报送达决策者，从而实现对电网故障的最终诊断。在智能电网中，智能控制中心是整个智能电网的核心。为了实现智能电网绿色高效的运行，就需要获取可靠的数据，并及时对大量的数据进行智能化的分析和整理，以便作出正确的决策，以实现对智能电网实时高效的控制。

第四章　信息化平台的建设流程

  企业信息化一般是指企业在生产与经营、管理与决策、研究与开发、市场与销售等各个环节，选择先进适用的计算机、通信、网络和软件等现代信息技术和设备，建设应用系统和网络，充分开发、广泛利用企业内外信息资源，调整或重建组织结构和商业模式，逐步实现全自动化运行，以建立一个对市场有快速反应能力、提高经济效率的企业和企业的竞争力的过程。

  简单地讲，企业信息化是实现企业资金流、物流、工作流、信息流的数字化，网络管理和业务操作自动化和企业制度的现代化；企业信息化建设的目的，是提高对市场的快速反应能力，及时为企业的决策系统提供有效的数据，从而提高企业的核心竞争力。

  近年来，我国正加大电力体制改革力度，迫使电力企业转变传统发展模式，逐步向信息化建设模式过渡。作为电力体制改革中的重要部分，电力信息化模式将进一步提高电力企业的竞争力，并确保电力体制改革与市场环境相契合。

第一节　企业信息化建设

  企业信息化建设是指通过计算机技术的部署来提高企业的生产运营效率，降低运营风险和成本，从而提高企业整体管理水平和持续经营的能力。

  总的来说，企业信息化建设就是广泛利用信息技术，使企业在生产、管理、决策、市场等方面实现信息化。通常体现在下列三大领域：

  （1）企业生产过程的自动化、智能化领域。在现代化的生产过程中，产品的设计、生产控制、处理、监测等环节深入采用电子信息技术，把生产过程中的生产资料不断收集、传输、存储和应用，使智能化和自动化深入生产过程。利用电子信息技术是企业信息化的一部分，如计算机辅助设计、计算机辅助制造计算机辅助工艺规程设计等，都属此范畴。

  （2）企业管理决策的网络化、智能化领域。企业运用电子信息技术，把材料、计划、财务、销售、库存管理等实施自动化、智能信息处理，优化企业管理，使企业数据自动化、信息化，并用来支持管理和辅助决策。例如信息管理系统、办公自动化系统、决策支持系统、产品数据管理、现代集成制造系统、制造资源规划、企业资源计划等均属于这一类。

（3）企业商务活动的电子化、网络化领域。企业通过供应链管理、客户关系管理、电子商务，以及企业内部网、外部网、因特网等，使企业与企业外部交易网络实现整合，实现网络化、一体化。

综上所述，信息化是发展坚强智能电网的基础和保障，是促进企业管理提升的重要动力。通过信息化有效实现电网规划、设计、建设、生产、运营、服务信息的全面采集，提升设备的智能化、业务的现代化及服务水平的互动化水平，增强电网可视化展现平台，提高企业整体智能分析能力和科学决策能力。

第二节　信息化建设的特点

一、企业信息化建设的长期性

企业信息化建设工作与企业其他管理工作一样，是一项长期性的管理工作，不是一蹴而就的，它永远在路上，需要在不断的更新发展中持续发挥作用。另外，信息技术的发展性也预示企业信息化建设的长期性，一方面企业需要随着信息技术的不断发展前进而不断地吸收应用，另一方面也需要不断完善与其相匹配的信息技术应用环境。

二、企业信息化建设的投入巨大

众所周知，当代信息技术需要靠相应的信息化软件、设备辅助下才能发挥相应的作用，而与其相匹配的软件、设备更新速度惊人，如不能及时更新，就会影响甚至无法发挥信息化作用。信息化软件、设备的不定期更新，都会给企业每年带来一笔不小的开支。当企业能够将各类物资条件有效应用起来，并根据当地政策探索改革发展的有效途径，则可持续发展的目标顺利完成，对相应产业的贡献影响作用也能充分发挥出来。

三、企业信息化建设的人才要求较高

信息技术来源于两个方面：一是由外面购入引进；二是由企业自主开发创造。这两方面都需要相应能力水平的专技人才来实施完成，相关从业人员的知识水平与操作能力都是影响信息化建设的重要因素。因此企业信息化建设，也要注重信息化人才队伍建设，这也给企业加重了信息化建设的成本负担。

四、企业信息化建设是个一把手工程

据上分析，信息化建设的长期性，投入的巨大、人才培养的高要求，一方面，需要企业及其领导的高度重视；另一方面，信息化建设的高投入更需要企业主要领导的大力支持，需要在企业领导正确的决策引领下前进。

第三节　信息化规划流程

对企业信息化内容的认识，许多人认为"购买一些硬件设备、连上网、开发一个应用系统并进行一定的维护"就实现了企业信息化，这是片面的理解。企业信息化虽然是要应用现代信息技术并贯穿其始终，但信息化的目的是要使企业充分开发和有效利用信息资源，把握机会，做出正确决策，增进企业运行效率，最终提高企业的竞争力水平。企业信息化的目的决定了企业信息化是为管理服务的，因此企业信息化不仅仅是一个技术问题，而是与企业的发展规划、业务流程、组织结构、管理制度等密不可分的。

企业信息化规划是在理解企业发展战略和评估企业信息化现状的基础上，结合所属行业信息化方面的实践和对最新信息技术发展的认识，提出企业信息化建设的远景、目标和战略，以及具体信息系统的架构设计、选型和实施策略，全面系统地指导企业信息化建设，满足企业可持续发展的需要。从而确保信息化战略与业务战略相匹配，使每一个信息化项目都与战略相关联。

企业信息化是数字化的业务流程和网络，充分影响企业的管理、生产和商业活动，转换商业模式建立现代企业制度的过程。企业信息化规划是业务战略的一个组成部分，因此其实质内容应该能够支持企业战略，提高企业的核心竞争力。其具体表现建立在企业信息系统的战略指导下，企业信息化战略的制定、执行和控制。一般情况下，它打算做至少3年的规划。

企业信息化规划的工作内容和基本流程如下：

一、企业管理业务与调研

详细地研究企业运作和管理，基于整体视觉发展的企业业务，了解经营情况、收集有关建设和信息化对企业的影响，分析信息系统的应用管理，挖掘业务数据需求。此外，需要进行研究和分析业内领先者，学习先进的企业管理和信息技术的经验。

二、信息平台总体架构设计和网络架构设计建议

信息平台系统的设计将满足不同用户的需要，系统重点放在业务需求、应用程序和网络规划设计上，明确平台特定的功能，明确相应的数据标准和规范。

三、信息化保障体系规划

建立符合企业信息化建设的支持保障系统。制定信息化建设的年度计划、预算及建设模式，分析企业管理信息平台建设的资源需求，进行预算评估，并根据系统需求、现状和能力确定建设模式。

第四节　信息化建设方法

大型复杂系统的开发，需要系统工程思想和方法来指导。体系结构设计方法是一种重要的系统顶层设计方法，能够从多个角度进行系统的全面描述，展现系统与外界的接口、内部子系统的划分和各系统组成之间的相互关系。在统一的体系结构框架指导下进行系统架构设计，可以确保系统能够有效地满足不同用户的需求，实现系统内部的信息互通和共享，确保系统设计的完整性和一致性，易于实现系统间的综合集成，进而提高复杂系统的设计质量。

一、TOGAF 方法（the open group architecture framework）

研究发现，德国的 SAP 公司、美国的 IBM 公司在信息化建设设计上经常推荐使用 TOGAF 体系方法。TOGAF 是企业信息化制定系统架构的标准框架，对企业目前信息系统进行有效的设计、评估，并建立相应的信息化组织架构，满足企业发展需求的信息化整体架构。TOGAF 的关键是架构开发方法（architecture development method，ADM），要成为一个可靠的、行之有效的方法，以发展能够满足商务需求的企业架构。TOGAF 的基本构件有：①架构开发方法；②架构内容框架；③TOGAF 参考模型；④架构开发指引和技术；⑤企业连续统一体；⑥架构能力框架。

ADM 方法是由一组按照架构领域的架构开发顺序而排列成一个环的多个阶段所构成，如图 4-1 所示。通过这些开发阶段的工作，设

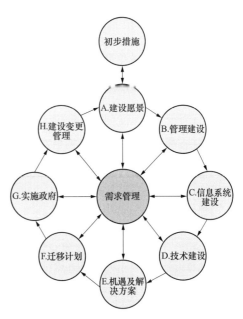

图 4-1　ADM 基础结构图

计师可以确认是否已经对复杂的业务需求进行了足够全面的讨论。ADM 方法被迭代

式应用在架构开发的整个过程中、阶段之间和每个阶段内部。在 ADM 的全生命周期中，每个阶段都需要根据原始业务需求对设计结果进行确认，这也包括业务流程中特有的一些阶段。确认工作需要对企业的覆盖范围、时间范围、详细程度、计划和里程碑进行重新审议。每个阶段都应该考虑到架构资产的重用（以往 ADM 迭代成果、其他框架、系统模型、行业模型等）。

二、战略目标集转法（strategy set transformation，SST）

战略目标集转化法是 William King 提出的，他把整个战略目标看成"信息集合"，由使命、目标、战略和其他战略变量组成，MIS 的战略规划过程是把组织的战略目标转变为 MIS 战略目标的过程。

SST 方法从另一个角度识别管理目标，它反映了各种人的要求，而且给出了按这种要求的分层，然后转化为信息系统目标的结构化方法。该方法能保证目标比较全面，疏漏较少，但它在突出重点方面不如前者。

首先如何识别企业发展战略目标，确认企业的信息化发展战略规划，然后再结合行业标杆进行必要的分析、总结、提炼出企业信息化相关目标，以构建出企业的业务发展目标。

其次结合企业的发展战略目标，结合各级单位的信息化应用现状，将企业发展规划转化成信息化项目规划，制定出项目建设清单，并详细制定实施方案，包括项目的设计、开发、测试、初始化、集成、上线等各个阶段的详细内容，完成信息化项目目标转化。

最后需要根据企业定制的信息化目标清单，根据各个业务口的关键用户，制定出符合部门及上下游产业链的关键功能需求。

三、信息化价值链分析法（value chain analysis，VCA）

信息化价值链分析法是"将企业当作一种转换活动的集合，将企业中的服务、产品或任务进行输入、转换、输出，最终起到增值的效果。通过价值链分析法可以将企业的业务进行增值，这样会增加企业在市场中的竞争力，提高企业的收益，促进企业快速发展，为企业的长久发展奠定坚实的基础"。价值链分析法的范畴从企业内部单位向前延伸到了上下游供应商，向后延伸到了经销商甚至客户。这也就形成了内部单位之间、公司内部各部门之间、客户和公司以及供应商和公司之间的各种必然关联，使价值链中部门之间、各个公司之间、公司和供应商、客户之间存在着相互依赖关系，进而影响整个价值链的业绩。因此，组织、协调、管理企业中各个节点之间的相互关系，提升企业各个节点的运作效率至关重要。

四、企业系统规划法（business system planning，BSP）

企业的系统规划法是由国际知名的 IBM 公司所提出的一种管理信息系统结构化构建的方法，该方法是通过识别企业目标、企业过程及其相关数据类，再利用上述信息来针对管理信息系统的总体功能结构做规划，通过功能结构中子功能模块的归类与定义，制定出相应的开发计划进度。通过企业内部现有的业务和管理的梳理，设计和规划出符合企业的项目系统，最好能够要求各关键用户参与其中，通过企业的业务特点，梳理出企业信息化项目发展的目标、职能、使命，翔实了解企业的业务流程，制定出符合企业需要的数据信息。并且在整个建设过程中，需要企业关键人员相互配合、全面参与，保持步调一致，最终完成项目进度和质量。企业系统规划法的实施步骤见图 4-2。

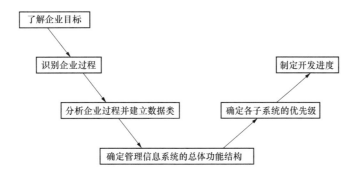

图 4-2　企业系统规划法的实施步骤

五、关键成功因素法（critical success factors，CSF）

信息化建设的关键成功因素法主要是指"通过寻找企业信息化建设设计失败的原因，分析出成功规划的关键因素。通过分析这些关键因素确定出信息规划的需求，为信息系统的开发与研究提供正确的发展方向。"同时再根据企业的组织架构逐层进行分析，找到项目成败的关键性因素，最后针对所有成果进行梳理、挖掘、分析、展示等，从而优化企业信息资源配置，帮助企业建立起符合自身发展的信息化项目系统，为未来的信息化建设做好基础。

关键成功因素法在应用的过程中，主要可以分为明确企业目标、识别关键成功因素、确立关键信息需求这三个流程环节（见图 4-3）。

六、Zachman 框架方法（zachman framework）

Zachman 框架描述了一个系统架构的研究过程，可以用于创建、组织和管理结构性实体来更好地理解和研究商业信息系统。Zachman 框架方法采用的主要思想包括：

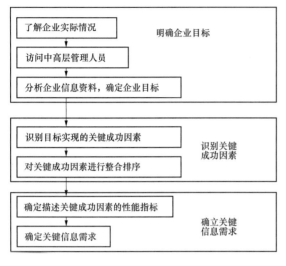

图 4-3 关键成功因素法的步骤

首先，要借鉴多学科领域的体系结构设计方法，从而对概念需求和规范原则等进行分类细化；其次，需要从多个角度和多种视点两方面对系统进行结构性表述，具体表现为一个二维矩阵的形式，而且矩阵的每个元素都要从语义、概念、逻辑、物理、组件和功能等维度进行展开描述；最后，要求设计方案必须是所有者感性需求的展现，因为所有者明确知道产品将用于实现何种目的并且能够进行最终决策。

在进行信息系统架构设计时，Zachman 框架分别从数据、功能、网络、人员、时间和动机等六个方面对系统的目标范围、业务模型、信息系统模型、技术模型、详细展现和功能系统等方面进行展开描述，从而能够方便地在整体、前后关系以及实际实现之间建立平衡。然而，Zachman 框架采用了将需求分析和解决方法相割裂的结构设计方法，没有考虑到用户需求的模糊性、环境的动态变化性等因素对架构设计的影响，因而只适合于对复杂静态对象的描述。

七、面向问题的系统架构设计方法（problem-oriented system architecture，POSA）

针对 Zachman 框架设计方法存在的缺点，同时考虑到系统架构设计失败的更多原因是没有找到正确的问题，而不是采用了错误的方法，提出了一种新的面向问题的系统架构设计方法（POSA）。POSA 方法认为结构框架是实现想法和决策之间相互联系的纽带，而架构设计师是连接商业问题和其解决方案之间的桥梁。

POSA 方法是基于人工头脑学、控制论和动态过程的控制学科，通过迭代的机制实现从确认目标、构建问题、预测解决方案、评估解决方案与问题和目标的契合度等全过程的架构设计。POSA 的关键环节包括：划分、反馈和比较。划分是运用控制论等方法理清问题内部的非线性关系，进而对问题进行划分和建模；反馈是将框架设计的重要环节，通过将问题解决过程中采取的方法及所遇到的问题反馈到问题建模环节，以便于更加准确地分析复杂问题的本质；比较是把解决域的结果重新映射回问题域，并将划分后的子系统重新组合成一个完整的系统，验证是否达到原目标需求。

八、总结

在互联网技术快速发展的时代，企业创新日益加快，企业信息化规划无疑将成为企业创新和发展过程中最重要的工作，也是企业发展的助推剂。提升企业信息化规划的水平，将有助于满足企业可持续发展的需要。

信息化规划不能只聚焦于规划的技术分析和流程分析，而缺乏从企业管理视角的系统性思考。信息化规划不仅仅是业务流程的变化，更是管理理念和模式的变革，所以从整体性和系统性的角度来推进信息化规划工作就显得非常重要。信息化规划方法很多，必须结合企业特点分析，从多种适配方式中创建符合企业实际和未来要求的信息化规划方法框架。

第五节　信息化建设步骤

一、项目准备

企业信息化建设必须以企业战略为核心，信息化建设过程应该是一个在企业战略指导下持续改善的过程。如图 4-4 所示，信息化建设主要分为三个阶段：需求分析、选型采购和系统实施。三个阶段中的任何一个环节的结果都会直接决定信息化建设的成败。

需求分析阶段的工作内容包括：

（1）根据企业战略确定系统建设的预期目标。

（2）确定系统建设的主体内容、时间计划、资金预算等整体框架。

（3）通过对管理组织流程的梳理，形成详细的管理改善和需求分析文档。

选型采购阶段的工作内容包括：

（1）根据第一阶段成果确定技术路线，确定选型供应商。

（2）供应商根据需求文档提交项目建议书，并组织产品演示。

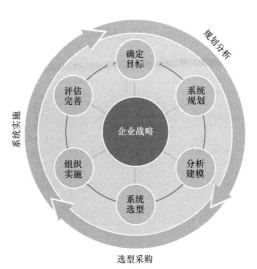

图 4-4　信息化建设的三个阶段

（3）通过评审或招标等方式确定最终产品供应商，并签订合同。

系统实施阶段的工作内容包括：

（1）结合需求文档与实施提供方共同制订实施方案。

（2）进行相关人员培训、系统配置及试运行。

（3）系统上线、后续维护及调整。

实践表明，很多企业在规划及选型阶段和实施阶段会选择不同的咨询合作伙伴，这种做法会导致在系统实施过程中，由于实施方对前期需求把握不准确，造成实施与需求分析脱节，使实施偏离预先的目标，甚至导致项目失败。

在系统的实施阶段应该由前期完成需求分析的咨询合作伙伴作为监理，全程参与实施过程。这样既可以保证将前期成果和知识顺利转移到实施阶段，又可以保证企业控制实施方向与项目初期设定的建设目标保持一致。

二、需求调研与设计

需求分析阶段的目标是通过管理咨询的前期介入，帮助企业梳理当前的组织、流程，根据企业的战略目标，制订信息化的整体方案，并通过深入的需求提炼，帮助企业定义信息化系统的需求文档，作为后续信息化系统选型和实施的基础。

需求分析阶段的流程图如图 4-5 所示。

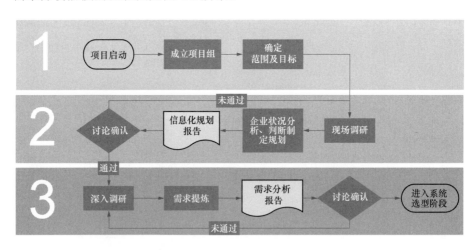

图 4-5　需求分析阶段的流程图

（一）第 1 步：成立项目组

企业高层管理人员对信息化建设的重视和投入程度在很大程度上决定了项目能否成功。信息化建设是管理与 IT 技术的结合，管理是核心和基础，IT 技术是工具和手段。在需求分析阶段建立合理可行的项目目标、范围和需求，是项目成功的前提。

强有力的组织保障是信息化项目成功的关键，企业在进行信息化建设时应成立两个小组：领导小组和工作小组。

领导小组一般由有决策权的高层领导组成，负责项目各里程碑阶段的评审、重要事项审批确认，并提供决策层对于项目推动过程中的各种管理支持。

工作小组一般由咨询顾问、关键业务人员和有经验的 IT 管理人员组成，负责开展项目各阶段具体的工作。

（二）第 2 步：确定项目范围及目标

项目组成立之后的首要任务就是明确界定项目的目标及其涉及的业务范围。只有制定了明确可行的项目目标和范围，才能避免项目进展过程的盲目性，避免造成浪费和重复劳动。

可以通过回答诸如下列问题来设定项目目标和范围：

（1）目标信息系统如何与企业现有的战略相结合？

（2）目标信息系统如何与企业现有的 IT 战略或整体规划相结合？

（3）目标信息系统要解决哪些主要业务问题？能否定义一系列可以量化衡量的指标来判定项目成功与否？

（4）待解决的业务问题中，哪些业务环节及其相关的业务部门要参与到项目中来？

项目目标和范围的确定需要企业内部从高层领导到中层管理人员，以及基层业务人员反复沟通和协调。

（三）第 3 步：现场调研

通过现场调研获得必要的信息和数据资料，对企业有一个完整全面的理解和把握。

现场调研的方式通常采用一对一的访谈，咨询顾问会制订详细的调研计划和针对不同人员的访谈提纲，并提前将提纲发放给被访谈对象。

调研的内容一般包括以下方面：

（1）企业的基本情况。

（2）战略态势。

（3）企业文化。

（4）组织结构。

（5）商业模式。

（6）信息化建设现状及已有规划。

（7）项目范围内的基本业务流程。

（四）第 4 步：分析、判断制订规划

完成现场调研之后，项目小组通过整理、分析、判断，根据已掌握的企业基本情况，综合考虑企业现状、战略及现有业务流程中急需利用 IT 手段解决的重要业务问题，提出信息化建设的整体规划方案。

规划方案的主要内容通常包括以下方面：

（1）信息化的原则、范围、目标和具体内容。

（2）软、硬件技术路线。

（3）阶段划分和计划安排。

（4）初步费用预算。

确定信息系统规划方案通常需要几轮的沟通过程。权衡近期与长远利益、投入与收益，进行相应的调整。

（五）第5步：深入调研

企业的信息化建设应该是一个以管理改善为先导的过程，根据自身需要量体裁衣，而不能一味地照搬所谓的"最佳实践"。

（1）先进理论只能指导而不能套用。毫无疑问，目前被广泛鼓吹的管理软件蕴涵了先进的管理经验和管理理论。但是，管理的发展是一个渐进的过程，是一个逐渐改善的过程，如果企业的基础管理工作没有做扎实，而强行将所谓的先进管理理念引入企业，这种空中楼阁式的美景只会昙花一现，最终还是无法提升企业的管理水平。许多企业之所以在引入 MRP/财务信息时，其中的计划功能往往束之高阁，是因为企业自身没有积累，许多参数难以确定，经济批量采购模型难以确定；同时企业管理不够规范，生产计划屡被打乱，生产订单屡被调整，物料清单屡被修改。诸如此类的问题不着手解决，财务信息中的先进管理思想就无法注入企业"混乱的思维"。

企业信息化发展的历史也表明，信息化是适应企业管理发展的需求而产生的，企业发展所处的阶段不同、行业不同、规模不同，决定了企业需要采取不同的管理模式，在此基础上选择合适的信息化方式才是明智之举。

（2）信息化对企业管理模式的改变不可避免。"信息化对企业管理是一场革命"并非是虚言，技术的应用普遍地改变了人类的行为方式。正如引入了新的生产线、工作中心、小组分配、工艺流程等都需要改变一样，实现管理信息化也会对企业的组织机构、管理流程、人员素质提出新的要求。毕竟在管理中引入信息技术，并不是为了模拟手工的管理过程，否则就会使它的效果大打折扣。依据管理系统的互动性原则，作为新加入管理系统中的活力元素，信息技术本身所蕴涵的特质势必要激发系统中的其他元素作出相应的改变，通过相互协调来促进系统整体效能的提高。在手工管理阶段，需要较多的专职数据收集、分类、汇总人员；信息化以后，这类专职人员要减少，但需要加强直接操作人员的数据收集意识与技能。在手工阶段，可能需要定期由不同的若干人员做成报表来汇报相关事项；信息化以后，则只需要随时去系统内查询即可。

显然，企业在准备信息化之前需要认真考虑它对现有管理模式的改变或冲击。企业需要对目前的管理状况进行评估，确定在哪些方面需要改善，改善是渐进性的还是革命性的，企业对改善的承受力有多大等。只有对自身的管理问题及改善目标有了清楚的认识，才能按照需求选择合适的管理软件。否则，没有了解自身需求而盲目选择一套所谓的先进管理软件，试图以它为参照来提升企业的管理水平，其结果一定是事倍功半。

（六）第 6 步：需求提炼

经过对业务现状的深入调研、分析，项目小组即可以进入信息系统的用户需求提炼阶段。该阶段形成系统的需求分析报告，需求分析报告的内容通常包括以下方面：

（1）系统需求概述。

（2）功能需求描述。

（3）非功能性需求描述（数据规模、用户数量、技术要求等）。

其中，对功能需求的描述是工作量最大的一部分，也是最关键的部分之一。很多企业习惯于在这个阶段只整理出大致的需求，而希望将细化的需求分析工作安排在系统选型确定后交由供应商负责完成。实际上规范的做法应该是在需求提炼阶段就应尽可能将需求完整详尽地整理出来。如果试图将需求分析工作在系统实施阶段后交由供应商完成，签署合同时项目验收标准模糊，就有可能造成客户的一些个性化需求被供应商模糊处理，从而导致系统实施偏离预定的目标，甚至最终无法实现某些重要的需求。

系统功能描述应该尽可能详细地描述系统基本功能的要求、高级功能的要求、相互关联的功能环节的协作方式等内容。

需求分析报告通常是与企业的业务人员共同完成的，经过相关的讨论和审批后即可生成正式的版本。需求分析报告可以在后续的选型和实施过程中根据厂商产品的情况不断进行修订，以使之更具有可操作性。

三、选型采购阶段

需求分析阶段确定了信息化建设的整体方案和具体需求后，系统的采购选型阶段解决如何从众多的软件供应商中选择能满足企业需求、符合整体规划方案要求的软件系统的问题。

选型采购阶段的流程如图 4-6 所示。

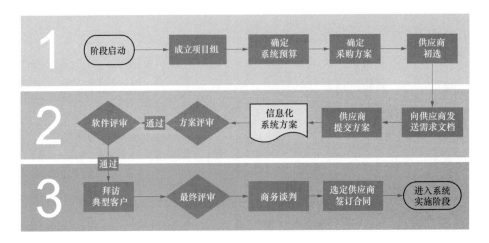

图 4-6　选型采购阶段的流程

（一）第 1 步：成立项目组

与需求分析阶段相似，在系统的选型采购阶段，也需要成立相应的领导小组和工作小组来开展相应的工作。

（二）第 2 步：确定系统预算

企业信息化项目常采用分阶段实施方式建设，因此在系统选型阶段需要根据当前选型阶段的需求情况确定项目预算。

确定项目预算时应综合考虑以下问题：

（1）硬件。

（2）操作系统。

（3）数据库许可使用费。

（4）核心软件许可使用费。

（5）附加模块许可使用费。

（6）第三方软件许可使用费。

（7）第三方软件的集成。

（8）软件客户化。

（9）系统上线的数据迁移。

（10）项目管理。

（11）实施费。

（12）培训。

（13）生活和差旅开支。

（14）系统升级。

通常采用行业惯例来进行上述各项费用的估计。有些成本项目可以通过近似准确的估计得到，但是有些成本费用项目是很难界定准确数额的，例如实施费。对于类似的成本项目，可以估算出该项成本的最高值、最低值及预期值，以便给出一个合理的潜在的成本支出。

制订预算时还应该充分考虑到间接成本，主要是内部成本，包括以下内容：

（1）项目相关员工因工时占用所发生的成本。

（2）临时代替项目人员的人工成本。

（3）去外地培训的差旅费成本。

（4）内部资源的成本，如管理和维护并提供内部技术支持的 IT 部门所发生的成本。

（三）第 3 步：确定采购方案

根据项目目标和预算，项目小组应该制订相应的采购方案，不同规模的系统通常也采用不同形式的采购方式，不同规模系统的采购方式如图 4-7 所示。通常小型系统由于费用较低、实施相对简单、周期较短，可以采用直接采购的方式；中型系统或者个性需求很强的项目型系统，由于可选的供应商很多，可以采用公开招标的方式采购；而能提供大型系统解决方案的供应商数量很少，因此可以采用邀请招标的采购方式。

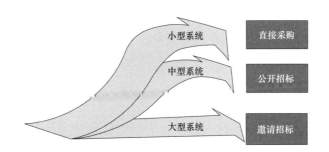

图 4-7　不同规模的系统采购方式

（四）第 4 步：供应商初选

初选阶段通常会有较多的供应商名单，企业需要将候选供应商的数量缩小到精力能顾及的范围之内。一种有效的办法，就是由客户以发送基本需求信息的形式明确列出一系列供应商必须满足的基本要求（而非详细需求），并以邮件或传真等方式与候选供应商进行沟通。有些供应商的解决方案因为不能符合客户的技术平台要求或其功能明显不能满足客户的需求而被剔除；还有些供应商虽然能基本满足客户的要求，但与其他供应商相比明显处于劣势，一般也会被从候选名单中剔除。此外，客户在与供应商的沟通过程中，还应重视他们表现出来的职业品质，比如公司诚信、销售行为的职业化程度等，这些品质实际上是公司实力与经验的反映。有时，供应商不恰当的销售方法也会成为客户取消其候选资格的原因。

制定供应商初选标准时应综合考虑软件商规模、软件专长、案例、实施周期、体系结构、运行的软硬件环境等众多因素，从不同的角度设定软件商的标准，参考标准如下。

软件供应商的初选标准指标清单：

1．软件公司规模

（1）营业额。

1）上年营业额（明确设定营业额金额）。

2）上年合同额（明确设定合同额金额）。

3）本年营业额（明确设定合同额金额）。

（2）人员规模。

1）人员总数量（明确人员数量要求）。

2）开发人员数量（明确人员数量要求）。

3）咨询和实施人员数量（明确人员数量要求）。

4）资深咨询与实施人员数量（明确人员数量要求）。

5）技术支持人员数量（明确人员数量要求）。

（3）分支机构。

1）分支机构数量（明确数量）。

2）本企业当地分支机构人员数量（明确数量）。

3）本企业当地资深咨询与实施人员数量（明确数量要求）。

4）本企业当地技术支持人员数量（明确数量要求）。

2．软件商产品的扩展能力

（1）提供客户化（明确客户化要求）。

（2）定制开发（明确定制开发要求）。

3．软件应用案例

（1）与招标项目相关案例数量。

（2）典型案例。

1）客户企业的营业规模。

2）客户企业的人员数量。

3）客户企业的分支机构。

4）客户企业原有管理系统情况。

5）签约时间。

6）合同金额。

7）实施人员数量。

8）实施完成时间。

4．软件体系与运行环境

（1）网络体系结构（C/S，B/S）。

1）INTERNET（B/S 结构）。

2）局域网（C/S 结构）。

3）混合网络环境（B/S+C/S 混合结构）。

（2）网络操作系统。

（3）开发环境。

（4）数据库。

（五）第 5 步：发送需求文档

经初选认定了具备竞标资格的供应商，就可以向其发送具体的需求分析文档，并给这些供应商预留 2～4 周的时间来根据需求文档编写信息系统方案。

（六）第 6 步：方案评审

供应商在正式提交方案建议书之前，项目组需要制定一个评估建议书的标准。可以根据需求文档中的关键指标建立一个评分表，各个指标根据其对客户的重要程度而指定不同的分值权重。

在方案评审阶段，报价评估不宜占过大的权重，因为价格的灵活性比较大，在后期的商务谈判过程中一般都会有所变动。但报价必须在建议书里予以明示，因为这个报价将会成为未来进行价格谈判的参考依据，不至于任由供应商毫无根据、漫无边际地进行价格调整。

项目组每一个成员都应参与对供应商方案的评估，而且最好是分别进行，避免互相影响。项目组与供应商的沟通接口应该一致，评估中遇到的任何问题应提交项目组负责人或其他指定人员协调解决。项目组各成员在指定期间内完成评估工作后，项目组就应该以会议的形式将评估情况进行总结与讨论，并确定哪些供应商可以进入下一轮竞标，并为这批幸运的供应商安排进行系统演示的大致日程。无论是获得进一步机会的供应商，还是被取消下一轮竞标资格的供应商，项目组都应该正式通知对方，并要做好为那些失去机会的供应商提供合理解释的准备。

（七）第 7 步：软件评审

进行软件评审最直观的方式就是安排供应商进行系统演示，系统演示同时也为客户与供应商创造了面对面沟通的机会。由于在系统演示过程中，供应商都会准备一套能充分展示其系统"完美的"功能特性的标准演示流程，客户不应为软件所展现出来的"强大功能"迷惑，而应该跳出供应商预设的目标框架中，努力在演示过程中找出系统可能存在的种种缺陷或与功能不符之处。

如果有可能，在演示阶段可以向供应商提供一套演示用的接近企业实际情况的演示模型和数据，要求供应商按照要求来准备演示。

对供应商系统演示效果的评估主要基于两个标准：方案评审阶段的评估标准以及对供应商预先提供的演示用例的满足程度。多数时候，供应商在客户面前所表现出来的职业素质也会成为影响评估结果的一种重要的非量化因素。

（八）第 8 步：拜访供应商的典型客户

在与保留下来的供应商进一步接触之前，项目组应该从这些供应商所提供的客户名单中挑选典型客户进行现场访问，到现场去感受那些典型客户的实际应用情况。感受客户的企业规模与业务模式是否真正具有可比性，并通过实际用户对正在运行着的系统的介绍，来进一步判断该系统的功能特性是否满足或接近自己的需要。项目组还可以就该供应商的实施、售后服务等问题与该客户再次进行确认。拜访供应商及其典型客户无疑会额外增加选型的成本，但却是十分必要的环节，尤其是对于预算较大的项目，它能进一步降低选型的风险。

（九）第 9 步：最终评审

上述选型环节结束后，即可对供应商进行综合排名。如果排名第一的供应商明显优于其他几家，则可以邀请该供应商进行合同谈判。但这并不代表其他几家供应商完全丧失了机会，在前面的合同谈判不顺利时，其他几家供应商就有了新的机会，因此没有正式签署合同之前，不要将机会的大门对其他供应商关闭。

四、系统实施阶段

结束了选型采购阶段，只代表整个信息化建设项目向成功迈出了第一步，更大的挑战还在于后续的系统实施过程。在实施阶段，如何将需求分析阶段的成果顺利转移给供应商的实施顾问，使系统实施方案与前期成果保持较高的一致性，是决定实施能否成功的非常重要的因素。

监理信息化的实施过程，主要是在项目进行的过程中对项目进行监督和控制。其具体内容有：监理项目阶段计划，监督阶段计划的执行进度，并指导进行合理调整；监督项目的实际投入，保证投入的合理性，保证后续阶段的可持续性；监督项目的实际结果，保证阶段结果与阶段进程计划相同或相符；监督项目实施中的困难和阻力，提出建议性措施和解决方法，避免项目的重大停顿或中止；监督克服困难的措施，保证解决困难的措施有效性和可行性，保证项目进程的顺利进行；帮助企业控制实施进程与前期规划和企业需求保持一致，必要时帮助企业对前期的方案进行适当调整。

通常系统实施监理应该具备下列条件：

（1）项目实施监理方应该对企业业务、系统实施有较深的认识。

（2）项目实施监理方应该是有经验、比较公正和负责任的机构组织和人员。

（3）实施监理方对参与项目实施的各方面的力量都有比较清晰的认识，并且要求监理方组织机构的成员善于沟通与交流。

（4）项目监理方与企业的利益不能太对立也不能太无关。

（5）前期需求分析咨询商恰好是能够满足这些要求的合适人选。

系统实施阶段的流程如图 4-8 所示。

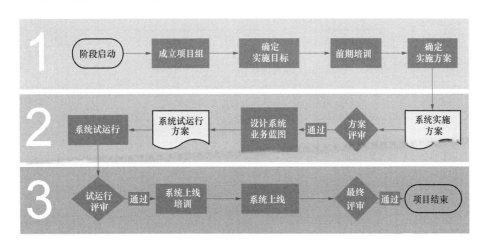

图 4-8　系统实施阶段的流程

（一）第 1 步：成立项目组

实施是整个信息化建设过程中难度最大的一个阶段，为了保证实施成功，企业必须建立强有力的实施组织。实施过程中的组织一般可以按以下模式运行：项目经理负责管理项目实施的全面工作，项目经理向由决策层领导组成的领导小组汇报工作。领导小组负责审查进度，解决任何涉及分工、资源或政策的争议。领导小组向企业的总经理进行汇报。

项目小组成员由企业业务人员、IT 人员、实施方咨询顾问、需求分析咨询商的咨询顾问共同组成,实施阶段的不同人员的角色和职责如表 4-1 所示。

表 4-1　　　　　　　　　　　　　　　　系统实施阶段的人员

角色	职　　责
实施指导委员会	确保提供一个良好的项目实施环境 设定项目实施的目标 审核项目实施的范围、预算、组织计划和节奏安排 确保项目实施所需的资源到位 监控项目按照计划进行推进 解决上报的相关争议问题 对项目应该实现的预期利益负责
项目经理	向指导委员会汇报工作 领导并指导项目实施工作的开展 控制项目实施的范围 建立和管理项目计划,确保项目的推进 建立、开发和领导项目团队 监控和寻求资源问题的解决方案 解决项目团队难以解决的问题或向指导委员会寻求解决方案 促进系统实施所引起的变化 控制软件的修改 沟通 管理供应商
项目组成员	理解软件的运行功能 交付流程 编制相关文档资料 培训终端用户
IT 经理	管理硬件、网络和软件的技术需求
实施方项目经理	对项目的实施管理提出建议 协调供应商资源与第三方活动之间的关系 解决供应商的相关问题作为首要任务,然后视其必要性解决其他问题 建议和协调培训需求
实施咨询顾问	负责提供软件功能方面的建议和最佳实践方面的培训 协助企业进行系统的客户化配置
需求分析阶段咨询商顾问	协助项目经理将需求分析阶段的成果、知识转移给实施方 协助项目经理对实施方案、系统流程进行评审 协助项目经理对试运行结果进行评审

（二）第 2 步:确定实施目标

实施日标应该结合系统规划阶段的目标,进行具体的细化。实施阶段的目标应该更加量化,以便于评价系统实施效果。

（三）第 3 步:前期培训

项目实施的前期培训实质上是一个双向培训的过程,项目实施方为项目小组的核心成员进行系统培训,同时项目小组也要对实施方的顾问进行企业现状及前期需求分析成果的培训。

这种双向培训可以让各方充分沟通、互相理解，达到知识转移的目的。软件培训可以让实施项目小组的核心人员尽快进入实施角色，学会从软件功能架构的角度思考企业需求的实现。而通过需求知识转移可以让实施方快速进入角色，继承前期规划成果，理解企业需求，了解企业的业务模式和流程，从而更好地进行系统的客户化配置，减少由于对需求的误解或者理解不到位而造成的实施成本增加。

前期软件培训主要针对项目团队和系统管理员。培训的重点是加强项目组成员对软件功能的理解。供应商可以提供如下培训主题：最佳实践、流程的图形化管理、文档编制等。供应商对系统管理员的培训重点是系统安装、维护、报告撰写，以及其他技术问题。

培训目标是将有关系统应用、实施经验和最佳实践的知识和技能从外部培训者转移至公司内部指定的员工。通常情况下，这种知识的转移绝大部分是以正式的方式进行的，而有关软件功能方面的知识转移一般是以相对非正式的方式进行的。然而，由于有关软件功能方面的知识转移不太有效，所以这方面的培训效果值得关注。

项目团队成员对应用功能的理解程度对于系统流程设计十分关键。如果不能深入理解软件的应用功能，就不可能完成好系统的配置工作。

通常，在选型采购阶段所做的演示和案例实证将尽可能演示软件功能上的优点，而对于软件的弱点尽可能回避。只有当必须使用软件的功能进行业务操作时，软件的功能才得以真正显露。对于项目团队来说，为了开发能充分利用该软件业务流程，项目团队成员经过培训后至少应该具有下列能力：

（1）能按照一定的流程进行软件操作。

（2）了解软件功能的运行细节。

（四）第4步：确定实施方案

实施方案应该详尽地描述系统实施的目标、范围、人员的组织、实施的方式、详细项目计划和实施过程中的里程碑。

实施方案中要对于项目的"人员、内容、原因、地点、时间、方式"进行描述。它是与相关人员讨论后确定的结果，并且涉及资源谈判、时间安排、成本以及这些因素之间的协调。

项目计划安排应该现实。否则如果时间太短，计划可能会中断；如果时间太长，项目就会失去推动力。项目计划为项目的实施提供指导，并且用于对项目的进度进行监控。项目计划使项目实施人员能够以相互协调配合的方式共同完成一系列相互关联的任务。计划中应该突出可能遇到的困难，并且制定相关的补救行动，必要时计划的日期需要重新制订。更重要的是，计划能够使所有需要了解项目的人员能够得到信息的沟通，使他们了解项目的进展及出现的变化。

实施方案中还应该对实施过程可能出现的风险进行评估，并针对各类风险制定相应的控制风险的解决措施。

实施方案应经过充分评估，以确保其可行性。

（五）第5步：设计系统业务蓝图

在该阶段实施小组应按照实施方案的项目进度安排，根据前期规划的需求分析文档，结合软件系统的实际情况，设计企业未来在软件系统中的业务流程。该阶段结束后将形成系统试运行方案这一阶段性成果。

系统试运行方案应包括系统的各业务流程的软件实现方式，以及进行试运行应用的完整的测试用例。

软件测试运行的质量将受到流程测试数据质量的影响。测试数据的准备工作包括：确保系统中有足够的数据，检查缺少哪些数据并输入数据，以填补这些数据缺口。应当注意的是，如果一个数据集存在错误，那么每当有人输入无效数据时，系统就会发生错误，这将会影响测试运行的有效性，因为这些错误或许会使系统中的数据混淆出错。因此，试运行一定要认真准备数据集。

（六）第6步：系统试运行

在试运行阶段主要依据系统试运行方案，完成下述工作：

（1）基本系统配置及确认。

（2）系统管理。

（3）最终系统配置及确认。

（4）开发数据转换程序。

（5）开发应用接口程序。

（6）开发外挂或扩展程序。

（7）单据、报表定义。

（8）格式定义。

（9）权限定义及管理。

（10）按照试运行方案的测试计划和用例对系统进行现场测试。

系统试运行是一个需要反复进行调整的过程，在该过程中必须有规范的质量控制程序，确保所有需求、配置、流程等事项的变更均有相应的控制流程，并保留详细的变更控制文档。

测试运行是通过尽可能接近实施情况的模拟，为最终准备实施的流程提供一次测试的机会。测试运行是一次真实的模拟，其目的是在正式实施前，测试流程的完整性，并了解其存在的弱点。测试运行提供了一次处理相关问题的机会，以便能够在系统正式上线之前解决这些问题。

测试环境应该在具有网络的工作室进行，以使执行测试运行的人能够在一起工作。应该为每一个参与测试运行工作的人准备一本测试运行的工作手册。项目经理应该在试运行过程中发挥协调作用，确保推动工作，使这项工作的时间不要拖延得太长，确保试运行过程中的相关的问题能够记录下来。将所有的问题记录下来，最终产生的测试问题记录将成为安排后续工作的依据。

为了完成所有必要的测试，需要有足够的时间。每一步测试工作的推进都必须建立在前一步所有必要的测试工作完成的基础之上。利用这种方法，要将每一步所产生的影响隔离开来，避免其与其他步骤所产生的影响发生混淆，按照这种要求进行测试运行工作，会导致工作开展得比较缓慢。但是，这是测试系统是否完成了其应该完成的工作的最佳方法。

如果通过测试运行可以发现流程的问题，那么这将提供一次在系统上线前，对流程中的问题进行改进的机会。

试运行也使系统管理员可以初步了解影响系统效率的因素，如磁盘空间、对其他系统的影响、网络堵塞等，并有助于了解软件是否存在技术问题。

（七）第7步：系统上线培训

由于上线前的最终用户培训通常安排在实施的后期，当发现项目实施成本超过预算或时间进度无法满足时，培训通常会被压缩。而实际上培训在项目实施过程中是非常重要的。通过有效的上线前培训，可以保证每个使用人员对系统的功能和流程充分理解，降低因为操作问题带来的系统上线切换成本。

培训过程可分为下列六个阶段：

（1）定义培训目标——通过培训，被培训者能学会什么？

（2）确定培训内容——开发哪些技能和知识？

（3）计划——何时开始培训？用什么方式进行培训？需要哪些资源、材料、设施？如何讲授培训内容？

（4）具体培训——学员接受培训的过程。

（5）考核学员——学员达到培训目标了吗？

（6）总结培训效果——哪些地方错了？哪些地方可以做得更好？

接受培训的人员首先是项目组成员和系统管理员（见前期培训环节），其次是最终用户和管理人员，或许还有其他人员。每一类培训对象都有不同的需求。因此，培训的性质对于不同的培训对象来说可能是不同的。

利用培训涉及的六阶段法，可以为每一类培训对象设计相应的培训方案。

（八）第8步：系统上线

系统试运行通过评审后，即可进入正式上线运行。正式上线运行前应做好相应的数据准备，并完成数据的输入或迁移。数据准备阶段要注意核对初始化数据的准确性，以免输入错误的初始化数据，导致"垃圾效应"。

系统上线最初的一段时间应该建立明确的故障应急处理机制，以保证正式运行初期出现的问题能及时得到记录并得以解决。最初的几个运行周期的期末应该对系统的数据进行检查，已确保系统配置正确。

系统正式上线运行并通过最终的验收，标志着实施阶段的结束。信息化建设工作也随之进入下一个循环周期。

第六节　研发过程方法

一、研发的过程和方法

项目的目标，是为使用者建立现代化、自动化、标准化信息管理系统。通过项目管理的方式，能更有效地对项目作最佳的管理,同时达到所开发的信息管理操作系统流程整合信息共享的目标，并全面提升行政效率运用管理的原则与方法，使得研发项目能达到预期的目标。

项目的目标不外乎在预定的时间、预算及配合的资源下，达成系统的功能与品质。为了达成这些目标，项目管理者必须掌握项目成功的要素，同时也要洞察足以危害项目顺利进行的变动与风险。

对于软件开发的过程和方法，在软件项目开发领域有许多的研究。本章节是以传统的生命周期方式来介绍项目软件开发的过程和方法,传统的生命周期方法是依规划、分析、设计、实施、维护各阶段逐步进行的，其主要的目的为在软件开发过程中虽有许多种方式，在软件开发的过程中隐含着每个过程的知识。

二、项目模块的知识管理分析

（1）根据软件的发展程序，我们试图将软件知识进行定义：在软件发展的过程中，所有需要、产生、应用，以及参考到的各项显性与隐性的知识，我们即可称为软件知识。其中显性的知识是比较容易传递与再利用的信息、技术和文件；隐性的知识则是一种高度个人化的知识，通常通过实际的软件开发经验来获得大多存在开发者的脑中，同时也会受到个人的信念看法和价值观的影响而有所不同，如人类的心智模式，包括记忆、经验、理解、情绪、感觉等。对于软件知识，我们可以根据其内容的结构性程度又分为非结构性的、半结构性的和结构性的。

（2）软件项目重在知识分析，分为共同化、外化、结合与内化四种转换模式，以及反复向外递增的特性。就软件的开发而言，软件知识同样也具有知识螺旋的特性。

软件项目的知识包括四种类型的知识，即系统知识、程序知识、产品知识和组织知识。这四种类型的知识（项目系统、项目程序、组织系统和组织程序）都能够在设计原因知识中被加强。设计原因在于明确性的判断，包括问题的解决、选择的考虑、标准的使用，这些都是当我们在评估选择时，选择支持或反对的理由，以及判断使用这些选择是否可以对问题有所技巧性的解决。设计原因能够运用在管理和开发者两者之间，这明确地表示在系统和程序的判断上。尽管系统知识和程序知识系统集中于系统和工作上，设计原因的知识集中于判断所产生的要素是否能导引系统知识和程序知识。

（3）重点在于知识任务分析。因此，针对软件的开发而言，软件知识同样也具有知识任务的特性。在软件的发展程序上，除了做好管理及执行开发过程外，其重点在于该开发程序中的各项阶段作业时所代表的意义，其说明如下：

1）在系统规划阶段。系统规划主要是明确如何运用信息科技来完成企业目的与使命。

2）在系统分析阶段。系统分析主要在于了解目前企业运作及信息系统，以明确地定义未来信息系统的使用者的需求及其优先次序。

3）在系统设计阶段。系统设计为针对前文所述使用者的需求，设计出整体与详细的系统做法，并将各方案进行评估并选取最佳的方法。

4）在系统实施阶段。系统实施为实际建造已设计的新系统，并将建造好的新系统交付给使用者做日常运作。

5）在系统维护阶段。其主要的工作包括更正性维护、适应性维护、完善性维护、预防性维护等（知识使用与知识保存）。

第五章　智能电网信息化平台的核心技术架构

第一节　J2EE　技　术

一、J2EE 技术简介

J2EE 是一套全然不同于传统应用开发的技术架构，包含许多组件，主要可简化且规范应用系统的开发与部署，进而提高可移植性、安全与再用价值。

J2EE 是使用 Java 技术开发企业级应用的工业标准，它是 Java 技术不断适应和促进企业级应用过程中的产物。适用于企业级应用的 J2EE，提供一个平台独立的、可移植的、多用户的、安全的和基于标准的企业级平台，从而简化企业应用的开发、管理和部署。J2EE 是一个标准，而不是一个现成的产品。

在 J2EE 架构下，开发人员可依循规范基础，进而开发企业级应用；而不同的 J2EE 供货商，同会支持不同 J2EE 版本内所拟定的标准，以确保不同 J2EE 平台与产品之间的兼容性。换言之，植基 J2EE 架构的应用系统，基本上可部署在不同的应用服务器之上，无需或者只需要进行少量的代码修改，即能大幅提高应用系统的可移植性（Portability）。

J2EE 主要为由升阳公司与 IBM 公司等厂商协同业界共同拟定而成的技术规范，是以企业与企业之间的运算为导向的 JAVA 开发环境。J2EE 架构定义各类不同组件，如 Web Component、EJB Componen 等；而各类组件可以再用（reuse），让已开发完成的组件，或者经由市面采购而得的组件，均能进一步组装成不同的系统。

对于开发人员而言，只需要专注于各种应用系统的商业逻辑与架构设计，至于底层繁琐的程序撰写工作，可搭配不同的开发平台，以使应用系统的开发与部署效率大幅提升。

J2EE 的核心规范是 Enterprise Java Beans（EJBs）。EJB 依照特性的不同，目前共分为三种，分别是 Session Bean、Entity Bean，以及 Message Driven Bean。其中 Session Bean 与 Entity Bean 可看作 EJB 的始祖，这两种 EJB 规格在 EJB 1.x 版本推出时就已经存在，而 Message Driven Bean 则是出现在 EJB 2.0 的规格之中。

目前业界许多程序设计师，或者是网页设计人员，多利用 JSP/Servlet 的便利性，进而在 J2EE 服务器之上开发相关的应用，或是整合公司内部的各种资源。

Java 2 平台依照应用领域的不同，共分为三大版本，分别是 J2EE、标准版本 J2SE（Java 2 Platform，Standard Edition）、微型版本 J2ME（Java 2 Platform，Micro Edition），以及 Java Card 等。

从整体上讲，J2EE 是使用 Java 技术开发企业级应用的一种事实上的工业标准（Sun 公司出于其自身利益的考虑，至今没有将 Java 及其相关技术纳入标准化组织的体系），它是 Java 技术不断适应和促进企业级应用过程中的产物。Sun 公司推出 J2EE 的目的是克服传统 Client/Server 模式的弊病，迎合 Browser/Server 架构的潮流，为应用 Java 技术开发服务器端应用提供一个平台独立的、可移植的、多用户的、安全的和基于标准的企业级平台，从而简化企业应用的开发、管理和部署。J2EE 是一个标准，而不是一个现成的产品。各个平台开发商按照 J2EE 规范分别开发了不同的 J2EE 应用服务器，J2EE 应用服务器是 J2EE 企业级应用的部署平台。由于它们都遵循了 J2EE 规范，所以使用 J2EE 技术开发的企业级应用可以部署在各种 J2EE 应用服务器上。

为了推广并规范化使用 J2EE 架构企业级应用的体系架构，Sun 公司同时给出了一个建议性的 J2EE 应用设计模型：J2EE Blueprints。J2EE Blueprints 提供了实施 J2EE 企业级应用的体系架构、设计模式和相关的代码，通过应用 J2EE Blueprints 所描述的体系模型，能够部分简化架构企业级应用这项复杂的工作。J2EE Blueprints 是开发人员设计和优化 J2EE 组件的基本原则，同时为围绕开发工作进行职能分工给出了指导性策略，以帮助应用开发设计人员合理地分配技术资源。

J2EE 组成了一个完整企业级应用，不同部分纳入不同的容器（Container），每个容器中都包含若干组件（这些组件是需要部署在相应容器中的），同时各种组件都能使用各种 J2EE Service/API。J2EE 容器包括以下部分：

（1）Web 容器。服务器端容器，包括两种组件 JSP 和 Servlet，JSP 和 Servlet 都是 Web 服务器的功能扩展，接受 Web 请求，返回动态的 Web 页面。Web 容器中的组件可使用 EJB 容器中的组件完成复杂的商务逻辑。

（2）EJB 容器。服务器端容器，包含的组件为 EJB（Enterprise JavaBeans），是 J2EE 的核心之一，主要用于服务器端商业逻辑的实现。EJB 规范定义了一个开发和部署分布式商业逻辑的框架，以简化企业级应用的开发，使其较容易地具备可伸缩性、可移植性、分布式事务处理、多用户和安全性等。

（3）Applet 容器。客户端容器，包含的组件为 Applet。Applet 是嵌在浏览器中的一种轻量级客户端，一般而言，仅当使用 Web 页面无法充分地表现数据或应用界面时，才使用它。Applet 是一种替代 Web 页面的手段，我们仅能够使用 J2SE 开发 Applet，Applet 无法使用 J2EE 的各种 Service 和 API，这是为了安全性的考虑。

（4）Application Client 容器。客户端容器，包含的组件为 Application Client。Application Client 相对 Applet 而言是一种较重量级的客户端，它能够使用 J2EE 的大多数 Service 和 API。

通过上述四个容器，J2EE 能够灵活地实现前面描述的企业级应用的架构。

在 View 部分，J2EE 提供了三种手段：Web 容器中的 JSP（或 Servlet）、Applet 和 Application Client，分别能够实现面向浏览器的数据表现和面向桌面应用的数据表现。Web 容器中的 Servlet 是实现 Controller 部分业务流程控制的主要手段；而 EJB 则主要针对 Model 部分的业务逻辑实现。至于与各种企业资源和企业级应用相连接，则是依靠 J2EE 的各种服务和 API。

在 J2EE 的各种服务和 API 中，JDBC 和 JCA 用于企业资源（各种企业信息系统和数据库等）的连接，JAX-RPC、JAXR 和 SAAJ 则是实现 Web Services 和 Web Services 连接的基本支持。

二、J2EE 技术特点分析

（1）有效保留现存的企业资产。由于基于 J2EE 平台的产品几乎能够在任何操作系统和硬件配置上运行，现有的操作系统和硬件也能被保留使用，所以 J2EE 架构可以充分利用用户原有的投资，有效利用业界支持和一些重要的企业计算机领域供应商的参与，进入可移植的 J2EE 领域的升级途径。

（2）高效的开发性能。基于 J2EE 平台的产品允许公司把一些通用的、很繁琐的服务端任务交给中间件供应商去完成。这样开发人员可以集中精力实现业务逻辑功能。

（3）支持异构环境。基于 J2EE 平台能够开发部署在异构环境中的可移植程序。基于 J2EE 的应用程序不依赖任何特定操作系统、中间件和硬件，因此设计开发一次合理的基于 J2EE 的应用程序就可能部署到各种平台上使用。J2EE 标准也允许客户使用与 J2EE 兼容的第二方组件，把其部署到异构环境中，节省了由自己实现整个解决方案所需的费用。

（4）可伸缩性。基于 J2EE 平台的应用程序可被部署到多种操作系统上，J2EE 领域的供应商提供了更为广泛的负载平衡策略，能够消除系统中的瓶颈，允许多服务器集成部署，满足未来商业应用的需要。

（5）程序的可用性好。一个大型应用服务器平台必须能全天候运转，以满足公司客户和合作伙伴的需要。除了 J2EE 部署到可靠的操作环境中外，还可以选择 Windows 或者健壮性更好的系统，完成服务，达到更稳定的可用性。

三、J2EE 的核心技术组件

本部分就 J2EE 的各种组件、服务和 API，进行更加详细的阐述，看在开发不同类型的企业级应用时，根据各自需求和目标的不同，应当如何灵活使用并组合不同的组件和服务。

1. Servlet

Servlet 是 Java 平台上的 CGI 技术。Servlet 在服务器端运行，动态地生成 Web 页面。与传统的 CGI 和许多其他类似 CGI 的技术相比，Java Servlet 具有更高的效率并更容易使用。对于 Servlet，重复的请求不会导致同一程序的多次转载，它是依靠线程的方式来支持并发访问的。

2. JSP

JSP（Java Server Page）是一种实现普通静态 HTML 和动态页面输出混合编码的技术。从这一点来看，非常类似 Microsoft ASP、PHP 等技术。借助形式上的内容和外观表现的分离，Web 页面制作的任务可以比较方便地划分给页面设计人员和程序员，并方便地通过 JSP 来合成。在运行时态，JSP 将会被首先转换成 Servlet，并以 Servlet 的形态编译运行，因此它的效率和功能与 Servlet 相比没有差别，一样具有很高的效率。

3. EJB

EJB 定义了一组可重用的组件：Enterprise Beans。开发人员可以利用这些组件，像搭积木一样建立分布式应用。在装配组件时，所有的 Enterprise Beans 都需要配置到 EJB 服务器（一般的 Weblogic、WebSphere 等 J2EE 应用服务器都是 EJB 服务器）中。EJB 服务器作为容器和低层平台的桥梁管理着 EJB 容器，并向该容器提供访问系统服务的能力。所有的 EJB 实例都运行在 EJB 容器中。EJB 容器提供了系统级的服务，控制了 EJB 的生命周期。EJB 容器为它的开发人员代管了诸如安全性、远程连接、生命周期管理及事务管理等技术环节，简化了商业逻辑的开发。EJB 中定义了下列三种 Enterprise Beans：

（1）Session Beans。

（2）Entity Beans。

（3）Message-driven Beans。

4. JDBC

JDBC（Java Database Connectivity，Java 数据库连接）API 是一个标准 SQL（Structured Query Language，结构化查询语言）数据库访问接口，它使数据库开发人员能够用标准 Java API 编写数据库应用程序。JDBC API 主要用来连接数据库和直接调用 SQL 命令执行各种 SQL 语句。利用 JDBC API 可以执行一般的 SQL 语句、动态 SQL 语句及带 IN 和 OUT 参数的存储过程。Java 中的 JDBC 相当于 Microsoft 平台中的 ODBC（Open Database Connectivity）。

5. JMS

JMS（Java Message Service，Java 消息服务）是一组 Java 应用接口，它提供创建、发送、接收、读取消息的服务。JMS API 定义了一组公共的应用程序接口和相应语法，使得 Java 应用能够和各种消息中间件进行通信，这些消息中间件包括 IBM MQ-Series、Microsoft MSMQ 及纯 Java 的 SonicMQ。通过使用 JMS API，开发人员无需掌握不同消息产品的使用方法，也可以使用统一的 JMS API 来操纵各种消息中间件。通过使用 JMS，能够最大限度地提升消息应用的可移植性。JMS 既支持点对点的消息通信，也支持发布/订阅式的消息通信。

6. JNDI

由于 J2EE 应用程序组件一般分布在不同的机器上，所以需要一种机制以便于组件客户使用者查找和引用组件及资源。在 J2EE 体系中，使用 JNDI（Java Naming and Directory Interface）定位各种对象，这些对象包括 EJB、数据库驱动、JDBC 数据源及消息连接等。JNDI API 为应用程序提供了一个统一的接口来完成标准的目录操作，如通过对象属性来查找和定位该对象。由于 JNDI 是独立于目录协议的，所以应用还可以使用 JNDI 访问各种特定的目录服务，如 LDAP、NDS 和 DNS 等。

7. JTA

JTA（Java Transaction API）提供了 J2EE 中处理事务的标准接口，它支持事务的开始、回滚和提交。同时在一般的 J2EE 平台上，总提供一个 JTS（Java Transaction Service）作为标准的事务处理服务，开发人员可以使用 JTA 来使用 JTS。

8. JCA

JCA（J2EE Connector Architecture）是 J2EE 体系架构的一部分，为开发人员提供了一套连接各种企业信息系统（EIS，包括 ERP、SCM、CRM 等）的体系架构。对于 EIS 开发商而言，它们只需要开发一套基于 JCA 的 EIS 连接适配器，开发人员就能够在任何 J2EE 应用服务器中连接并使用它。基于 JCA 的连接适配器的实现，需要涉及

J2EE 中的事务管理、安全管理及连接管理等服务组件。

9．JMX

JMX（Java Management Extensions）的前身是 JMAPI。JMX 致力于解决分布式系统管理的问题。JMX 是一种应用编程接口、可扩展对象和方法的集合体，可以跨越各种异构操作系统平台、系统体系结构和网络传输协议，开发无缝集成的面向系统、网络和服务的管理应用。JMX 是一个完整的网络管理应用程序开发环境，它同时提供了厂商需要收集的完整的特性清单、可生成资源清单表格、图形化的用户接口，访问 SNMP 的网络 API，主机间远程过程调用，以及数据库访问方法等。

10．JAAS

JAAS（Java Authentication and Authorization Service）实现了一个 Java 版本的标准 Pluggable Authentication Module（PAM）的框架。JAAS 可用来进行用户身份的鉴定，从而能够可靠并安全地确定谁在执行 Java 代码。同时 JAAS 还能通过对用户进行授权，实现基于用户的访问控制。

11．JACC

JACC（Java Authorization Service Provider Contract for Containers）在 J2EE 应用服务器和特定的授权认证服务器之间定义了一个连接的协约，以便将各种授权认证服务器插入到 J2EE 产品中去。

12．JAX-RPC

通过使用 JAX-RPC（Java API for XML-based RPC），已有的 Java 类或 Java 应用都能够被重新包装，并以 Web Services 的形式发布。JAX-RPC 提供了将 RPC 参数（in/out）编码和解码的 API，使开发人员可以方便地使用 SOAP 消息来完成 RPC 调用。同样，对于那些使用 EJB（Enterprise Java Beans）的商业应用而言，同样可以使用 JAX-RPC 来包装成 Web 服务，而这个 Web Service 的 WSDL 界面是与原先的 EJB 的方法是对应一致的。JAX-RPC 为用户包装了 Web 服务的部署和实现，对 Web 服务的开发人员而言，SOAP/WSDL 变得透明，这有利于加速 Web 服务的开发周期。

13．JAXR

JAXR（Java API for XML Registries）提供了与多种类型注册服务进行交互的 API。JAXR 运行客户端访问与 JAXR 规范相兼容的 Web Servcices，这里的 Web Services 即为注册服务。一般来说，注册服务总是以 Web Services 的形式运行的。JAXR 支持三种注册服务类型：JAXR Pluggable Provider、Registry-specific JAXR Provider、JAXR Bridge Provider（支持 UDDI Registry 和 ebXML Registry/Repository 等）。

14. SAAJ

SAAJ（SOAP with Attachemnts API for Java）是 JAX-RPC 的一个增强，为进行低层次的 SOAP 消息操纵提供了支持。

四、典型的应用层次

在 J2EE 规范的定义下，典型的应用系统结构可分为客户层、表示层、业务逻辑层和数据层 4 个应用层次。相互关系为：客户端从 Web 服务器上下载 Web 层中的静态 HTML 页面、Applet 或由 JSP、Servlet 生成的动态 HTML 页面。业务逻辑层的 EJB 从客户层接收请求和数据，并调用数据访问组件，检索数据库层中相关的数据，数据库服务器层执行 SQL 操作，通过 JDBC 数据库连接池与业务逻辑层进行交互 JDBC 为 Java 应用程序提供一个统一的接口，以完成到数据库的连接。业务逻辑层将相关数据送到数据库服务器层存储，并将处理后的数据返回给客户端。为了降低网络负载，将一部分计算交由 Web 服务器来完成，Servlet 接收来自客户端 Applet 的调用。Web 层通过调用业务逻辑层的 EJB，生成动态的 HTML 传输给客户层。为实现业务逻辑与实现逻辑的分离，对数据库的操作封装在 EJB 中，Servlet 分发客户端的请求消息，实现对 EJB 的调度功能，如图 5-1 所示。

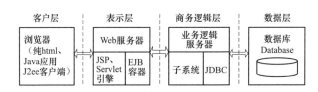

图 5-1　J2EE 的应用层次结构

（一）客户层

客户层为用户提供可视化图形界面，在系统应用中，负责管理与用户的交互，根据使用功能范畴与应用要求，以及在子层中充当不同的角色，可以按下列方式构建客户层：

（1）纯粹的 HTML 客户端。这种情况下，全部智能处理都位于中间层，当用户提交 Web 页面时，确认工作都由 J2EE 服务器完成，然后响应返回至客户端。

（2）混合 HTML/DHTML/JavaScript 的客户端。这种情况下，运行在客户端上的 Web 页包含一部分智能，客户端将会处理一些基本确认。客户端还可以包含一些 DHTML。

（二）表示层（或 Web 层）

Web 层实现与客户端及业务逻辑层的双向交互，接收客户端传送的请求交给业务逻辑层进行处理，接收业务逻辑层的处理结果并传递给客户端，即响应客户请求，为客户提供所请求的数据。表示层任务之一就是生成 Web 页面和 Web 页面中的动态内容；另一个主要任务就是对客户端传来的 Web 页面包含的请求进行打包。

通常在 Web 服务器中实现表示层，Web 服务器除了处理对站点静态 WEB 请求之外，通常还要为处理多个应用程序请求。主要由 JSP 和 Servlet 提供客户端组件，JSP 和 Servlet 接收客户端的请求并响应，将用户的输入发送到业务逻辑层的 EJB 组件中进行处理。

可使用不同工具构建表示层，目前常用的工具有通用网关接口，服务器端使用 Microsoft 提供的 ASP 联合服务器页面（JSP）引导，如图 5-2 所示。

（三）业务逻辑层

业务逻辑层是集成系统应用逻辑功能，完成客户请求中相应的计算和数据操作。包括执行全部必需的计算机动作、工作管理、表示层中全部数据的访问管理等。

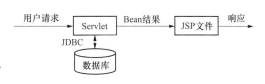

图 5-2　JSP 访问流程

实现上与表示层相似，通常在应用服务器内部实现业务逻辑层，把业务逻辑从资源管理的需求中分离出来，使得开发人员可以集中精力构建应用逻辑。

在现代的 Web 应用中，业务逻辑通常使用 Java 解决方案实现，使用其中的 Enter Prise Java Beans 执行业务操作。独立语言的公共对象请求代理体系结构 Common Object Request Broker Architecture 对象也可以构建在业务逻辑中，并可以很轻松地使用 Java 对表示层的访问。

（四）数据层

数据层负责存储、管理数据信息。数据层为业务逻辑层提供请求的数据，在请求时，数据层存储数据。数据层可以是简单的关系数据库，也可以包含访问其他数据源的数据访问过程。

五、基于 J2EE 技术企业信息系统的层级结构

在早期的企业级应用开发中，通常采用的是 c/s 两级的架构模式，但随着应用复杂程度的不断增加，原有的 c/s 客户到服务器两级架构模式的弊病也不断显现。J2EE 通过封装的功能化模块实现分布式的多层架构。一般来说，J2EE 多层框架结构包含四个组成部分，即客户表示层、Web 服务层、应用服务层及数据层。在所谓的三层框架中，Web 服务层和应用服务层又合而称为中间层。客户表示层可以基于 Web，也可以基于非 Web。在基于 Web 的应用，客户可以浏览动态 HTML 页面；或者在非 Web 模式下，比如手持电话或蓝牙设备等，可以运营系统中的 Applet 程序。Web 服务层 Web

层的组件可以包括 JSP 页面、Servlet 等组成提供相关服务。应用服务层也称为业务层，是解决特定业务领域问题的关键层，由企业 Java Bean 实现，需要的逻辑业务代码由在业务层运行的 EJB 来执行。数据库层也被称为企业信息层，这层包括了企业的基础设施系统、数据库、ERP 等（见图 5-3）。

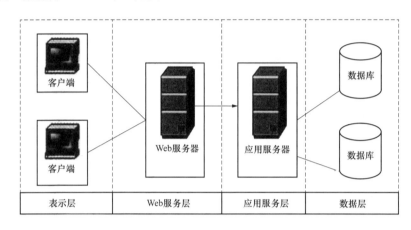

图 5-3　J2EE 系统的层级结构

六、总结分析

系统各项应用都是在 Web 上展开的，通过 Web 方式完成用户与系统的交互。系统采用 JSP 与 XML 相结合的方式实现 Web 方式下数据信息的访问，并结合组件技术的应用，使得程序代码的开发效率和质量提高、开发周期缩短，减少了后期的维护工作量。

Java EE 是一套全然不同于传统应用开发的技术架构，包含许多组件，可简化且规范应用系统的开发与部署，进而提高可移植性、安全与再用价值。

采用的 J2EE 架构，在软件体系方面遵循 JAVA EE 规范，并兼容流行的系统软件，为功能拓展和系统迁移提供了平台无关性支持。系统基于 HTML5、XML 等通用技术标准，集成通用的权限、用户、工作流等基本功能，有效保证系统的稳定和可靠运行；通过对 J2EE 的标准应用的扩展和补充，利用组件封装技术，降低耦合度，实现业务逻辑的纵横贯通，并提供根据需要提供接口，保证业务和数据的交互能力。

第二节　SOA 体系架构

一、SOA 的定义

SOA 指的是一种建设 IT 基础设施架构的逻辑方法，它以服务作为应用开发的基本元素，支持快速、廉价、可组合的分布式应用的开发。SOA 标准化、透明的应用集成方式使得 IT 基础设施更具有柔性、重用性和互操作能力。

二、SOA 体系架构

SOA 体系结构式是一个组件模型，它利用开放式标准将应用程序的不同功能单元，即服务，通过接口和契约联系起来。重点是实现业务应用的集成和组件被其他系统的再利用。通过模型化的手段描述业务之间的关系，把这些组件构建成服务。服务时被定义好的接口业务单元可以被调用，并提供一致且有效的数据。SOA 是一种组件模型，在传统的业务层和技术层之间增加了一个服务层，独立完成特定的服务功能，使业务层和技术层相互独立，便于适应具体业务的变化。SOA 中，将应用程序功能封装成服务对外发布，由服务层将服务提供给终端用户的应用程序或其他服务。SOA 的组成元素包括功能和服务质量两大部分。

SOA 架构中每个实体都扮演着服务提供者、服务请求者和服务注册中心这三种角色中的某一种或多种。服务提供者是提供服务的一方，它将自己的服务和接口契约发布到服务注册中心；服务请求者可以是应用程序、软件模块或其他请求服务的服务，它从服务注册中心查询所需服务，查询成功后绑定服务，再调用执行服务功能；服务注册中心是 SOA 架构的关键，它包含所有可用服务的数据库，将服务请求者和服务提供者联系起来。

SOA 是一种粗粒度、松耦合的服务架构，其服务之间通过简单、精确定义的接口进行通信，不涉及底层编程接口和通信协议。通过服务提供者和服务请求者的松散耦合关系，屏蔽了系统内部复杂的业务逻辑；通过标准接口，不同服务之间可以自由地引用，实现了真正意义上的远程、跨平台和跨语言；同时依靠服务设计、开发和部署软件的思想确保了系统的易维护性和良好的伸缩性。

（一）业务流程的柔性

流程是一组共同完成企业目标相互关联的活动，流程具有一个起点和一个终点，具有明确的输入和输出。从系统角度来看，企业业务流程是人类活动组成的"社会-技术"系统，其目的是为流程客户创造价值。业务流程的组成单元是流程基本活动，活动使用一定的资源，活动之间具有依赖关系。在 SOA 环境下，业务服务是一些执行相关工作单元的逻辑上归为一类的业务活动，业务活动分解为一系列的业务服务，业务流程由业务服务组合而成。

业务流程柔性是指流程快速的、低成本的响应外界变化的程度。从系统的观点来看，由于系统柔性的多维度特征和考虑角度（如经济、战略、制度、决策等）的不同，导致对柔性的测度维度有不同的认识。但普遍认可的柔性测度为：①流程能够提供的产品/服务的多样性，指能够提供的不同类型产品/服务的范围。流程能够提供的产品/服务类型越多，则流程的柔性度越高。②流程变化的敏捷度，指流程在其所提供的不同类型的产品/服务之间转换所需要的时间和经济成本。流程在不同类型服务之间转换时所需要的时间和经济成本越小，则流程柔性度越高。

对于 SOA 环境下的流程，通过业务服务的重新组合操作来提供多样化的产品/服务，以实现产品/服务多样性，这种通过服务重新组合提供多样化产品/服务的特性定义为"业务服务的可配置型"；业务服务之间的耦合关系越弱，则流程在不同类型的产品/服务之间转换所需的时间和经济成本越少，即流程的变化敏捷性越高，这种业务服务之间耦合松散的程度定义为"业务服务的松散耦合"。

（二）服务粒度

在以往的 SOA 项目实践中，一个最常见的问题是服务的粒度问题，什么样粒度的核心业务功能应该被封装成服务并对外提供服务，这是 SOA 方法论中的一个核心问题。在 SOA 中服务粒度有两种相关的意思：服务是如何实现的，以及服务执行的粒度，例如我们可以对一个数据表信息访问时的插入、修改、删除、查询封装提供下列几个服务：

①INSERT SERVICE：提供单一的记录插入服务（同时多条）。②UPDATESERVICE：提供单一的记录修改服务（同时多条）。③DELETE SERVICE：提供单一的记录删除服务（同时多条）。④ SEARCH SERVICE：提供单一的记录搜错查询服务（同时多条）。⑤ COMPOSITE SERVICE：提供插入、修改、删除、查询等复合服务（同时多条）。

我们究竟是封装为①～④四个独立服务还是封装为⑤这样一个复合服务，或者①～⑤都提供，没有一个固定的模式，取决于被复用的额度和应用的需求。上述①和④的服务力度较小，灵活性更大，但当需要一个综合性的服务时需要调用多个服务来组装，操作方便性差一些。如增、删、改、查的功能都要用到，则复合服务 E 更能满足要求。所以关于服务粒度的问题要看企业具体的应用需求，比较灵活。对于一个行业应用来说，也许能总结出一个粒度需求的规律来，就能形成一个行业的解决方案。

三、SOA 理论方法应用分析

SOA 描述了一套完善的开发模式来实现客户端应用连接到服务上，这些模式基于 UDDI（Universal Description，Discovery and Integration），用于描述服务、通知及发现服务、与服务进行通信。

SOA 可以为 Web 服务接口做一层封装，不用修改现有系统架构，就能对外提供 Web 服务接口，实现系统和应用迅速转为服务。SOA 包括了定制的应用和遗留系统中的信息，也包括安全、内容管理、搜索等功能。因为基于 SOA 的应用能很容易地从这些基础服务架构中添加功能，所以基于 SOA 的应用能更快地应对市场变化，实现按需应变的功能应用。对 SOA 理论方法应用进行分析，以土豆和火车的关系为例。描述土豆的属性是产地、品种、产量、质量、新鲜度、淀粉含量、营养成分等；描述火车的属性有型号、载重量、车况、发动机功率、汽油等。尽管初看土豆和火车这两个对象没有任何关系，但是当"土豆"这个对象需要运输时，"土豆"对象和"火车"对象就有了直接的联系，我们就会将两个属性完全不一样的对象关联起来。但是要如何确定这种关系是建立为紧密关系还是松散关系？紧密关系就是将"土豆"和"火车"对象进行绑定，也就是土豆只能用火车来运输；松散关系就是把"火车"类对象看作是"服务提供者"，把"土豆"对象看作是服务消费者，服务提供者和服务消费者之间需要一个中介，用于管理服务提供和服务消费，建立连通性。这样就形成了一个面向服务的架构，该结构充分说明了 SOA 架构的方法和原理。

四、SOA 项目的实施过程

SOA 项目的实施整体上一般可分为两个过程：规划过程和实施过程。在规划过程，根据业务发展需求，确定项目建设的总体规划，并明确即将启动的 SOA 项目的范围及目标；实施过程是 SOA 项目建设的执行阶段，包括从服务的规划设计到服务发布后的运行维护等整个过程，该过程是在开发人员和用户相互沟通的基础上，不断完善服务的一个持续更迭的阶段，如图 5-4 所示。

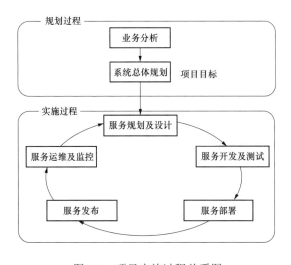

图 5-4　项目实施过程关系图

（1）业务分析。通过综合分析，建立项目的 SOA 总体规划蓝图。分两个方面：一方面，通过对项目开发背景、内外部环境、资源约束及风险等方面的梳理和分析，确定项目业务策略及需要解决的业务问题；另一方面，在业务规划的驱动下，对当前已有信息系统的功能、性能、问题、基础架构、平台及标准等方面进行评估和规划，确定项目整体的建设策略、建设路线以及组织结构。

（2）系统总体规划。通过对业务及项目的目标进行综合分析，确定当前所要实施项目的目标及实施方案。

（3）服务规划及设计。对项目业务进行分析和梳理，使业务流程能够映射到 IT 流程，并进行服务建模，以确定所需要的服务集和服务实现策略。

（4）服务开发及测试，即服务实现，与传统 IT 项目开发有较大差别。"服务"是 SOA 项目开发阶段的核心概念，包括单个功能的服务，也包括流程类的服务。

（5）服务部署。根据 SOA 项目目标，通过部署工具将所开发的各类服务及流程部署至项目运行的物理环境内，例如应用服务器、流程服务器、门户服务器等。对于单个服务，部署后的服务可以被终端用户、其他 IT 系统或服务实际调用；对于多个基于服务的流程，部署后可形成完整的应用系统。

（6）服务发布。将已开发完成的服务发布到服务注册中心内，以便被其他服务发现和调用。

（7）服务运维及监控。既包括业务人员对业务流程运行状况的监控，也包括系统维护人员从 IT 层面对系统服务的管理。

五、总结

企业的 IT 系统根本目的是支持业务的改进，IT 系统越多，形成的信息孤岛越多。以前建立的信息系统大部分是解决一个具体业务部门的工作职能和效率的问题，但部门的业务解决之后，需要 IT 系统来支持的跨部门的协作、跨部门的流程越来越多，为了适应市场的变化，流程的变更频率越来越频繁，如果企业处于这种现状，就需要 SOA。是否需要 SOA，关键还是看有没有业务的驱动需求。

在满足 Java EE 规范的前提下，该项目采用面向服务的体系架构（SOA）进行应用的设计、开发和系统集成。

面向服务的体系结构是一个组件模型，它将应用程序的不同功能单元（称为服务）通过这些服务之间定义良好的接口和契约联系起来。接口是采用中立的方式进行定义的。这使得构建在各种这样的系统中的服务能够以一种统一和通用的方式进行交互。这种具有中立的接口定义（没有强制绑定到特定的实现上）的特征称为服务之间的松耦合。松耦合系统的好处有两点：一点是它的灵活性；另一点是服务组件内部结构和实现可以改变，而接口可以保持稳定。

第三节 ASP.NET 技术架构

ASP.NET 是 .NET FrameWork 的一部分，是一项微软公司的技术，是一种使嵌入网页中的脚本可由因特网服务器执行的服务器端脚本技术，它可以在通过 HTTP 请求文档时再在 Web 服务器上动态创建它们。具体是指 Active Server Pages（动态服务器页面），运行于 IIS（Internet Information Server 服务，是 Windows 开发的 Web 服务器）之中的程序。

随着微软公司 VS.NET 的发布，.NET 技术也逐渐趋于稳定和成型，越来越多的公司和技术爱好者投入到.NET 的开发中来。ASP.NET 是微软公司.NET 技术中最引人注目的 Web 程序开发平台，它的推出和使用将对开发优质网站提供广泛的技术支持。

.NET 框架是一个多语言组件开发和执行环境，提供了一个跨语言的统一编程环境。.NET 框架主要是便于开发人员更容易地建立 Web 应用程序和 Web 服务，使得 Internet 上的各应用程序之间，可以使用 Web 服务进行沟通。从层次结构来看，.NET 框架又包括三个主要组成部分：公共语言运行库（CLR：Common Language Runtime）、服务框架（Services Framework），以及上层的两类应用模板——传统的 Windows 应用程序模板（Win Forms）和基于 ASP.NET 的面向 Web 的网络应用程序模板（Web Forms 和 Web Services）。

一、ASP.NET 的技术特点

ASP.NET 是微软公司继 ASP 之后推出的一种 Internet 编程技术。它不是对 ASP 在一般意义上的版本更新，而是一门全新的技术，是对 ASP 如何提供动态 Web 开发环境的跳跃性发展。它是几乎完全基于组件和模块化的。用户使用的每一个页面、部件和 HTML 单元都是一个运行时间的组件对象。ASP.NET 的面向对象的功能使开发人员通过创建新组件或继承基础类，调整它们的属性方法和事件，就可以为整个环境提供移植性，建立业务解决方案。这使得 Web 应用的开发变得更加简单、方便、灵活。

ASP.NET 可以使用多种语言（如 C#、Javascript.NET、COBOL．NET、VB.NET等）来编写，可以运行在基于 Microsoft.NET 框架的任何操作系统上。与以前的语言（如 ASP、JSP、PHI）等 Web 程序开发工具相比较，ASP.NET 使得代码更简洁、易于编写，不仅提高了重用性和共享性，还提高了可调度性、可测量性、安全性和可靠性等。同时，其强大类库、丰富的函数，也使得程序开发效率大幅度提高。

ASP.NET 是一种建立在通用语言上的程序构架，能被用于一台 Web 服务器来建立强大的 Web 应用程序。ASP.NET 提供许多比现在的 Web 开发模式强大的优势。

1. 执行效率的大幅提高

ASP.NET 是把基于通用语言的程序在服务器上运行。不像以前的 ASP 即时解释程序，而是将程序在服务器端首次运行时进行编译，这样的执行效果，当然比逐条解释强很多。

2. 世界级的工具支持

ASP.NET 构架可以用 Microsoft（R）公司最新的产品 Visual Studio.net 开发环境进行开发，用 WYSIWYG（What You See Is What You Get，所见即为所得）进行编辑。这些仅是 ASP.NET 强大化软件支持的一小部分。

3. 强大性和适应性

因为 ASP.NET 是基于通用语言的编译运行的程序，所以它的强大性和适应性，可以使它运行在 Web 应用软件开发者的几乎全部的平台上（笔者到现在为止只知道它只能用在 Windows 2000 Server 上）。通用语言的基本库、消息机制、数据接口的处理都能无缝整合到 ASP.NET 的 Web 应用中。ASP.NET 同时也是 language-independent 语言独立化的，所以可以选择一种最适合自己的语言来编写程序，或者把程序用很多种语言来写，现在已经支持的有 C#（C++和 Java 的结合体）、VB、Jscript。将来，这样的多种程序语言协同工作的能力可保护现在的基于 COM+开发的程序，能够完整地移植向 ASP.NET。

4. 简单性和易学性

ASP.NET 如运行一些很平常的任务，如表单的提交客户端的身份验证、分布系统和网站配置等，可使这些工作变得非常简单。例如 ASP.NET 页面构架允许你建立自己的用户分界面，使其不同于常见的 VB-Like 界面。另外，通用语言简化开发使把代码结合成软件的工作简单得就像装配电脑。

5. 高效可管理性

ASP.NET 是使用一种字符基础的、分级的配置系统，可使服务器环境和应用程序的设置更加简单。因为配置信息都保存在简单文本中，新的设置有可能不需要启动本地的管理员工具就可以实现。这种被称为"Zero Local Administration"的哲学观念使 ASP.NET 的基于应用的开发更加具体和快捷。一个 ASP.NET 的应用程序在一台服务器系统的安装只需要简单地拷贝一些必需的文件，不需要系统的重新启动，一切都变得简单。

6. 多处理器环境的可靠性

ASP.NET 已经被刻意设计成为一种可以用于多处理器的开发工具，它在多处理器的环境下用特殊的无缝连接技术，将很大地提高运行速度。即使现在的 ASP.NET 应用软件是为一个处理器开发的，将来多处理器运行时也不需要任何改变都能提高它们的效能，但现在的 ASP 却做不到这一点。

7. 自定义性和可扩展性

ASP.NET 设计时考虑了让网站开发人员可以在自己的代码中自己定义 "plug-in" 的模块。这与原来的包含关系不同，ASP.NET 可以加入自己定义的任何组件。网站程序的开发变得简单易行。

8. 安全性

基于 Windows 认证技术和每应用程序配置，可以确保用户的原程序是绝对安全的。

二、基于 ASP.NET 的三层设计模型

基于 ASP.NET 技术的 Web 应用程序三层设计模型是一种分层的程序开发设计，层与层之间紧密联系却又相互独立，这使得程序的结构非常简洁清晰，有助于程序维护的顺利进行。当然，在实际开发中，还需对这三层结构进行明确划分，且符合实际情况。

ASP.NET 技术是当前微软系统应用平台的一项重要技术，为传统 Web 注入新鲜血液，表现出极强的生命力和活力。由于其是微软应用平台的技术，故能使用.NET Framework 所提供的全部功能，包括动态编译、类型安全等。同时，ASP.NET 技术还打破了传统程序开发不能支持强类型语言编写的局限性，有助于面向对象编程的程序开发。当然，ASP.NET 技术也有一些缺陷，比如采用脚本语言编写控制逻辑，并将其融入 HTML 标记中，使得页面开发比较困难。

（一）分层模型概述

传统应用程序多为两层结构，适用于一些小规模、单一数据库的网络环境。随着应用程序规模的扩大，两层结构设计的缺陷逐渐暴露出来，难以扩展到大型企业广域网或互联网中，且后期维护较困难。在此形势下，基于 ASP.NET 技术的三层设计模型出现，为软件程序的开发注入新的活力和生命力。Web 是一种分布式应用程序，需要通过服务器端的 Web 服务器和客户端的浏览器相互配合，方能实现各种功能，故而其又被称为 B/S 结构。根据 Web 与 ASP.NET 技术的特点，开发出一种应用程序的三层

设计模型，将应用程序结构分成用户界面层、业务逻辑层和数据访问层，三层相互独立又紧密相连。

（二）层模型结构

图 5-5 所示为 Web 应用程序三层设计模型，这三层之间紧密联系、相互作用，各有任务和功能。三层设计模型的结构简单、清晰明了，便于操作；且各层的功能和任务非常明确，层与层之间有明确的对应关系，能有效简化程序开发的工作；各层的功能独立，有助于提高程序开发效率；各层的内聚性好，有利于进行面向对象语言的程序开发。

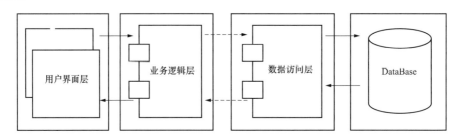

图 5-5　Web 应用程序三层设计模型

1. 用户界面层

用户界面层就是客户浏览器中显示的用户界面，它以一定的方式显示出业务逻辑层发布的动态数据，提供人机交互界面，完成用户与程序的对话。用户界面层通过 HTML 标记和 css 实现动态数据的显示，同时还负责数据的录入、校验工作，并将校验过的数据传输给业务逻辑层。这样，用户界面层就与业务逻辑层形成一种相互关系，但却有自己明确的任务和功能。

2. 业务逻辑层

业务逻辑层是中间层，也是最为关键的一层，它与用户界面层和数据访问层皆有紧密联系，能为用户界面层提供功能调用，为数据访问层提供数据库访问功能。在开发设计中，业务逻辑层根据工程设计的几个对象，实现对整个工程的逻辑控制。从具体任务来说，业务逻辑层的任务是从用户界面层获取数据资料，调用数据访问层的数据资料并实现数据保存，或是将数据传送给用户界面层。同时，该层还担负着与处理器及另外两层交互的数据。

由于业务逻辑层功能实现中主要是实现字段级和业务级的逻辑功能，需要与数据访问层通信，利用数据访问层的数据库访问功能，故而该层的功能表现为：调用数据访问层的功能，为用户界面层提供需要的功能，然后封装业务逻辑程序，便于用户界面层随时通过业务逻辑层来调用功能，避免用户界面层与数据访问层的直接联系。这样使得这三层的相互关系非常明确，便于后期的系统维护和升级改造。某公司利用 vS2010 和 SQLSe"er2008"数据库构建了一个 Web 应用程序三层设计模型。该模型中的业务逻辑层非常简单，起到说明的作用，在 vs2010 中创建一个类 BookBLL，然后在代码中添加 BLLGet-Books 方法，能实现对向导创建的 Books Table Adapters 类型化数据集类的调用。

3. 数据访问层

数据访问层是最为基础的层次，处于三层设计模型的最底层。在 Web 应用程序设计中，页面转换、数据传输等功能的实现都需要数据访问层的支持，实现快捷的操作，并根据需要删除、修改、增加、查询数据库中的一些数据，逐步完善数据库系统。在实际的应用程序中，当业务逻辑层因为某种需要必须更改数据时，数据访问层就会根据其需求对数据库中的数据进行提取和修改，从而确保整个系统的正常稳定运行。简单来说，数据访问层是保证三层设计模型正常运行的基础，同时也是资源消耗最多的一层，它时常需要进行数据库的全面优化和提升，使得该层拥有更多的功能和提高功能的可靠性。在该层设计中，当数据库为 SQL 2008 时，可以利用 Table Adapter 配置向导创建数据访问层，其直接与数据库相连，执行语言查询和存储等任务，并将执行结果填充到 DtaTab1e 中的工具，用类型化数据集的方式进行数据的创建、编辑。在 Web 应用程序开发中，三层设计模型已得到大力推广应用，并创造出良好的效果，大大简化了应用程序的结构，使得各层之间的关系清晰明了，便于后期系统维护和升级，且各层相互独立，大大提高了系统开发效率和质量。

三、ASP.NET 下视图的实现

视图是模型的表示，它提供用户交互界面。使用多个包含单显示页面的用户部件，复杂的 Web 页面可以展示来自多个数据源的内容，并且网页人员、美工能独自参与这些 Web 页面的开发和维护。

在 ASP.NET 下，视图的实现很简单。可以像开发 Windows 界面一样直接在集成开发环境下通过拖动控件来完成页面开发本。每一个页面都采用复合视图的形式，即一个页面由多个子视图（用户部件）组成；子视图可以是最简单的 HTML 控件、服务器控件或多个控件嵌套构成的 Web 自定义控件。模板定义了页面的布局，以及用户部件的标签和数目，用户指定一个模板，平台根据这些信息自动创建页面。针对静态的模板内容，如页面上的站点导航、菜单、友好链接等，这些使用缺省的模板内容配置；针对动态的模板内容（主要是业务内容），由于用户的请求不同，只能使用后期绑定，并且针对用户的不同，对用户部件的显示内容进行过滤。使用由用户部件根据模板配置组成的组合页面，它增强了可重用性，并原型化了站点的布局。

视图部分大致处理流程为：首先，页面模板定义了页面的布局，页面配置文件定义视图标签的具体内容（用户部件）；然后，由页面布局策略类初始化并加载页面；每个用户部件根据自己的配置进行初始化，加载校验器并设置参数，以及事件的委托等；用户提交后，通过了表示层的校验，用户部件把数据自动提交给业务实体即模型。

这一部分主要定义了 Web 页面基类 Page Base；页面布局策略类 Page Layout，完成页面布局，用于加载用户部件到页面；用户部件基类 User Control Base 即用户部件框架，用于动态加载检验部件，以及实现用户部件的个性化。为了实现 Web 应用的灵活性，视图部分也用到了许多配置文件，例如配置文件有模板配置、页面配置、路径配置、验证配置等。

四、ASP.NET 下控制器的功能实现

为了能够控制和协调每个用户跨越多个请求的处理，控制机制应该以集中的方式进行管理。因此，为了达到集中管理的目的引入了控制器。应用程序的控制器集中从客户端接收请求（典型情况下是一个运行浏览器的用户），决定执行什么商业逻辑功能，然后将产生下一步用户界面的责任委派给一个适当的视图组件。

用控制器提供一个控制和处理请求的集中入口点，它负责接收、截取并处理用户请求；并将请求委托给分发者类，根据当前状态和业务操作的结果决定向客户呈现的视图。在这一部分主要定义了 HttpReqDispatcher（分发者类）、HttpCapture（请求捕获者类）、Controller（控制器类）等，它们相互配合来完成控制器的功能。请求捕获者类捕获 HTTP 请求并转发给控制器类。控制器类是系统中处理所有请求的最初入口点，控制器完成一些必要的处理后把请求委托给分发者类；分发者类分发者负责视图的管理和导航，它管理将选择哪个视图提供给用户，并提供给分发资源控制。在这一部分分别采用了分发者、策略、工厂方法、适配器等设计模式。

为了使请求捕获者类自动捕获用户请求并进行处理，ASP.NET 提供低级别的请求/响应 API，使开发人员能够使用.NET 框架类为传入的 HTTP 请求提供服务。为此，必须创作支持 System.Web.IHTTPHandler 接口和实现 ProcessRequest（）方法的类，即请求捕获者类，并在 Web.config 的＜httphandlers＞节中添加类。ASP.NET 收到的每个传入 HTTP 请求最终由实现 IHTTPHandler 的类的特定实例来处理。IHttpHandlerFactory 提供了处理 IHttpHandler 实例 URL 请求的实际解析的结构。HTTP 处理程序和工厂在 ASP.NET 配置中声明为 Web.config 文件的一部分。ASP.NET 定义了一个＜httphandlers＞

配置节，在其中可以添加和移除处理程序和工厂。子目录继承 HttpHandlerFactory 和 HttpHandler 的设置。HTTP 处理程序和工厂是 ASP.NET 页框架的主体。工厂将每个请求分配给一个处理程序，后者处理一个完备的计算机网络包括硬、软两大环境。

五、ASP.NET 与 ASP 的区别

1. 开发语言

ASP 使用脚本语言进行开发，用户给 Web 页中添加 ASP 代码的方法与客户端脚本中添加代码的方法相同，导致代码杂乱。

ASP.NET 允许用户选择并使用功能完善的 strongly-type 编程语言，也允许使用潜力巨大的.NET Framework。

2. 运行机制

ASP 是解释运行的编程框架，所以执行效率加较低。ASP.NET 是编译性的编程框架，运行是服务器上编译好的公共语言运行时库代码，可以利用早期绑定，实施编译来提高效率。

3. 开发方式

ASP 把界面设计和程序设计混在一起，维护和重用困难。ASP.NET 把界面设计和程序设计以不同的文件分离开，复用性和维护性得到了提高。

六、ASP.NET 与 HTML 的区别

1. 连接服务器

ASP.NET 是动态页面，HTML 是静态页面。

ASP.NET 可以使用服务器控件连接服务器，HTML 则没有。所以 HTML 的速度也就比较快。

2. 内置对象

（1）Request。用于检索从浏览器向服务器发送的请求，表现在对表单的提交操作上：如果用的是 post，就用 request 接收表单中的数据；如果用的是 get，就用 querystring 接收。

（2）Response。用于将数据从服务器发送回到浏览器，表现在页面显示上：write 方法直接向客户端发送字符串信息，而 redirect 方法是直接向某个网页跳转。

（3）Application。对象在实际网络开发中的用途就是记录整个网络的信息，可被应用程序中的任何页面访问和改变。具体表现在上网人数的动态变化等。

（4）Session。Session 为每个用户的会话存储信息，Session 中信息只能被用户自己使用，而不能被网站的其他用户使用。当程序需要为某个客户端的请求创建一个

Session 时，服务器检索是否包含 Session 标识，如果有就使用，没有就创建，在该次响应后返回给客户端，保存采用 Cookie。

（5）Server。提供对服务器上的方法和属性进行的访问，获取当前请求的内部服务信息。

（6）Cookie。为 Web 应用程序保存用户的相关信息，它能够将少量数据存储到客户端的内存当中。具体表现在是否允许网站记住密码。

第四节　WebAPI　技　术

一、WebAPI 简介

API（Application Programming Interface，应用程序编程接口）是一些预先定义的接口，目的是提供应用程序与开发人员基于某软件或硬件得以访问一组例程的能力，而又无需访问源码，或理解内部工作机制的细节。

操作系统想了一个很好的办法，它预先把这些复杂的操作写在一个函数里，编译成一个组件（一般是动态链接库），随操作系统一起发布，并配上说明文档，程序员只需要简单地调用这些函数就可以完成复杂的工作，让编程变得简单高效。这些封装好的函数就叫做 API，即应用程序编程接口。

WebAPI 是一种用来开发系统间接口、设备接口 API 的技术，基于 HTTP 协议，请求和返回格式结果默认是 json 格式。比 WCF 更简单、更通用，比 WebService 更节省流量、更简洁。

WebAPI 是一种具有 RESTI 架构风格的应用接口框架，利用 HTTP 协议的特征（如缓存、代理、安全、头信息扩展）和方法（GET/PUT/POST/DELETE）来抽象所有 Web 的服务能力。相较于基于 Soap 协议的 WebService 更轻量级、实现和配置更简单，能够构建更广泛的客户端（包括浏览器、手机和平板电脑等移动设备）服务。

ASP.NET WebAPI 是基于 .NET Framework Aspnet 上的，同时借用了 ASP.NET MVC 的理念，便于 ASP.NET 开发者接受和使用，是构建 RESTful 应用的理想平台。微软从 ASP.NET WC 4 开始引入 WebAPI，如今已升级到 WebAPI2.2（需 .NET Framework 4.5 版本以上支持）。考虑到兼容性，本书所述 ASP.NET WebAPI 基于 .NET Framework 4.0，并简称 WebAPI。下面将以一个会议登记 APP 的开发为例，说明实现 weX5 调用 WebAPI 与后端交互及跨域认证的方法。

ASP.NET Web API 是在 .NET Framework 之上构建的 Web 的 API 的框架，ASP.NET

WebAPI 是一个编程接口，用于操作可通过标准 HTTP 方法和标头访问的系统。ASP.NET WebAPI 可提供各种 HTTP 客户端使用，可以使用 Web 基础设施提供的服务。ASP.NET WebAPI 具有以下的几个特点：

（1）可供多种客户端使用。

（2）支持标准的 HTTP 方法。

（3）支持浏览器友好的格式（支持浏览器以及任何其他 HTTP 客户端容易支持的格式，例如 json、xml 等数据格式）。

（4）支持浏览器友好的认证方式。

（一）功能简介

（1）支持基于 Http verb（GET、POST、PUT、DELETE）的 CRUD（create、retrieve、update、delete）操作。

（2）通过不同的 HTTP 动作表达不同的含义，这样就不需要暴露多个 API 来支持这些基本操作。

（3）请求的回复通过 Http Status Code 表达不同含义，并且客户端可以通过 Accept header 来与服务器协商格式，例如可以选择服务器返回是 JSON 格式还是 XML 格式。

（4）请求的回复格式支持 JSON 和 XML，并且可以扩展添加其他格式。

（5）原生支持 OData。

（6）支持 Self-host 或者 IIS host。

（7）支持大多数 MVC 功能，例如 Routing/Controller/Action Result/Filter/Model Builder/IOC Container/Dependency Injection。

（二）WebAPI 与 MVC 的区别

（1）MVC 主要用来构建网站，既关心数据也关心页面展示，而 WebAPI 只关注数据。

（2）WebAPI 支持格式协商，客户端可以通过 Accept header 通知服务器自己期望的格式。

（3）WebAPI 支持 Self Host，MVC 目前不支持。

（4）WebAPI 通过不同的 http verb 表达不同的动作（CRUD），MVC 则通过 Action 名字表达动作。

（5）WebAPI 内建于 ASP.NET System.Web.Http 命名空间下，MVC 位于 System.Web.Mvc 命名空间下，因此 model binding/filter/routing 等功能有所不同。

（6）最后，WebAPI 非常适合构建移动客户端服务。

（三）WebAPI 与 WCF 的区别

发布服务在 WebAPI 和 WCF 之间该如何取舍，可参照下列简单的判断规则：

（1）如果服务需要支持 One Way Messaging/Message Queue/Duplex Communication，选择 WCF。

（2）如果服务需要在 TCP/Named Pipes/UDP （wcf 4.5），选择 WCF。

（3）如果服务需要在 HTTP 协议上，并且希望利用 HTTP 协议的各种功能，选择 WebAPI。

（4）如果服务需要被各种客户端（特别是移动客户端）调用，选择 WebAPI。

二、**WebAPI 的特点**

ASP.NET WebAPI（简称 WebAPI）是一个开源的、理想的、构建 REST-ful 服务的技术，是一个轻量级的框架，并且对智能手机等限制带宽的设备支持得很好。利用 HTTP 作为应用层协议的特征，也支持 MVC 特征，像路由器、控制器、action、filter、模型绑定、控制反转或依赖注入、单元测试等。HTTP 请求除利用 URI 目标资源外，还需要通过 HTTP 方法指名 GET、POST、PUT、DELETE 等方法来 Request 或 Response 请求或返回媒体类型，可以用 XML 格式来表示，也可以用 JSON 格式来表示。基于 REST-ful 架构 WebAPI 的优点为：通用、轻量级、灵活、优化的情况下，性能更有优势，能够直接利用 HTTP 的动态网页技术开发接口与功能，对交互数据格式没有明确的规定，使得其可以更好地使用在特定的软件运行平台。

ASP.NET WebAPI 是基于.NET Framework 的同时借用了 ASP.NET MVC 设计理念，便于.NET 开发者接受和使用，是构建 RESTFul 应用的最佳平台。微软从 ASP.NET MVC4 开始引入 Web API，如今已经升级到 WebAPI 2.2 版本。

三、**WeX5 框架**

WeX5 是目前最流行的移动应用开发框架之一，能开发跨平台（可打包为苹果、安卓）的 Native App 和 WebApp （包括微信应用公众号）等应用，其免费、开源的特性得到了众多移动应用开发者的青睐。WeX5 前端采用 HTM L+ css + JS 标准，使用 AMD 规范的 requirejs、bootstrap、jquery 等技术；Native APP 基于 phonegap（cordova）采用混合应用（hybrid app）开发模式；支持包括 Java、PHI 和.NET、云 API 等多种类型的后端。

WeX5 提供了一套基于.NET 的服务端访问工具 Baas for .NET 实现与后端服务的交互，并在 WeX5-V3.3 以后基于.NET Framework 4.6 利用 WebService 进行了功能封装，实现了与后端服务交互的可视化编程。但封装后 Baas for .NET 并没有完整的后端服务调用身份认证机制，其兼容性和扩展性也不理想。鉴于此，将探讨 WeX5 调用 WebAPI 实现与后端服务交互和跨域认证的一整套解决方案。

四、基于 WebAPI 前后端完全分离的开发模式

传统的 WebForm 等开发模式中，由于 Web 前端工程师大多不了解后台逻辑、数据库操作，Web 后端工程师对前端页面布局、美工设计也知之甚少，导致开发效率降低。WebAPI 恰好解决了这个问题，其将后台业务逻辑与前端美工设计完全分离，通过 API 的形式进行数据交互。前端应用数据时只需调用接口即可，完全不必考虑后端逻辑；后端亦不必考虑前端的页面布局，大大提升了开发效率。WebAPI 具有强大的复用性，不同项目之间有时可以调用相同的 API 达到目的。

1. 后台框架搭建

使用 WebAPI 进行软件开发需要搭建一个框架，在此使用 WebAPI+Swagger+EF+MVC 的模式进行论述。生成 WebAPI 项目后，通过 NuGet 将 Swagger 引入到项目中。由于 Swagger 无法自动获取项目 xml 文件的位置，进而无法获取控制器的注释信息，因此需要在/App_Start/SwaggerConfig.cs 文件中设置 xml 文件的路径。

2. 前端框架搭建

WebAPI 具有前后端分离的特性，前后端框架可以同时由不同的人进行搭建。前端可以与后端 API 共用一个项目，将个人文件都放在 View 文件夹中。亦可以单独创建一个项目，但如果单独创建项目，即使两个项目共用一个服务器，也会由于端口号不通导致跨域请求问题。面对跨域问题，通常可以使用 JSONP 或 CORS 的方式解决。

3. 技术难点与实用技巧

由于 WebAPI 是一门新兴技术，使用过程中必然会出现许多技术问题，但也存在很多实用技巧。

（1）前端难点。网站开发中，经常会遇到表格页面，通常选择 bootstraptable。但是，基于 WebAPI 前后端完全分离的软件开发模式中，bootstrap-table 自带的查询功能可能无法传输过于复杂的数据。因此，开发者需通过 ajax 等方式获取数据，并将数据传输至 bootstrap-table。

（2）后端难点。在默认情况下，同一个控制器中可通过请求的方式选择动作。如果项目中的动作很多，且开发者不想在动作命名上受到约束，则需要通过手工配置路由的方式，让外部请求正确递交给相应的动作。

五、总结分析

就是给前端提供数据的框架，不管其他任何事情，如界面、业务、逻辑等，有 Restful

格式的数据提供方式：

（1）Post（增）提交数据。

（2）Get（查）得到数据。

（3）Put（改）推送数据。

（4）Delete（删）删除数据。

应注意，在一些情况下 Post 也算在增删改里面。

第五节　Vue.js　技　术

一、Vue 概述

Vue 是一个用来开发 Web 界面的前端框架，是个轻量级的工具，它提供了现代 Web 开发中常见的高级功能（如逻辑视图与数据、可复用的组件、前端路由、状态管理、虚拟 DOM 等）。

（1）MVVM 模式：简称"模型-视图-视图模型（Model-View-ViewModel）"。

1）模型。指后端传递的数据（如对象、数组等）。

2）视图。指 HTML 页面（如页面视图）。

3）视图模型。是 MVVM 模式的核心，是连接 View 和 Model 的桥梁（如 Vue 实例化对象）。

MVVM 有下列两个方向：

1）将"模型"转化成"视图"。即将后端传递的数据转化成所看到的页面，实现方式为数据绑定。

2）将"视图"转化为"模型"。即将所看到的页面转化成后端的数据，实现方式——DOM 事件监听。

如果这两个方向都实现，则称之为"数据的双向绑定"。

（2）在 MVVM 的框架中，视图和模型是不能直接通信的，它们通过 ViewModel 来通信，流程图见图 5-6。

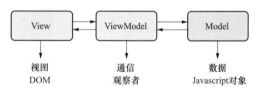

图 5-6　MVVM 框架通信流程

二、Vue 的定义

Vue 是一款友好的、多用途且高性能的 JavaScript 框架，它能够帮助用户创建"可维护性"和"可测试性更强"的代码库。

（1）Vue 是一个渐进式的 JavaScript 框架。渐进式的意义及体现如下：

1）用户可以一步一步、有阶段性地使用 Vue。

2）若已有一个服务端应用，可将 Vue 作为该应用的一部分嵌入其中，进而使交互体验更丰富。

3）如果希望将更多业务逻辑放在前端来实现，则 Vue 的核心库和其生态系统可满足用户的各种需求（如 Vue 允许用户将一个网分割成可复用的组件，且每个组件都可以通过样式来渲染网页的各个部分）。

4）若用户构建一个大型的应用，可能需要将其分割成各自的组件和文件，Vue 有一个命令行工具，可简化一个快速初始化真实的工程。

（2）Vue 本身具有响应式编程和组件化的特点。

1）响应式。即"为保持状态和视图的同步"，又称为"数据绑定"，在声明实例 new Vue（{data：data}）后自动对 data 里的数据进行了视图上的绑定。修改 data 的数据，视图中对应数据也会随之更改。

2）组件化。Vue 组件化的理念是"一切都是组件"，Vue 可以将任意封装好的代码注册成标签［如 Vue.component（'example'，Example），可以在模块中调用］，如果组件设计合理，在很大程度上能减少重复开发。而且配合 Vue 的插件 vue-loader，可以将一个组件的 CSS、HTML 和 JavaScript 都写在一个文件里，做到模块化开发（当 Vue 与 vue-router 和 vue-resourse 插件配合使用，满足开发单页面应用的基本条件，可"支持路由和异步请求"）。

（3）Vue.Js 的开发模式。

Vue 是基于 MVVM 模式实现的一套框架，MVVM 模式分离视图和数据，通过自动化脚本实现自动化关联，ViewModel 搭起了视图与数据的桥梁，同时在 ViewModel 里进行交互及逻辑处理。

MVVM 模式的优势如下：

1）低耦合。将 View 和 Model 分离，当两者其中一个发生变更时，另外一个不会受到影响。

2）重用性。View、ViewModel 和 Model 三者都可以进行重用，可提高开发效率。

3）HTML 模块化。修改模板不影响逻辑和数据，模板可直接调试。

4）数据自动处理。Model 实现了标准的数据处理封装（如筛选、排序等）。

5）双向绑定。通过 DOM 和 Model 双向绑定使数据更新自动化，可缩短开发时间。

三、技术分析背景及意义

科学技术飞速发展，带动了整个互联网行业的发展，其中移动互联网呈井喷式发展。移动智能设备的风靡，产生了大量 WebApp。WebApp 需要展示 H5 页面酷炫的效果，还需要展示大量页面信息，更需要有多种交互操作。如果沿用传统的开发模式，则会有一定的困难，所以在这样的需求下，基于浏览器开发的前端技术进入了快速发展阶段，新思想的应用框架与应用工具不断涌现。

Vue 作为前端开发框架，利用 MVVM 模式和组件化的思想去组织代码，其轻量级、简单易学、运行速度快等特点得到了广大开发者的认可。同时 Vue 是一套用于构建用户界面的渐进式框架，被设计为可以自底向上逐层应用，他的核心库只关注视图层，不仅易于上手，还便于与第三方库或既有项目整合。另一方面，当与现代化的工具链及各种支持类库结合使用时，Vue 也完全能够为复杂的单页应用提供驱动。

四、Vue 工作原理

Vue 的工作原理也是其核心功能，主要是响应数据绑定与组件系统。

（一）工作原理分析

1. 初始化

在 new Vue（）时会调用_init（）进行初始化，会初始化各种实例方法、全局方法，执行一些生命周期、初始化 props、data 等状态。其中最重要的是 data 的"响应化"处理。初始化之后调用 $mount 挂载组件，主要执行编译和首次更新。

2. 编译

编译模块分为下列三个阶段：

（1）parse。使用正则解析 template 中的 vue 的指令（v-xxx）变量等，形成抽象语法树 AST。

（2）optimize。标记一些静态节点，用作后面的性能优化，在 diff 时直接略过。

（3）generate。把第一部分生成的 AST 转化为渲染函数 render function。

3. 虚拟 dom

Virtual DOM 是 react 首创，Vue2 开始支持，就是用 JavaScript 对象来描述 dom 结构。数据修改时，可先修改虚拟 dom 中的数据，然后数组做 diff，最后再汇总所有的 diff，力求做最少的 dom 操作。

毕竟 js 里对比很快，而真实的 dom 操作太慢。

（二）Vue 的工作原理思路分析

（1）首先使用 Object. defineProperty（）的原理来实现劫持监听所有属性。

（2）每次在页面中使用一个属性就会产生一个 watcher。

（3）而 watcher 是通过 dep 来管理的，相同属性的实例在一个 dep 中统一管理。

（4）当其中一个属性变化时会通知 dep 变化，再通知 dep 中管理的对应的 watcher 进行变化。

（三）数据绑定

数据绑定有单向数据绑定与双向数据绑定的区别。双向数据绑定是在单向绑定的基础上给可输入元素（input、textare 等）添加了 change（input）事件，来动态修改 model 和 view。现在大多数前端框架实现数据绑定的方式大概有三种，即发布者-订阅者模式、脏值检查、数据劫持。Vue 是通过 Object．defineProperty（）来劫持各个属性的 setter 和 getter，在数据变动时发布消息给订阅者，触发相应的监听回调，也就是数据劫持。传统的模式是通过 Ajax 请求从 model 请求数据，然后手动触发 DOM 传入数据修改页面。Vue 是当 model 里的数据发生变化时，就会调用内部指令去修改 DOM。同时也通过对视图 view 的监听，实现 model 的改变，以及数据的双向绑定。

（四）组件系统

Vue 组件系统实现了扩展 HTML 元素，封装可用的代码。页面上每个独立的可视、可交互区域视为一个组件；每个组件对应一个工程目录，组件所需要的各种资源在这个目录下就近维护；页面只是组件的容器，组件可以嵌套自由组合形成完整的页面。

组件系统的整体内容主要是以下几点：

（1）创建和注册组件。父页面要确保在初始化根实例之前注册了组件。props 传递数据，父组件叮以通过 props 把数据传给子组件。

（2）父子组件的通信，子组件可以用 this.$parent 访问它的父组件。

（3）动态组件、多个组件可以使用同一个挂载点，然后动态地在它们之间切换。如果把切换出去的组件保留在内存中，则可以保留其状态或避免重新渲染。为此可以添加一个 keep-alive 指令参数。

五、Vue 对比其他框架

（一）Vue.js 与 React 对比

1. 相同点

React 采用特殊的 JSX 语法，Vue.js 在组件开发中也推崇编写.vue 特殊文件格式，对文件内容都有一些约定，两者都需要编译后使用。组件化与组件实例之间可以嵌套。都提供合理的钩子函数，可以让开发者定制化地去处理需求。都不内置列数 AJAX、Route 等功能到核心包，而是以插件的方式加载。在组件开发中都支持 mixins

的特性。

2. 不同点

React 依赖 Virtual DOM，而 Vue.js 使用的是 DOM 模板。React 采用的 Virtual DOM 会对渲染出来的结果做脏检查。Vue.js 在模板中提供了指令、过滤器等，可以非常方便、快捷地操作 DOM。

3. 性能简介

（1）渲染性能。在渲染用户界面时，DOM 操作成本是最高的，而且没有库可以让这些原始操作变得更快。

（2）能做到的最好效果如下：

1）尽量减少 DOM 操作。Vue 和 React 都使用虚拟 DOM 来实现，并且两者工作的效果一样好。

2）尽量减少除 DOM 操作以外的其他操作。这是 Vue 和 React 所不同的地方。

在 React 中，设定渲染一个元素的额外开销是 1，而平均渲染一个组件的开销是 2。那么在 Vue 中，一个元素的开销更像是 0.1，但是平均组件的开销将会是 4，这是由于我们需要设定响应系统所导致的。

这意味着在典型的应用中，由于需要渲染的元素比组件的数量是更多的，所以 Vue 的性能表现将会远优于 React。然而在极端情况下，比如每个组件只渲染一个元素，Vue 通常就会更慢一些。当然接下来还有其他原因。

Vue 和 React 也提供功能性组件，这些组件因为都是没有声明、没有实例化的，因此会花费更少的开销。当这些都用于关键性能的场景时，Vue 将会更快。为了证明这点，可建立一个简单的参照项目，负责渲染 10000 个列表项 100 次。然而在实际上，由于浏览器与硬件的差异甚至 JavaScript 引擎的不同，结果都会相应有所不同。

4. 更新性能

在 React 中，你需要在每一处都去实现 shouldComponentUpdate，并且用不可变数据结构才能实现最优化的渲染。在 Vue 中，组件的依赖被自动追踪，所以当这些依赖项变动时，它才会更新。唯一需要注意的可能需要进一步优化的一点是在长列表中，需要在每项上添加一个 key 属性。

这意味着未经优化的 Vue 相比未经优化的 React 要快得多。由于 Vue 改进过渲染性能，甚至全面优化过的 React 通常也会慢于开箱即用的 Vue。

5. 开发情况

显然，在生产环境中的性能是至关重要的，目前为止我们所具体讨论的便是针对此环境。但开发过程中的表现也不容小视。用 Vue 和 React 开发大多数应用的速度都是足够快的。

然而，假如要开发一个对性能要求比较高的数据可视化或者动画的应用，则需要了解到：在开发中，Vue 每秒最高处理 10 帧，而 React 每秒最高处理不到 1 帧。

这是由于 React 有大量的检查机制，这会让它提供许多有用的警告和错误提示信息。我们同样认为这些是很重要的，但是在实现这些检查时，也更加密切地关注了性能方面。

6. HTML 和 CSS

在 React 中，HTML 和 CSS 都是 JavaScript 编写的，听起来这十分简单清晰，然而 JavaScript 内的 HTML 和 CSS 会产生很多痛点。在 Vue 中则采用 Web 技术并在其上进行扩展。

7. JSX 对比 Templates

在 React 中，所有组件的渲染功能都依靠 JSX。JSX 是使用 XML 语法编写 Javascript 的一种语法糖。

JSX 的渲染功能有下列优势：

（1）可以使用完整的编程语言 JavaScript 功能来构建视图页面。

（2）工具对 JSX 的支持相比现有可用的其他 Vue 模板还是比较先进的（比如 linting、类型检查、编辑器的自动完成）。

（3）在 Vue 中，由于有时需要用这些功能，所以也提供了渲染功能且支持 JSX。然而对于大多数组件来说，渲染功能是不推荐使用的。

优点如下：

（1）在写模板的过程中，样式风格已定并涉及更少的功能实现。

（2）模板总是会被声明的。

（3）模板中任何 HTML 语法都是有效的。

（4）阅读起来更贴合英语（比如 for each item in items）。

（5）不需要高级版本的 JavaScript 语法，来增加可读性。

8. CSS 的组件作用域

除非把组件分布在多个文件上（例如 CSS Modules），否则在 React 中作用域内的 CSS 就会产生警告。非常简单的 CSS 还可工作，但是稍微复杂的（如悬停状态、媒体查询、伪类选择符等）则或者通过沉重的依赖来重做，或者直接无法使用。而 Vue 可以让用户在每个单文件组件中完全访问 CSS。

9. 规模

（1）向上扩展。Vue 和 React 都提供了强大的路由来应对大型应用。React 社区在状态管理方面非常有创新精神（如 Flux、Redux），而这些状态管理模式甚至 Redux 本身也可以非常容易地集成在 Vue 应用中。实际上，Vue 更进一步地采用了这种模式（Vuex），更加深入集成 Vue 的状态管理解决方案 Vuex，能带来更好的开发体验。

两者另一个重要差异是 Vue 的路由库和状态管理库都是由官方维护支持且与核心库同步更新的；React 则是选择把这些问题交给社区维护，因此创建了一个更分散的生态系统。但相对的，React 的生态系统相比 Vue 则更加繁荣。

最后，Vue 提供了 Vue-cli 脚手架，能让用户非常容易地构建项目，包含了 Webpack、Browserify，甚至 no build system。React 在这方面也提供了 create-react-app，但是现在还存在下列局限性：

1）React 不允许在项目生成时进行任何配置，而 Vue 支持 Yeoman-like 定制。

2）React 只提供一个构建单页面应用的单一模板，而 Vue 提供了各种用途的模板。

3）React 不能用用户自建的模板构建项目，而自建模板对企业环境下预先建立协议是非常有用的。

需要注意的是这些限制是故意设计的，可体现其优势。例如，如果项目需求非常简单，就不需要自定义生成过程，则能将其作为一个依赖来更新。

（2）向下扩展。React 学习曲线陡峭，在开始学习 React 前，你需要知道 JSX 和 ES2015，因为许多示例用的是这些语法。还需要学习构建系统，虽然在技术上可以用 Babel 来实时编译代码，但是这并不推荐用于生产环境。就像 Vue 向上扩展类似于 React 一样，Vue 向下扩展后就类似于 jQuery。

10. 本地渲染

ReactNative 能使用户用相同的组件模型编写有本地渲染能力的 APP（IOS 和 Android）。能同时跨多平台开发，对开发者是有利的。相应地，Vue 和 Weex 会进行官方合作，Weex 是阿里巴巴公司的跨平台用户界面开发框架，Weex 的 JavaScript 框架运行时用的就是 Vue。这意味着在 Weex 的帮助下，使用 Vue 语法开发的组件不仅仅可以运行在浏览器端，还能被用于开发 IOS 和 Android 上的原生应用。

现在 Weex 还在积极发展，成熟度也不能与 ReactNative 相抗衡。但是 Weex 的发展是由世界上最大的电子商务企业的需求在驱动，Vue 团队也会和 Weex 团队积极合作，确保为开发者带来良好的开发体验。

11．Mobx

Mobx 在 React 社区很流行，实际上在 Vue 也采用了几乎相同的反应系统。在有限程度上，React + Mobx 也可以被认为是更繁琐的 Vue，所以如果习惯组合使用它们，则选择 Vue 会更合理。

12．Angular 1

Vue 的一些语法与 Angular 很相似（例如 v-if vs ng-if），因为 Angular 是 Vue 早期开发的灵感来源。而 Augular 中存在的许多问题，在 Vue 中已经得到解决。

13．复杂性

在 API 与设计两方面上 Vue.js 都比 Angular 1 简单得多，因此用户可以快速地掌握它的全部特性并投入开发。

14．灵活性和模块化

Vue.js 是一个更加灵活开放的解决方案。它允许用户以希望的方式组织应用程序，而不是在任何时候都必须遵循 Angular 1 制定的规则，这让 Vue 能适用于各种项目。

这就是提供 Webpack template 给用户，让用户可以用几分钟去选择是否启用高级特性，比如热模块加载、linting、CSS 提取等。

15．数据绑定

Angular 1 使用双向绑定，Vue 在不同组件间强制使用单向数据流。这使应用中的数据流更加清晰易懂。

16．指令与组件

在 Vue 中指令和组件分得更清晰。指令只封装 DOM 操作，而组件代表一个自给自足的独立单元，有自己的视图和数据逻辑。在 Angular 中两者有不少相混的地方。

17．性能

Vue 有更好的性能，并且非常容易优化，因为它不使用脏检查。

在 Angular 1 中，当 watcher 越来越多时会变得越来越慢，因为作用域内的每一次变化，所有 watcher 都要重新计算。并且如果一些 watcher 触发另一个更新，脏检查循环（digest cycle）可能要运行多次。Angular 用户常常要使用深奥的技术，以解决脏检查循环的问题。有时没有简单的办法来优化有大量 watcher 的作用域。

Vue 则根本没有这个问题，因为它使用基于依赖追踪的观察系统并且异步队列更新，所有的数据变化都是独立触发的，除非它们之间有明确的依赖关系。

有意思的是，Angular 2 和 Vue 用相似的设计解决了一些 Angular 1 中存在的问题。

18. Angular 2

我们单独将 Augluar 2 作分类，因为它完全是一个全新的框架。例如它具有优秀的组件系统，并且许多实现已经完全重写，API 也完全改变了。

19. TypeScript

Angular 1 面向的是较小的应用程序，Angular 2 已转移焦点，面向的是大型企业应用。在这一点上 TypeScript 经常会被引用，它对那些喜欢用 Java 或 C#等类型安全语言的人是非常有用的。

Vue 也十分适合制作企业应用，用户也可以通过使用官方类型或用户贡献的装饰器来支持 TypeScript，这完全是自由可选的。

20. 大小和性能

在性能方面，这两个框架都非常快。但目前尚没有足够的数据用例来具体展示。如果一定要量化这些数据，则可以查看第三方参照，它表明 Vue 2 相比 Angular 2 是更快的。

在大小方面，虽然 Angular 2 使用 tree-shaking 和离线编译技术使代码体积减小了许多，但包含编译器和全部功能的 Vue2（23kb）相比 Angular 2（50kb）还是要小得多。但是要注意，用 Angular 2 的 App 的体积缩减是使用了 tree-shaking 移除了那些框架中没有用到的功能，但随着功能引入的不断增多，尺寸会变得越来越大。

21. 灵活性

Vue 相比于 Angular 2 则更加灵活，Vue 官方提供了构建工具来协助用户构建项目，但并不限制如何构建。有人可能喜欢用统一的方式来构建，也有很多开发者喜欢这种灵活自由的方式。

22. 学习曲线

开始使用 Vue，用户使用的是熟悉的 HTML，以及符合 ES5 规则的 JavaScript（也就是纯 JavaScript）。有了这些基本的技能，用户可以快速地掌握它（指南）并投入开发。

Angular 2 的学习曲线是非常陡峭的。即使不包括 TypeScript，它的开始指南中所用的就有 ES2015 标准的 JavaScript、18 个 NPM 依赖包、4 个文件和超过 3000 多字的介绍，这一切都仅是为了完成 "Hello World"。而 Vue's Hello World 就非常简单，甚至并不用花费一整个页面去介绍它。

23. Ember

Ember 是一个全能框架。它提供了大量的约定，一旦你熟悉了它们，开发会变得很高效。不过这也意味着学习曲线较高，而且并不灵活。这意味着在框架和库（加上一系列松散耦合的工具）之间做权衡选择。后者会更自由，但是也要求做更多架构上的决定。

也就是说，我们最好比较的是 Vue 内核和 Ember 的模板与数据模型层。Vue 在普通 JavaScript 对象上建立响应，提供自动化的计算属性；在 Ember 中则需要将所有东西放在 Ember 对象内，并且手工为计算属性声明依赖。

Vue 的模板语法可以用全功能的 JavaScript 表达式，而 Handlebars 的语法和帮助函数相比来说非常受限。

在性能上，Vue 相比 Ember 要强很多。Vue 能够自动批量更新，而 Ember 在关键性能场景时需要手动管理。

24. Knockout

Knockout 是 MVVM 领域内的先驱，并且追踪依赖。它的响应系统也与 Vue 很相似。它在浏览器支持及其他方面的表现也让人印象深刻，最低能支持到 IE6，而 Vue 最低只能支持到 IE9。

随着时间的推移，Knockout 的发展已有所放缓，并且略显老旧。比如它的组件系统缺少完备的生命周期事件方法，尽管这些在现在是非常常见的。并且相比于 Vue 调用子组件的接口，Knockout 的方法显得有点笨重。

如果继续研究，还会发现二者在接口设计的理念上是不同的，这可以通过各自创建的 simple Todo List 体现出来。很多人认为 Vue 的 API 接口更简单，结构也更合理。

25. Polymer

Polymer 是另一个由谷歌公司赞助的项目，事实上也是 Vue 的一个灵感来源。Vue 的组件可以粗略地类比于 Polymer 的自定义元素，并且两者具有相似的开发风格。最大的不同之处在于，Polymer 基于最新版的 Web Components 标准之上，并且需要重量级的 polyfills 来帮助工作（性能下降），浏览器本身并不支持这些功能。相比而言，Vue 在支持到 IE9 的情况下并不需要依赖 polyfills 来工作。

在 Polymer 1.0 版本中，为了弥补性能，团队非常有限地使用数据绑定系统。例如在 Polymer 中唯一支持的表达式只有布尔值否定和单一的方法调用，它的 computed 方法的实现也并不是很灵活。

Polymer 自定义的元素是用 HTML 文件来创建的，这会限制使用 JavaScript/CSS（以及被现代浏览器普遍支持的语言特性）。相比之下，Vue 的单文件组件允许用户非常容易地使用 ES2015 或其他想用的 CSS 预编译处理器。

在部署生产环境时，Polymer 建议使用 HTML Imports 加载所有资源。而这要求服务器和客户端都支持 Http 2.0 协议，并且浏览器实现了此标准。这是否可行取决于目标用户和部署环境。如果状况不佳，则必须用 Vulcanizer 工具来打包 Polymer 元素。而在这方面，Vue 可以结合异步组件的特性和 Webpack 的代码分割特性来实现懒加载（lazy-loaded）。这同时确保了对旧浏览器的兼容且能更快加载。

而 Vue 和 Web Component 标准进行深层次的整合也是完全可行的，比如使用 Custom Elements、Shadow DOM 的样式封装。然而在我们做出严肃的实现承诺之前，我们目前仍在等待相关标准成熟，进而再广泛应用于主流的浏览器中。

26. Riot

Riot 2.0 提供了一个类似于基于组件的开发模型（在 Riot 中称为 Tag），它提供了小巧精美的 API。Riot 和 Vue 在设计理念上有许多相似之处。尽管相比 Riot，Vue 显得重一些，但 Vue 仍有很多显著优势：

（1）根据真实条件来渲染。Riot 根据是否有分支简单显示或隐藏所有内容。

（2）功能更加强大的路由机制。Riot 的路由功能的 API 是极少的。

（3）更多成熟工具的支持。Vue 提供官方支持 Webpack、Browserify 和 SystemJS，而 Riot 是依靠社区来建立集成系统的。

（4）过渡效果系统。Riot 现在还没有提供。

（5）更好的性能。Riot 尽管声称其使用了虚拟 DOM，但实际上用的还是脏检查机制，因此和 Angular 1 有相同的性能问题。

（二）Vue.js 与 AngularJS 对比

1. 相同点

（1）都支持指令。包括内置指令和自定义指令。

（2）都支持过滤器。包括内置过滤器和自定义过滤器。

（3）都支持双向数据绑定。

（4）都不支持低端浏览器。

2. 不同点

（1）AngularJS 的学习成本高，比如增加了 Dependency Injection 特性，而 Vue.js 本身提供的 API 都比较简单、直观。

（2）在性能上，AngularJS 依赖对数据做脏检查，所以 Watcher 越多越慢。Vue.js 使用基于依赖追踪的观察并且使用异步队列更新，所有数据都是独立触发的。对于庞大的应用来说，这个优化差异还是比较明显的。

3. Vue.js 的特点

（1）轻量级的框架。

（2）双向数据绑定。

（3）指令。

（4）模块化。目前最热的方式是在项目中直接使用 ES6 的模块化，结合 Webpack 进行项目打包。

（5）组件化。创造单个 component 后缀为.vue 的文件，包含 template（HTML 代码）、script（ES6 代码）、style（CSS 样式）。

4. angularJS 的特点

（1）数据的双向绑定。view 层的数据和 model 层的数据是双向绑定的，其中之一发生更改，另一方会随之变化，不用写任何代码。

（2）代码模块化。每个模块的代码独立拥有自己的作用域、model、controller 等。

（3）强大的 directive 可以将很多功能封装成 HTML 的 tag（属性或者注释等），这大大美化了 HTML 的结构，增强了可阅读性。

（4）依赖注入。将这种后端语言的设计模式赋予前端代码，这意味着前端的代码可以提高重用性和灵活性，未来的模式可能将大量操作放在客户端，服务端只提供数据来源和其他客户端无法完成的操作。

（5）测试驱动开发。angularJS 一开始就以此为目标，使用 angular 开发的应用可以很容易地进行单元测试和端对端测试，这解决了传统的 JS 代码难以测试和维护的缺陷。

5. Angular

（1）MVVM（Model View View-model）。

（2）模块化（Module）控制器（Contoller）依赖注入。

（3）双向数据绑定。界面的操作能实时反映到数据，数据的变更能实时展现到界面。

（4）指令（ng-click ng-model ng-href ng-src ng-if 等）。

（5）服务 Service（$compile $filter $interval $timeout $http 等）。

其中双向数据绑定的实现使用了$scope 变量的脏值检测，使用$scope.$watch（视图到模型）和$scope.$apply（模型到视图）检测，内部调用的都是 digest，当然也可以直接调用$scope.$digest 进行脏检查。值得注意的是当数据变化十分频繁时，脏检测对浏览器性能的消耗将会很大，官方注明的最大检测脏值为 2000 个数据。

6. Vue

Vue.js 官网是一套构建用户界面的渐进式框架。与其他重量级框架不同的是，Vue 采用自底向上增量开发的设计。Vue 的核心库只关注视图层，并且非常容易学习，非常容易与其他库或已有项目整合。另外，Vue 完全有能力驱动采用单文件组件和 Vue 生态系统支持的库开发的复杂单页应用。

Vue.js 的目标是通过尽可能简单的 API 实现响应的数据绑定和组合的视图组件。

（1）模块化。目前最热的方式是在项目中直接使用 ES6 的模块化，结合 Webpack 进行项目打包。

（2）组件化。创造单个 component 后缀为.vue 的文件，包含 template（HTML 代码）、script（ES6 代码）、style（CSS 样式）。

（3）路由。Vue 非常小巧，压缩后 min 源码为 72.9kB，gzip 压缩后只有 25.11kB，相比 Angular 为 144kB，可以自由搭配使用需要的库插件，类似路由插件（Vue-router）、Ajax 插件（vue-resource）等。

六、总结分析

Vue 的最终目标时间是通过简单的 API 实现响应的数据绑定和组合，其核心是一个响应的数据绑定系统，实现方式为数据驱动、组件化、轻量、简洁、高效、快速等，非常友好。

Vue.js 是一套构建用户界面的渐进式框架，Vue 采用自下向上增量开发的设计，其核心库只关注视图层，易于上手。同时 Vue 完全有能力驱动采用单文件组件和 Vue 生态系统支持的库开发的复杂单页应用。

使用 Vue.js 有效改善传统 Web 开发中，项目以 HTML 结构为基础，然后通过 jquery 或者 js 来添加各种特效功能，但因需求变更会导致复杂的代码变更工作。

第六节　微　服　务　架　构

一、微服务架构介绍

微服务架构（Microservice Architecture）是一种架构概念，旨在通过将功能分解到各个离散的服务中以实现对解决方案的解耦。你可以将其看作是在架构层次而非获取服务的类上应用很多 SOLID 原则。微服务架构是个很有趣的概念，它的主要作用是将功能分解到离散的各个服务当中，从而降低系统的耦合性，并提供更加灵活的服务支持。

（1）概念。把一个大型的单个应用程序和服务拆分为数个甚至数十个支持微服务，它可扩展单个组件而不是整个应用程序堆栈，从而满足服务等级协议。

（2）定义。围绕业务领域组件来创建应用，这些应用可独立地进行开发、管理和迭代。在分散的组件中使用云架构和平台式部署、管理和服务功能，使产品交付变得更加简单。

（3）本质。用一些功能比较明确、业务比较精练的服务去解决更大、更实际的问题。

二、SOA 和微服务的区别

（1）SOA 喜欢重用，微服务喜欢重写。SOA 的主要目的是将企业各个系统更加容易地融合在一起。说到 SOA 就要先解释 ESB（EnterpriseService Bus），可以把 ESB 想象成一个连接所有企业级服务的脚手架。

通过 service broker，可以把不同数据格式或模型转成 canonical 格式，把 XML 的输入转成 CSV 传给 legacy 服务，把 SOAP 1.1 服务转成 SOAP 1.2 等。它还可以把一个服务路由到另一个服务上，也可以集中化管理业务逻辑、规则和验证等。它还有一个重要功能是消息队列和事件驱动的消息传递，比如把 JMS 服务转化成 SOAP 协议。各服务间可能有复杂的依赖关系。

微服务通常由重写一个模块开始。要把整个巨石型的应用重写是有很大风险的，也不一定必要。向微服务迁移时通常从耦合度最低的模块或对扩展性要求最高的模块开始，将其逐个剥离出来用敏捷重写，可以尝试最新的技术、语言和框架，然后单独布署。它通常不依赖其他服务。微服务中常用的 API Gateway 模式的主要目的也不是重用代码，而是减少客户端与服务间的往来。API gateway 模式不等同于 Facade 模式，可以使用如 future 之类的调用，甚至返回不完整数据。

（2）SOA 喜欢水平服务，微服务喜欢垂直服务。SOA 设计喜欢给服务分层（如 Service Layers 模式）。我们常常见到一个 Entity 服务层的设计，称为 Data Access Layer。这种设计要求所有的服务都通过这个 Entity 服务层来获取数据，非常不灵活，比如每次数据层的改动都可能影响到所有业务层的服务。而每个微服务通常有其独立的 data store。我们在拆分数据库时可以适当地做去范式（denormalization），让它不需要依赖其他服务的数据。

微服务通常是直接面对用户的，每个微服务通常直接为用户提供某个功能。类似的功能可能针对手机有一个服务，针对机顶盒是另外一个服务。 在 SOA 设计模式中这种情况通常会用到 Multi-ChannelEndpoint 的模式返回一个大而全的结果，兼顾到所有客户端的需求。

（3）SOA 喜欢自上而下，微服务喜欢自下而上。SOA 架构在设计开始时会先定义好服务合同（service contract）。它喜欢集中管理所有服务，包括集中管理业务逻辑、数据、流程、schema 等。它使用 EnterpriseInventory 和 Service Composition 等方法来集中管理服务。SOA 架构通常会预先把每个模块服务接口都定义好。模块系统间的通信必须遵守这些接口，各服务是针对它们的调用者。SOA 架构适用于 TOGAF 之类的架构方法论。

微服务则敏捷得多。只要用户用得到，就先把这个服务挖出来。然后有针对性地快速确认业务需求，快速开发迭代。

三、六种常见的微服务架构设计模式

（一）聚合器微服务设计模式

图 5-7 所示为一种最常见也最简单的设计模式。

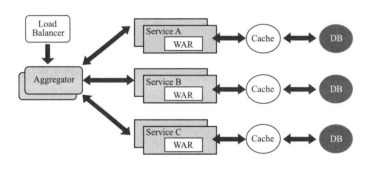

图 5-7　常见的微服务设计模式

聚合器调用多个服务实现应用程序所需的功能。它可以是一个简单的 Web 页面，将检索到的数据进行处理展示；也可以是一个更高层次的组合微服务，对检索到的数据增加业务逻辑后进一步。

发布成一个新的微服务，符合 DRY 原则。另外，每个服务都有自己的缓存和数据库。如果聚合器是一个组合服务，那么它也有自己的缓存和数据库。聚合器可以沿 X 轴和 Z 轴独立扩展。

（二）代理微服务设计模式

这是聚合模式的一个变种，如图 5-8 所示。

在这种情况下，客户端并不聚合数据，但会根据业务需求的差别调用不同的微服务。代理可以仅仅委派请求，也可以进行数据转换工作。

（三）链式微服务设计模式

这种模式在接收到请求后会产生一个经过合并的响应，如图 5-9 所示。

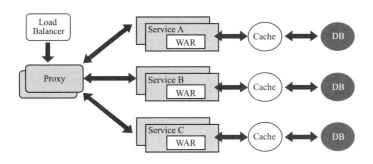

图 5-8　代理微服务设计模式

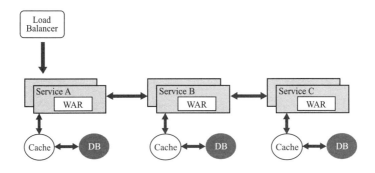

图 5-9　链式微服务设计模式

在这种情况下，服务 A 接收到请求后会与服务 B 进行通信，类似地，服务 B 会与服务 C 进行通信。所有服务都使用同步消息传递。在整个链式调用完成之前，客户端会一直阻塞。

因此，服务调用链不宜过长，以免客户端长时间等待。

（四）分支微服务设计模式

这种模式是聚合器模式的扩展，允许同时调用两个微服务链，如图 5-10 所示。

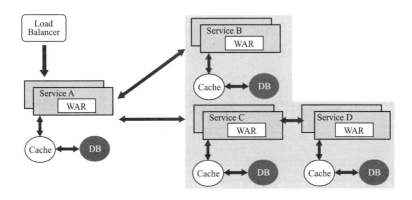

图 5-10　分支微服务设计模式

（五）数据共享微服务设计模式

自治是微服务的设计原则之一，意即微服务是全栈式服务。但在重构现有的"单体应用（monolithic application）"时，SQL 数据库反规范化可能会导致数据重复和不一致。

因此，在单体应用到微服务架构的过渡阶段，可以使用这种设计模式，如图 5-11 所示。

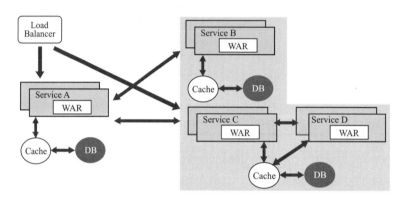

图 5-11　数据共享微服务设计模式

在这种情况下，部分微服务可能会共享缓存和数据库存储，但只有在两个服务之间存在强耦合关系时才可以。对于基于微服务的新建应用程序而言，这是一种反模式。

（六）异步消息传递微服务设计模式

虽然 REST 设计模式非常流行，但它是同步的，会造成阻塞。因该部分基于微服务的架构可能会选择使用消息队列代替 REST 请求/响应，如图 5-12 所示。

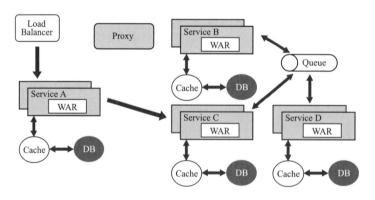

图 5-12　异步消息传递微服务设计模式

四、微服务开发框架

（一）Spring Cloud

Spring Cloud 是一系列框架的有序集合，它利用 Spring Boot 的开发便利性简化了分布式系统的开发，比如服务发现、服务网关、服务路由、链路追踪等。Spring Cloud 并不重复造轮子，而是将市面上开发得比较好的模块集成进去进行封装，从而减少了各模块的开发成本。换句话说，Spring Cloud 提供了构建分布式系统所需的"全家桶"。

目前，国内使用 Spring Cloud 技术的公司并不多见，主要原因有以下几点：

（1）Spring Cloud 中文文档较少，出现问题网上没有太多解决方案。

（2）国内创业型公司技术骨干多倾向于采用 Dubbo 来构建微服务架构。

（3）大型公司基本都有自己的分布式解决方案，而中小型公司的架构很多用不上微服务，所以没有采用 Spring Cloud 的必要性。

但是微服务架构是一个趋势，而 Spring Cloud 是微服务解决方案的佼佼者。

1. Spring Cloud 的优缺点

（1）优点。

1）集大成者。Spring Cloud 包含了微服务架构的方方面面。

2）约定优于配置。基于注解，没有配置文件。

3）轻量级组件。Spring Cloud 整合的组件大多比较轻量级，且都是各自领域的佼佼者。

4）开发简便。Spring Cloud 对各个组件进行了大量的封装，从而简化了开发。

5）开发灵活。Spring Cloud 的组件都是解耦的，开发人员可以灵活按需选择组件。

（2）缺点。

1）项目结构复杂。每一个组件或者每一个服务都需要创建一个项目。

2）部署门槛高。项目部署需要配合 Docker 等容器技术进行集群部署，而要想深入了解 Docker，学习成本则很高。

2. Spring Cloud 模块介绍

Spring Cloud 模块的相关介绍如下：

1）Eureka：服务注册中心，用于服务管理。

2）Ribbon：基于客户端的负载均衡组件。

3）Hystrix：容错框架，能够防止服务的雪崩效应。

4）Feign：Web 服务客户端，能够简化 HTTP 接口的调用。

5）Zuul：API 网关，提供路由转发、请求过滤等功能。

6）Config：分布式配置管理。

7）Sleuth：服务跟踪。

8）Stream：构建消息驱动的微服务应用程序的框架。

9）Bus：消息代理的集群消息总线。

除了上述模块，还有 Cli、Task 等。

3. Sprint cloud 和 Sprint boot 区别

（1）Spring Boot。旨在简化创建产品级的 Spring 应用和服务，简化了配置文件，使用嵌入式 Web 服务器，含有诸多开箱即用微服务功能，可以和 Spring Cloud 联合部署。

（2）Spring Cloud。微服务工具包，为开发者提供了在分布式系统的配置管理、服务发现、断路器、智能路由、微代理、控制总线等开发工具包。

（二）Dubbo

Dubbo 是一个分布式服务框架，致力于提供高性能和透明化的 RPC 远程服务调用方案，以及 SOA 服务治理方案。简单地说，Dubbo 就是一个服务框架，如果没有分布式的需求，其实是不需要用的；只有在分布式时，才有 Dubbo 这样的分布式服务框架的需求，并且本质上是个服务调用的分布式框架（告别 Web Service 模式中的 WSdl，以服务者与消费者的方式在 Dubbo 上注册）。

其核心部分包含以下方面：

（1）远程通信。提供对多种基于长连接的 NIO 框架抽象封装，包括多种线程模型、序列化，以及"请求-响应"模式的信息交换方式。

（2）集群容错。提供基于接口方法的透明远程过程调用，包括多协议支持，以及软负载均衡、失败容错、地址路由、动态配置等集群支持。

（3）自动发现。基于注册中心目录服务，使服务消费方能动态地查找服务提供方，使地址透明，使服务提供方可以平滑增加或减少机器。

1. Dubbo 的架构

Dubbo 的架构图如图 5-13 所示。

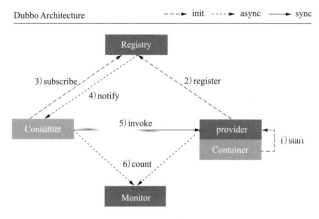

图 5-13　Dubbo 的架构图

（1）节点角色说明。

1）Provider：暴露服务的服务提供方。

2）Consumer：调用远程服务的服务消费方。

3）Registry：服务注册与发现的注册中心。

4）Monitor：统计服务的调用次数和调用时间的监控中心。

5）Container：服务运行容器。

（2）调用流程说明。

1）服务容器负责启动、加载、运行服务提供者。

2）服务提供者在启动时，向注册中心注册自己提供的服务。

3）服务消费者在启动时，向注册中心订阅自己所需的服务。

4）注册中心返回服务提供者地址列表给消费者，如果有变更，注册中心将基于长连接推送变更数据给消费者。

5）服务消费者从提供者地址列表中，基于软负载均衡算法，选一台提供者进行调用，如果调用失败，再选另一台调用。

6）服务消费者和提供者，在内存中累计调用次数和调用时间，定时每分钟发送一次统计数据到监控中心。

2．运行原理

（1）启动容器，相当于启动 Dubbo 的 Provider。

（2）启动后回注册中心进行注册，注册所有可以提供的服务列表。

（3）在 Consumer 启动后会去 Registry 中获取服务列表和 Provider 的地址。

（4）当 Provider 有修改后，注册中心会把消息推送给 Consumer，使用了观察者设计模式。

（5）根据获取到的 Provider 地址，真实调用 Provider 中的功能，在 consumer 方使用了代理设计模式，创建了一个 Provider 方类的代理对象。通过代理对象获取 Provider 中的真实功能，起到保护 Provider 真实功能的作用。

（6）Consumer 和 Provider 每隔 1min 会向 Monitor 发送统计信息，统计信息包括访问次数、频率等。

3．Dubbo 的优缺点

（1）优点。

1）透明化的远程方法调用。调用本地方法一样调用远程方法；只需简单配置，没有任何 API 侵入。

2）软负载均衡及容错机制。可在内网替代 nginx lvs 等硬件负载均衡器。

3）服务注册中心自动注册及配置管理。不需要写死服务提供者地址，注册中心基于接口名自动查询提供者 ip。使用类似 zookeeper 等分布式协调服务作为服务注册中心，可以将绝大部分项目配置移入 zookeeper 集群。

4）服务接口监控与治理。Dubbo-admin 与 Dubbo-monitor 提供了完善的服务接口管理与监控功能，针对不同应用的不同接口，可以进行多版本、多协议、多注册中心管理。

（2）缺点。只支持 JAVA 语言。

（三）Dropwizard

Dropwizard 是一个操作友好、开发 RESTful 服务的 Java 高性能框架，有自己独立的风格，可以辅助以 Jetty Jackson Jersey 和 Metrics 提供强大的基于 JVM 的后端服务。Dropwizard 将稳定成熟带给了 Java 生态系统，轻量库包可使用户聚焦业务。Dropwizard 有 out-of-the-box 支持复杂的配置应用度量记录、日志等，让用户在短时间内生产出高质量的 HTTP+JSON Web 服务。

dropwizard 的核心模块为用户提供了大多数应用程序所需的一切，包括：

（1）Jetty。一种高性能的 HTTP 服务器。

（2）Jersey。功能齐全的 RESTful Web 框架。

（3）Jackson。JVM 的最佳 JSON 库。

（4）Metrics。一个出色的应用程序指标库。

（5）Guava。谷歌公司的优秀实用程序库。

（6）Logback。Log4j 的继承者，是 Java 最广泛使用的日志框架。

（7）Hibernate Validator。Java Bean Validation 标准的参考实现。

Dropwizard 主要由胶水代码组成，可自动连接和配置这些组件。

（四）Consul

Consul 是 HashiCorp 公司推出的开源工具，用于实现分布式系统的服务发现与配置。Consul 是分布式的、高可用的、可横向扩展的。它具备以下特性：

（1）服务发现。Consul 通过 DNS 或者 HTTP 接口使服务注册和服务发现变得容易，一些外部服务（例如 saas）提供的也可以一样注册。

（2）健康检查。健康检测使 Consul 可以快速地告警在集群中的操作和服务发现的集成，可以防止服务转发到故障的服务上面。

（3）键/值存储。一个用来存储动态配置的系统，提供简单的 HTTP 接口，可以在任何地方操作。

（4）多数据中心。无需复杂的配置，即可支持任意数量的区域。

1. Consul 的基本概念

（1）agent。组成 Consul 集群的每个成员都要运行一个 agent，可以通过 consul agent 命令来启动。agent 可以运行在 server 状态或者 client 状态。自然运行在 server 状态的节点被称为 server 节点；运行在 client 状态的节点被称为 client 节点。

（2）client 节点。负责转发所有的 RPC 到 server 节点。本身无状态且轻量级，因此可以布署大量的 client 节点。

（3）server 节点。负责组成 cluster 的复杂工作（选举、状态维护、转发请求到 lead），以及 Consul 提供的服务（响应 RCP 请求）。考虑到容错和收敛，一般部署 3～5 个比较合适。

（4）datacenter。多机房使用的数据共享。

2. Consul 的架构

Consul 的架构见图 5-14。

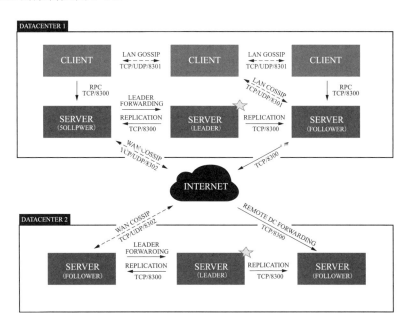

图 5-14　Consul 的架构

（1）CLIENT 表示 Consul 的 client 模式，即客户端模式，是 Consul 节点的一种模式。这种模式下，所有注册到当前节点的服务会被转发到 SERVER（通过 HTTP 和 DNS 接口请求 server），本身是不持久化这些信息的。

（2）SERVER 表示 Consul 的 server 模式，表明该 Consul 是个 server。这种模式下，功能与 CLIENT 都一样，唯一不同的是，它会把所有的信息持久化地本地，这样遇到故障，信息是可以被保留的。

（3）SERVER-LEADER。中间的 SERVER 下面有"LEADER"，表明该 SERVER 是所有 SERVER 的领导者。它与其他 SERVER 不一样的一点是，它需要负责同步注册的信息给其他 SERVER，同时也要负责各个节点的健康监测。

3. Consul 的其他使用

Consul 作为分布式框架绝不仅仅满足服务注册和发现，还能实现下列功能：

（1）分布式 key/value，用于做配置中心。

（2）分布式 session，用于解决 session 的问题。

（3）分布式锁，其 key/value 也可以用于分布式锁的问题。

（4）资源中心，动态管理 redis、datasource、rabbitmq 等资源。

4. Consul 和 Eureka 的区别

Eureka 是一个服务发现工具。该体系结构主要是客户端/服务器，每个数据中心有一组 Eureka 服务器，通常每个可用区域配一个。通常 Eureka 的客户使用嵌入式 SDK 来注册和发现服务。对于非本地集成的客户，使用功能区边框等透过 Eureka 透明地发现服务。

Eureka 提供了一个弱一致的服务视图，使用尽力而为的原则复制。当客户端向服务器注册时，该服务器将尝试复制到其他服务器，但不提供保证。服务注册的生存时间（TTL）较短，要求客户端对服务器心存感激。不健康的服务或节点将停止运行，导致它们超时并从注册表中删除。发现请求可以路由到任何服务，由于尽力而为地复制，这些服务可能会导致陈旧或丢失数据。这个简化的模型允许简单的群集管理和高可扩展性。

领事提供了一套超级功能，包括更丰富的健康检查、关键/价值存储，以及多数据中心意识。Consul 需要每个数据中心都有一套服务器，以及每个客户端的代理，类似于使用 Ribbon 的边车。Consul 代理允许大多数应用程序成为 Consul 不知情者，通过配置文件执行服务注册并通过 DNS 或负载平衡器 sidecars 发现。

Consul 提供强大的一致性保证，因为服务器使用 Raft 协议复制状态。Consul 支持丰富的健康检查，包括 TCP、HTTP、Nagios/Sensu 兼容脚本或基于 Eureka 的 TTL。客户端节点参与基于八卦的健康检查，该检查分发健康检查工作，而不像集中式心跳检测那样成为可扩展性挑战。发现请求被路由到选举出来的领事领导，这使它们默认情况下强烈一致。允许陈旧读取的客户端使任何服务器都可以处理它们的请求，从而实现像 Eureka 这样的线性可伸缩性。

Consul 强烈的一致性意味着它可以作为领导选举和集群协调的锁定服务。Eureka 不提供类似的保证，并且通常需要为需要执行协调或具有更强一致性需求的服务运行 ZooKeeper。

Consul 提供了支持面向服务的体系结构所需的一系列功能。这包括服务发现，还包括丰富的运行状况检查、锁定、密钥/值、多数据中心联合、事件系统和 ACL。Consul 与 consul-template 和 envconsul 等工具生态系统都试图尽量减少集成所需的应用程序更改，以避免需要通过 SDK 进行本地集成。Eureka 是一个更大的 Netflix OSS 套件的一部分，该套件预计应用程序相对均匀且紧密集成。因此，Eureka 只解决了一小部分问题，希望 ZooKeeper 等其他工具可以一起使用。

在 CAP 中，Consul 使用 CP 体系结构，有利于实现可用性的一致性。

（五）etcd&etc

etcd 是一个分布式可靠的键值存储系统。它提供了与 ZooKeeper 相似的功能，但是使用 Go 语言编写而不是 Java 语言。Etcd 使用 Raft 协调算法而不是 ZooKeeper 采用的 Paxos 算法。在云计算方面，Go 是一个大有前景的语言，被称为云时代的 C 语言。

相较于 ZooKeeper，etcd 更轻量级。etc 更加关注以下几点：

（1）简单：ctrl 命令可以调用的 API 接口（http+JSON）。

（2）保密：可选的 SSL 客户端认证。

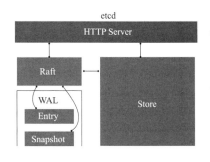

图 5-15　etcd 架构

（3）快速：标准检测每个实例每秒 1000 读写能力。

（4）可靠：恰当地实现分布式协调，采用 Raft 一致性算法。

1. etcd 架构

etcd 的架构见图 5-15。

从 etcd 的架构图中我们可以看到，etcd 主要分为四个部分。

（1）HTTP Server。用于处理用户发送的 API 请求以及其他 etcd 节点的同步与心跳信息请求。

（2）Store。用于处理 etcd 支持的各类功能的事务，包括数据索引、节点状态变更、监控与反馈、事件处理与执行等，是 etcd 对用户提供的大多数 API 功能的具体实现。

（3）Raft。Raft 强一致性算法的具体实现，是 etcd 的核心。

（4）WAL。Write Ahead Log（预写式日志），是 etcd 的数据存储方式。除了在内存中存有所有数据的状态及节点的索引以外，etcd 就通过 WAL 进行持久化存储。WAL 中，所有数据提交前都会事先记录日志。Snapshot 是为了防止数据过多而进行的状态快照；Entry 表示存储的具体日志内容。

通常，一个用户的请求发送过来，会经由 HTTP Server 转发给 Store 进行具体的事务处理；如果涉及节点的修改，则交给 Raft 模块进行状态的变更、日志的记录，再同步给别的 etcd 节点以确认数据提交；最后进行数据的提交，再次同步。

2. 应用场景

Etcd 的应用场景包括服务发现（Service Discovery）、消息发布与订阅、负载均衡、分布式通知与协调、分布式锁、分布式队列。如果属性为 ZooKeeper，则会发现 etcd 实现了 ZooKeeper 的功能。

（1）服务发现。服务发现就是在一个分布式集群中，如何发现服务端并建立连接。即发现对应服务的 IP 和端口，建立连接。

（2）消息发布与订阅。在构建一个配置共享中心，数据提供者在这个配置中心发布消息，而消息订阅者则订阅他们关心的主题，一旦主题有消息发布，就会实时通知订阅者。通过这种方式可以做到分布式系统配置的集中式管理与动态更新。

（3）负载均衡。分布式系统中，为了保证服务的高可用性及数据的一致性，通常都会把应用节点部署多份，以此达到对等服务，即使其中的某一个服务失效了，也不影响使用。因为每个对等服务节点上都存有完整的服务功能，利用合理的负载均衡策略，访问流量就可以分流到不同的机器上。

（4）分布式通知与协调。该功能与消息发布和订阅有些相似，但是也有一定的区别。它们都用到了 etcd 中的 Watcher 机制，通过注册与异步通知机制，实现分布式环境下不同系统或模块之间的通知与协调，从而对数据变更做到实时处理。不同系统都在 etcd 上对同一个目录进行注册，同时设置 Watcher 观测该目录的变化。只要某个系统更新了 etcd 的目录，其他设置了 Watcher 的系统就会收到通知，并作出相应处理。

（5）分布式锁。etcd 采用 Raft 算法保证数据的强一致性，某次操作存储到集群中的值必然是全局一致的，所以很容易实现分布式锁。锁服务有两种使用方式，一是保持独占，二是控制时序。

（6）分布式队列。创建一个先进先出的队列，保证顺序。另一种比较有趣的实现是在保证队列达到某个条件时再统一按顺序执行。

3. etcd 优点

etcd 作为一个受到 ZooKeeper 与 doozer 启发而催生的项目，除了拥有与之类似的功能外，更专注于以下四点：

（1）简单。安装配置简单，而且提供了 HTTP API 进行交互，使用也很简单。

（2）安全。支持 SSL 证书验证。

（3）快速。根据官方提供的 benchmark 数据，单实例支持每秒 2k+读操作。

（4）可靠。采用 raft 算法，实现分布式系统数据的可用性和一致性。

4. 使用案例

（1）CoreOS 的容器 Linux。在 Container Linux 上运行的应用程序，获得自动的不宕机 Linux 内核更新。容器 Linux 使用 locksmith 来协调更新。locksmith 在 etcd 上实现分布式信号量，确保在任何给定时间只有集群的一个子集重新启动。

（2）Kubernetes。将 docker 集群的配置信息存储到 etcd 中，用于服务发现和集群管理；etcd 的一致性对于正确安排和运行服务至关重要。Kubernetes API 服务器将群集状态持久化在 etcd 中。它使用 etcd 的 watch API 监视集群，并发布关键的配置更改。

（3）cloudfoundry。使用 etcd 作为 hm9000 的应用状态信息存等。

五、微服务的优缺点

（一）微服务的优点

关键点是复杂度可控、独立按需扩展、技术选型灵活、容错、可用性高。

（1）它解决了复杂性的问题。它会将一种怪异的整体应用程序分解成一组服务。虽然功能总量不变，但应用程序已分解为可管理的块或服务。每个服务都以 RPC 或消息驱动的 API 的形式定义了一个明确的边界；Microservice 架构模式实现了一个模块化水平。

（2）这种架构使每个服务都能够由专注于该服务的团队独立开发。开发人员可以自由选择任何有用的技术，只要该服务符合 API 合同。当然，大多数组织都希望避免完全无政府状态并限制技术选择。然而，这种自由意味着开发人员不再有义务使用在新项目开始时存在的可能过时的技术。在编写新服务时，可以选择使用当前的技术。此外，由于服务相对较小，所以使用当前技术重写旧服务变得可行。

（3）Microservice 架构模式使每个微服务都能独立部署。开发人员不需要协调部署本地服务的变更，这些变化可以在测试后尽快部署。例如，UI 团队可以执行 A | B

测试，并快速迭代 UI 更改。Microservice 架构模式使连续部署成为可能。

（4）Microservice 架构模式使每个服务都可以独立调整。用户可以仅部署满足其容量和可用性限制的每个服务的实例数。此外，还可以使用最符合服务资源要求的硬件。

（二）微服务的缺点

关键点（挑战）是多服务运维难度、系统部署依赖、服务间通信成本、数据一致性、系统集成测试、重复工作、性能监控等。

（1）名称本身。术语 microservice 过度强调服务规模。但重要的是要记住这是一种手段，而不是主要目标。微服务的目标是充分分解应用程序，以便于敏捷应用程序开发和部署。

（2）微服务器的另一个主要缺点是分布式系统而产生的复杂性。开发人员需要选择和实现基于消息传递或 RPC 的进程间通信机制。此外，他们还必须编写代码来处理部分故障，因为请求的目的地可能很慢或不可用。

（3）微服务器的另一个挑战是分区数据库架构。更新多个业务实体的业务交易是相当普遍的。但是在基于微服务器的应用程序中，用户需要更新不同服务所拥有的多个数据库。使用分布式事务通常不是一个选择，这不仅是因为 CAP 定理，而且许多今天高度可扩展的 NoSQL 数据库都不支持它们。最终不得不使用最终的一致性方法，这对开发人员来说更具挑战性。

（4）测试微服务应用程序也更复杂。服务类似的测试类将需要启动该服务及其所依赖的任何服务（或至少为这些服务配置存根）。其次，重要的是不要低估这样做的复杂性。

（5）Microservice 架构模式的另一个主要挑战是实现跨越多个服务的更改。例如我们假设用户正在实施一个需要更改服务 A、B 和 C 的故事，其中 A 取决于 B，B 取决于 C。在单片应用程序中，用户可以简单地更改相应的模块，整合更改，并一次性部署。相比之下，在 Microservice 架构模式中，用户需要仔细规划和协调对每个服务的更改。例如需要更新服务 C，然后更新服务 B，再维修 A。幸运的是，大多数更改通常仅影响个服务，而需要协调的多服务变更相对较少。

（6）部署基于微服务的应用程序也更复杂。单一应用程序简单地部署在传统负载平衡器后面的一组相同的服务器上。每个应用程序实例都配置有基础架构服务（如数据库和消息代理）的位置（主机和端口）。相比之下，微服务应用通常由大量服务组成，例如每个服务将有多个运行的实例。更多的移动部件需要进行配置、部署、扩展和监控。此外，还需要实现服务发现机制，使服务能够发现需要与之通信的任何其他服务的位置（主机和端口）。传统的基于故障单和手动操作的方法无法扩展到这种复杂程度。因此，成功部署微服务应用程序需要开发人员更好地控制部署方法，并实现高水平的自动化。

六、微服务设计原则

1. 单一职责原则

即每个微服务只需要实现自己的业务逻辑就可以了。比如订单管理模块，它只需要处理订单的业务逻辑即可，其他的不必考虑。

2. 服务自治原则

即每个微服务从开发、测试到运维等都是独立的，包括存储的数据库也都是独立的，自己就有一套完整的流程。完全可以把它当成一个项目来对待，不必依赖于其他模块。

3. 轻量级通信原则

首先是通信的语言非常轻量；第二，该通信方式需要跨语言和跨平台，这是为了让每个微服务都有足够的独立性，可以不受技术的钳制。

4. 接口明确原则

由于微服务之间可能存在着调用关系，为了尽量避免以后由于某个微服务的接口变化而导致其他微服务都做调整，在设计之初就要考虑到所有情况，让接口尽量做得更通用、更灵活，从而尽量避免其他模块也做调整。

第七节　新技术在智能电网信息化平台中的应用

随着信息技术的发展，人类逐渐步入信息化时代。在此过程中所引起的信息革命给许多传统行业带来了巨大的冲击，信息化时代的四大特点——智能化、电子化、全球化、非群体化成为许多行业变革的风向标。而信息化时代的代表性象征——计算机在各行各业中的必要性与日俱增，在电力行业中也不可避免。

电力行业作为关乎国计民生的传统行业，在信息化时代中也面临着如何更高效地利用能源、如何更安全可靠地供电、如何更好地了解用户需求等诸多方面的新挑战，于是"智能电网"的概念应运而生。在电网智能化的过程中，计算机是必不可少的。而计算机科学在智能电网中也有诸多应用，其中 5G、区块链、大数据、知识图谱、深度学习和云计算这些计算机科学相关技术在智能电网中尤为重要。

一、5G 的应用

（一）5G 的定义

第五代移动通信技术（简称 5G 或 5G 技术）是最新一代蜂窝移动通信技术，也是继 4G（LTE-A、WiMax）、3G（UMTS、LTE）和 2G（GSM）系统之后的延伸。5G 的性能目标是高数据速率、减少延迟、节省能源、降低成本、提高系统容量和大规模设备连接。与之前的四代移动网络相比较而言，5G 网络在实际应用过程中表现出更加强化的功能，并且理论上其传输速度每秒钟能够达到数十吉比特/秒，这种速度是 4G 移动网络的几百倍。对于 5G 网络而言，其在实际应用过程中能够表现出更加明显的优势及更加强大的功能。

5G 通信技术正进入大规模商用阶段，将成为电力通信技术的重要一环，是智能电网发展的必然趋势。5G 移动通信技术是 4G 在网络性能和应用场景方面的进一步演进成果。目前，世界各国都在 5G 通信的研发和部署方面不断发力，我国在该领域的研究中也取得了大量的成果，在国际上拥有较高的话语权。相比于 4G，5G 移动通信技术在用户感知速率、时延和覆盖范围等技术指标方面都有明显优势。此外，5G 通信技术与传统通信技术相比，具有明显的带宽和速度上的优势，自出现之日起就受到了世界各国各个行业的高度关注。5G 技术的应用，支撑着"云大物移智"往深处发展，拓展各行各业的通信应用。具体到智能电网应用上，5G 通信技术是电力通信技术无线领域的重要一环。

（二）5G 技术的特征

1. 高速度

是 5G 最大的特点，相比于 4G 网络，5G 网络有着更高的速度。对于 5G 的基站，峰值速度要求不低于 20Gbit/s（当然这个速度是峰值速度，不是每一个用户的体验）。随着新技术的使用，这个速度还有提升的空间。

2. 泛在网

随着业务的发展，网络业务需要无所不包、广泛存在，只有这样才能支持更加丰富的业务，才能在复杂的场景上使用。

（1）泛在网有两个层面的含义，一是广泛覆盖，二是纵深覆盖。广泛是指社会生活的各个地方都需要广覆盖。过去高山峡谷等特别地形不一定需要网络覆盖，因为生活的人很少；但是如果现在能覆盖 5G，就可以大量部署传感器，进行环境、空气质量甚至地貌变化、地震的监测，会非常有价值。5G 可以为更多该类应用提供网络。

（2）纵深是指我们生活中虽然已经有网络部署，但是需要进入更高品质的深度覆盖。例如今天家中已经有了 4G 网络，但是家中的卫生间可能网络质量不是太好，地下停车库基本没有信号；而随着 5G 的到来，可把以前网络品质不好的卫生间、地下停车库等都用更好的 5G 网络广泛覆盖。

3. 低功耗

5G 要支持大规模物联网应用，就必须有功耗的要求。而 5G 技术能把功耗降低，让大部分物联网产品一周充一次电，甚或一个月充一次电，就能大大改善用户体验，促进物联网产品的快速普及。

4. 低时延

（1）5G 的一个新场景是无人驾驶、工业自动化的高可靠连接。人与人之间进行信息交流，140ms 的时延是可以接受的，但是如果这个时延用于无人驾驶、工业自动化就无法接受。5G 对于时延的最低要求是 1ms，甚至更低，这就对网络提出严格的要求。因此，5G 是这些新领域应用的必然选择。

（2）无人驾驶汽车，需要中央控制中心和汽车进行互联，车与车之间也应进行互联。在高速度行动中，一个制动，需要瞬间把信息送到车上做出反应，100ms 左右的时间，车就会冲出几十米。这就需要在最短的时延中，把信息送到车上，进行制动与车控反应。

5. 万物互联

迈入智能时代，除了手机、电脑等上网设备需要使用网络以外，越来越多的智能家电设备、可穿戴设备、共享汽车等更多不同类型的设备，以及电灯等公共设施需要联网。在联网之后就可以实现实时的管理和智能化的相关功能，而 5G 的互联性让这些设备有了成为智能设备的可能。

（三）5G 技术在智能电网上的优势

智能电网建设具有较高的复杂度，通信信息平台包括发电、变电、输电、调度、配电等环节，智能电网发展规划要加强信息通信基础的建设，创建光纤骨干通信网，利用多手段实现配电通信接入网的创建，保证电网运行过程中的可靠性与灵活性，满足现代能源体系建设信息的交互需求。与传统配电网相比，智能配电网技术能够扩展获得配电网全景信息的能力，利用坚强、可靠、通畅的电网架构和信息交互平台，对生产全过程进行服务，整合系统各实时生产和运营信息，加强电网业务实时动态分析和诊断，从而为电网管理和运营人员提供全面、完整的配电网运营状态网，实现精准、及时的配电网管理与运行。

5G 技术从出现之后就备受重视。与上几代通信技术相比，5G 通信技术在速率、带宽等方面有了进一步的提升，因此能够满足使不同行业对通信的需求。在智能电网使用方面，5G 技术具备低时延优势，并且能够有效实现智能电网配网自动化和差动保护等功能。因此，对 5G 技术智能电网的发展进行研究具有重要意义。

5G 具有超大带宽速率、高可靠超低时延、超多连接的特点，能够提高网络运行能力。5G 高速率能够使巡检机器人、无人机巡检、应急通信的需求得到满足，利用电网企业低时延的特点实现智能分布式配电自动化。测试结果表示，在真实、复杂的网络环境中，能够将 5G 低视频特点得到展现，端到端的平均时延不超过 10ms，能够使智能电网差动保护、用电自动化需求、配网自动化得到满足。另外，传输网段、核心网段的切片能够使电网逻辑、物理的隔离需求得到满足。

（四）5G 关键技术

1. 大规模 MIMO 技术

大规模多输入多输出（Multiple Input Multiple Output，MIMO）技术是实现 5G 通信的核心技术之一，其基本特征是在基站侧布置数十根甚至上百根收发天线阵列。分布在同一小区内的多个用户在同一时频资源上，利用基站配置大规模天线阵列所提供的空间自由度与基站同时进行通信。利用波束成型技术，基站可以有效地向一个非常狭小的范围发送信号，从而提升时频资源在多个用户之间的复用能力以及用户间抗干扰能力。因此，大规模 MIMO 系统频谱资源利用率得到大幅提升，从而有力支持能源互联网中的大带宽和低时延业务。

另外，为实现能源互联网中的大规模机器类通信需求，无线通信网络中的多址技术需要进一步发展。4G 移动通信网络通过 OFDMA 技术有效提升了小区内用户的可接入数量，但仍不能满足未来"万物互联"的要求。大规模 MIMO 系统通过开发更多的空间自由度，增加了正交导频数量，减小了小区内用户间的导频干扰，使得系统接入能力进一步提升，有效支持大规模机器类通信业务。除正交多址技术外，5G 移动通信系统也通过采用其他非正交多址技术显著增强了系统接入能力。

2. 网络切片技术

5G 网络切片最早是由下一代移动网络（Next Generation Mobile Networks，NGMN）引入的新概念，网络切片利用软件定义网络（Software Defined Network，SDN）技术和网络功能虚拟化（Network Function Virtualization，NFV）技术，将网络资源进行切片。单一物理网络可以划分成多个逻辑虚拟网络，多个网络切片共用网络基础设施，提升网络资源利用率；且在每个切片之间，包括切片内的设备、接入网、传输网、核心网在逻辑上都是相互独立的，网络切片之间互不影响。基于 SDN 集中控制，数据平面和控制平面可实现解耦合，从而简化网络管理，路由配置更加灵活。

网络切片技术根据行业需求，将运营商的物理网络切分成多个虚拟网络，形成适应不同行业的逻辑隔离专网。先进能源互联网对于行业专网的要求较高，运营商提供的电力切片需要与其他通信业务具有较高的隔离度。通过在通用硬件的基础上划分独立的时频资源块，满足电力业务安全性、实时性、高可靠性等方面的严格要求。同时，针对电力系统不同业务的带宽和时延要求进一步细化电力网络切片，能更好应对先进能源互联网多样化业务的需求。

3. 边缘计算技术

对于移动边缘计算（Mobile Edge Computing，MEC），欧洲电信标准化协会（European Telecommunication Standards Institute，ETSI）给出了其标准定义，即边缘计算是一种在靠近终端的一侧，打造集成网络、计算、存储、应用等核心能力的综合开放平台，为网络终端提供近端服务，从而满足业务对实时性、智能型、安全性、数据优化等各种需求的计算模式。网络中发生边缘计算的位置被称为边缘节点，在通信系统中，位于移动终端和核心云中间，具有计算资源和网络资源的节点都可以作为边缘节点。边缘计算可以实现核心云中大型服务的有效分解，将大型服务分解成为多个小型的、更易处理的业务，并由更加靠近移动终端的边缘节点进行处理。

边缘计算技术在工业、交通、互联网等诸多领域都有着广阔的应用场景。在电力系统中，智能电网涉及多种高实时性、高安全性业务，或是部分业务对响应速度及安全防护都有较高需求。因此，对于5G通信技术与电力系统结合而言，边缘计算是必不可少的。例如，配电自动化及精准切负荷业务，可以发挥基于MEC的低时延优势，提升电网对异常状态的响应速度；在智能巡检业务中，高清视频和图片的处理可在网络边缘完成，从而减少大颗粒数据对承载网资源的占用；对于用电信息采集业务，可借助MEC本地存储的性能特点，避免用户用电数据通过运营商公网传输，减少用户数据被窃取的可能性，更加有效地保护用户隐私。

（五）5G在智能电网中的应用

1. 配电自动化

配电自动化集成了计算机技术、数据传输及控制技术、现代化设备及管理技术，是一套综合信息管理系统。通过检测配电网的线路或设备状态，实现故障的智能判断、分析、定位、隔离，以及故障区域供电恢复，通过提升网络智能水平，节省人力成本。配电网节点数量巨大，光纤通信系统全面覆盖的实现成本过高，无线通信网络能够使得配网自动化中馈线的量测、控制、自动隔离和恢复以相对较低的通信成本实现。基于 5G 通信系统的低时延特性，当发生异常情况时，配电自动化终端可将测量数据迅速回传，主站指令也将迅速发送至配电终端，基于通信网络快速控制开关、环网柜等其他相关设备，实现配网线路区段或配网设备的故障判断及准确定位；快速隔离配网线路故障区段或故障设备，最大可能地缩小故障停电时间和范围，使配网故障处理时间从分钟级缩短到毫秒级。

2. 精准切负荷

精准负荷控制系统重点解决电网故障初期频率快速跌落、主干通道潮流越限、省际联络线功率超用、电网旋转备用不足等问题。可分为毫秒级控制和秒级/分钟级控制，实现可中断负荷快速切除，以及发电、用电平衡。有线电力通信网络可以实现毫秒级负荷控制，但由于用户数量较大，逐个用户配置光纤和 PTN 设备成本较高。采用 5G 无线通信系统既可以满足精准切负荷业务时延要求，又能有效降低网络覆盖成本。

3. 输电线路巡检

电力系统中，传统的输电线路巡检工作主要采用人工方式，受地理环境影响，部分地区只能徒步到达或无法到达，且人工巡检通常使用望远镜，无法全方位观察输电线路是否存在问题。近年来，随着无人机巡检及输电线路监拍装置的应用，人工巡检方式逐渐被取代。无人机巡检通常采用高清录像的方式，返回后对视频进行分析，缺乏实时性。利用输电线路监拍装置可实现实时监控，但受带宽影响，视频图像质量较差，导致后台工作人员无法及时发现问题。基于 5G 通信系统的大带宽性能优势，监拍系统产生的高清图像及视频可以实时传输至后台，提升输电线路的视频及图像监控效率。另外，对于无人机巡检场景，通过将 5G 通信模块集成至无人机内，可以实时地将拍摄画面传输至后台监控中心，便于工作人员及时发现问题，并针对存在问题重点核查，采取相应措施。

4. 用电信息采集

当前，智能电表已经取代传统电表成为新的用户用电计量装置。智能电表不仅精确度高，且具有通信拓展性。即智能电表配置通信模块后，可将用户用电信息传输至控制中心的计费平台，从而实现远程抄表。现阶段，用电信息采集主要依靠租赁运营商 GPRS 或 4G 公网实现。在此类电力业务中，5G 通信带来的技术应用革新相对较小。但考虑到当前用电信息采集频率较低，在 5G 通信大带宽特性的支撑下，采集频率可以实现较大提升，从而有力支撑电费稽查等电力系统营销业务。另外，基于 5G 通信系统相比于 GPRS 及 4G 公网更强的网络安全能力，可以更好地保护客户用电信息的安全。

5. 差动保护

凭借超低时延，5G 可以替代光纤做配网差动保护，大幅降低成本。电力的配电网络由配电站和输电线组成。配电站里有输电设备、变压器、配电保护设备（DTU）等，假如全网按照有线连接的方式去部署差动保护，那么对光纤的需求量和部署难度会极大地推高成本。凭借小于 10ms 的超低时延，5G 网络可以代替光纤去做差动保护，实现降本增效。

6. 安全隔离

5G 独特的可定制化的网络切片技术，可端到端保障电网的高隔离性应用，更好地满足电力网络对"行业专网"的诉求，为智能电网不同业务提供差异化的网络服务能力。满足用户对安全性、可靠性和灵活性的多重需求。

（六）智能电网 5G 技术所面临的挑战

1. 通信系统能耗

5G 通信时代，由于边缘计算技术的应用，核心网的功能将部分下沉至网络边缘，边缘计算服务器的部署位置也将更加接近于基站，因此，网络接入侧承担了较多的网络任务。据统计，在当前通信系统中，基站射频拉远单元（Remote Radio Unit，RRU）及相应的基带处理单元（Base Band Unit，BBU）机房用电量最大，约为总能耗的 70%～80%。2012 年，全球共有约 110 万座通信基站，每年消耗电量约为 140 亿 kWh。5G 时代，基站部署密度将数倍于现有密度，预计在 2025 年将增至 1310 万个基站，移动基站每年的能耗将达 2000 亿 kWh。另外，大规模天线阵列应用使得单站耗能大幅增加。据统计，4G 基站功耗约为 900W，而 5G 基站功耗约为 2700W。且 5G 通信系统的基站部署密度将数倍于 4G 系统，形成超密集异构组网。因此，5G 通信系统的能耗将给电力系统的能源管理带来新的问题与挑战。

2. 无线通信安全

5G 通信推动了万物互联的进程，然而，终端的无线接入也对通信网络安全及用户隐私保护带来了更大的挑战。对于 5G 通信网络，需要考虑的网络安全问题包括接入侧安全、切片隔离安全、MEC 安全、用户边界/私有云安全。对于先进的能源互联网而言，网络安全与用户隐私保护也尤为重要。例如电力系统中的调度及控制数据关系到电网的安全稳定运行，一旦发生网络安全事件，将造成不可估量的损失；而企业等大客户的用电数据，不仅是电费核算的重要依据，也可以据其估算企业产能，这对于用户而言属于隐私数据，需加强对此类数据的保护。总之，未来能源互联网将涉及海量数据传输，需更加谨慎地设定数据保密等级，实现电力通信网的数据安全与隐私保护。

3. 通信网络建设

尽管国家电网与电信运营商共建共享通信网络是一个理想的决策，但目前尚没有明确的官方信息证实这一想法。事实上，5G 通信系统目前在我国尚未实现大规模商用，且国家电网公司并非传统电信运营商，不具备规划和建设通信网络的优势。独自建设电力无线通信专网的成本有可能超过现阶段租赁电信运营商网络的成本，且未来经济效益尚不明确。另外，电力系统输电、变电网络电压等级较高，会对无线通信产生电磁干扰，因此，是否采用现有变电站作为通信基站站址仍有待进一步讨论。

4. 5G 网络切片在智能电网的应用

（1）5G 网络在智能发电的应用。智能电网之所以称为电力系统最为重要的一部分，是因为它所采用的大多是清洁能源，由此可以实现对资源的有效利用，还可以加强资源的节约。从目前来看，通过风能、太阳能等途径进行发电是非常普遍的，它们便是智能发电的核心。比如现在的太阳能发电情况并不稳定，发电量受天气变化的不利影响大，所以太阳能发电并不乐观。因此，这就需要 5G 网络切片的帮助。5G 网络切片可以将每个网络切片接入到不同地区的太阳能发电站，利用传感器测量每个地区的太阳能供电情况，从而可以对所有发电站进行远程控制，避免太阳能供电情况不稳定的情况发生。另外，借助 5G 网络，核心控制点可以调控所有太阳能发电站的发电量，不仅可以满足人们对大容量、低时延的电力需求，还可以实现对清洁能源的有效利用。

（2）5G 网络在智能配电的应用。智能配电也是一个非常重要的环节，通过智能配电人们可以直接进行用电，智能配电将直接影响着人们的日常生活，这就对智能配电的电能质量有了更高的要求。首先，5G 网络切片可以控制配电的分布式电源，当分布式电源的配电能力不够时，5G 网络切片就可以控制分布式电源并且提高它的供电能力。其次，5G 网络切片还可以修复配电过程。比如当供电过程产生故障时，通过 5G 网络切片技术，一方面可以迅速修理配电故障，另一方面还可以远程提高供电能力，加强供电结构的设置。最后，由于 5G 网络切片应用在智能配电中，由此就可以形成一个可以自主管理且自主控制的配电网。

（3）5G 网络在智能输电的应用。在智能输电环节中 5G 网络切片技术发挥着非常重要的作用，它主要是通过传感器监测并保护输电的整条线路，从而确保电力能够顺利地输送到指定地点。一方面，将带有 5G 网络技术的智能传感器安装在输电线路中，传感器可以监测输电过程中的故障、线路损坏等问题，并且及时将问题上报于总控制中心，由此可以及时修复输电过程中的问题，减少在输电过程中的损失，并且有效保护输电电路的正常运行。另一方面，利用无人机也是一个有效的监测方法，在无人机中添加 5G 网络切片技术，就可以拍摄更多有关电路实况的高清视频或照片，从而快速定位输电电路的故障点，提高电路问题的解决效率。

二、区块链的应用

（一）区块链的定义

区块是单个的存储单元，记录了一定时间内各个区块节点全部的交流信息。各个区块之间通过随机散列（也称哈希算法）实现链接，后一个区块包含前一个区块的哈希值。随着信息交流的扩大，一个区块与另一个区块相继接续，形成的结果就称为区块链。

从本质上讲，区块链是一个共享数据库，存储于其中的数据或信息，具有"不可伪造""全程留痕""可以追溯""公开透明"以及"集体维护"等特征。基于这些特征，区块链技术奠定了坚实的"信任"基础，创造了可靠的"合作"机制，具有广阔的运用前景。

分布式存储、P2P 网络、密码学算法、共识机制等若干类应用是区块链的技术核心。区块链技术是可以将存储节点布置在不同地点，能对存储单元发出的命令快速响应，并且使其同步更新的数据信息处理技术，具有去中心化、分布式、不可篡改和稳定存储的特征。这种新型的数据储存技术区别于传统的数据存储方式：传统的数据库分布单一、中心化特征较强、保密性较差、读写效率有限；而区块链技术可以在电网公司内部不同的部门架构多个服务节点，在保证数据存储数量的同时，也保证了数据的安全稳定。在区块链技术下，电网公司的高级部门可以部署自己的专属服务器，并连接到电网公司的区块链网络中，成为分布式储存系统的一个特殊节点。在成为存储节点后，具有权限的管理人员可以在分布式节点中进行数据信息读写操作，最后所有的区块节点会根据时间戳的有效性完成数据的更新与同步，进而实现区块链中的所有网络区块都保持数据的一致性，提高电力数据的真实性和可靠性。

（二）区块链技术的特征

将区块链技术应用到电力数据的优化管理中，是由于该技术的四个主要特征适用于电力数据的信息处理。

1. 去中心化

区块链由众多的节点组成，电脑、数据处理器都可以作为区块上的节点。区块链的结构是 P2P 范式网络，是由一个节点连接到另一个节点的网络，所以区块链不存在

中心化的处理器和中心管理系统，每一个节点像是人体的网络神经元，

负责传输、处理数据信息。节点与节点之间的数据交互是按照区块链规则，无需节点相互信任，节点间也无法互相欺骗，进而保证了数据的安全可靠。

2. 可追溯、不易篡改

一个节点或多节点都无法对区块链上的数据进行修改。若要修改数据，必须使整个区块链网络中51%的节点同时进行修改操作，但这几乎是不可能发生的。数据传输还要通过系统设置的密钥来完成认证，所以区块链上的数据具有不可篡改性。同时，区块链中电力信息每通过一个节点，就会产生一个时间戳，时间戳通常是一个字符序列，刻意地标记了数据传输的原始文件信息、数字签名、转发时间等重要信息，这就使得电力数据信息具有很强的可追溯性。

3. 开放共享

区块链上的所有节点都可以参与链区的数据维护，每一台电服务器，每一台工作站都可以参与数据维护，进行电力数据的传输、读写功能。区块节点间基于一套共识机制，通过竞争计算与智能合约共同维护整个区块链平台，即使任意节点失效，其余节点仍能正常工作。

4. 安全可靠

区块链技术采用密码学技术对电力数据进行签名加密，非对称加密算法由公开密钥（public key）和私有密钥（private key）组成。在没有私钥的情况下，无法使用公钥对数据进行管理，从而确保企业的电力数据不会被伪造、盗用；同时，区块链技术还采用了哈希函数算法，确保电力数据信息在传播中不易被篡改丢失。

（三）区块链技术在智能电网上的优势

在传统的智能电网中，无线传感节点实时监控电网设备运行，并通过邻近数据采集基站将采集的电网数据定期上传到一个可信中心节点进行存储与共享。这种中心化的数据存储方式面临集中式恶意攻击、中心节点单点失效、数据中心的存储数据被恶意篡改等信息安全问题。针对这些安全挑战，迫切需要设计安全可靠的去中心化的数据存储系统来保证智能电网的正常运行。

因此，备受关注的区块链技术被引入到分布式的数据安全存储的研究中。区块链是按照时间顺序将数据生成区块，并以顺序相连的方式组合成的一种链式数据结构，是利用密码学方式保证数据不可篡改和不可伪造的分布式账本。区块链技术利用加密链式区块结构来验证和存储数据，利用分布式节点共识算法来生成和更新数据。所谓共识算法是区块链系统中实现不同节点之间建立信任、获取权益的数学算法。

在智能电网中无线传感节点的能量有限，传统的区块链无法直接部署于无线传感网络，否则其带来的能耗开销将使无线传感网络无法正常工作。为此，使用联盟区块链技术来设计针对智能电网的安全数据存储系统，命名为智能电网数据存储联盟链（Data Storage Consortium Blockchain，DSCB）。联盟区块链是特殊的区块链，它建立在一定数目的预选认证节点上。区块链的共识算法由这些预选节点执行，而非全网所有节点，从而能大大减少网络开销。预选节点可由无线传感网络中的数据采集基站充当。DSCB 建立在部分数据采集基站，并由这些基站公开审计、安全存储数据，DSCB系统不依赖于全网唯一可信的节点来执行数据存储。传感节点采集的数据经过加密后，发送到附近的数据采集基站，然后由这些基站运行共识算法，把通过审计检验的数据记录到一个公共的"账本"（数据库），从而实现智能电网去中心化的安全可靠的数据存储。

这个公共的账本可通过智能合约的方式设置共享条件、时长和次数等参数，自动执行数据在感知节点间共享、授权 DSCB 系统的节点（传感节点和数据采集基站）进行安全访问。

（四）区块链在智能电网上的应用

下面具体分析区块链技术在智能电网数据管理平台的典型应用，解释联盟区块链技术应用在电力业务处理中心、线上客户服务系统、智能微电网、电力能源交易市场、虚拟发电厂的具体模式，并详细剖析这些典型应用的运行特征。

（1）应用于电力数据中心，增强信息共享水平。在区块链技术的支持下，电力业务数据中心存储了包括发电、输配电、营销、客服等相关电力信息及历史数据，将电力数据经过分类清洗、加密整合后应用于电网运行的信息化服务，以支持"输-变-配-用"设备广域广泛连接、数据深度采集，以及实现电气设备的 ID/IP 化，旨在打破数据壁垒并加速全场景中台的应用模型落地，实现电网工程项目数字化建设运营。

区块链电网数据平台可使电力数据中心与 ID/IP 化的电力设备连接交互，实时捕捉"厂-线-配-户"电力设备的运行数据。基于智能电表停复电的上传信息并结合供电服务系统的指挥功能，实现设备故障范围的自动分析判断，改善常规模式下电力设备运检状况知悉困难的窘境。当电网运行发生故障时，区块链电网数据平台可以对故障进行溯源处置，追溯并锁定发生故障的设备，在用户或工作人员报修之前自动生成并派发维修工单。运维人员现场维修时通过扫码方式快速获取设备参数、运行状态、故障种类及维修记录等信息，以便故障在短时间内就地排除。在设备恢复运行后维修人员可通过电力数据中心对维修情况进行及时反馈，提高故障抢修率与电网运行效率。

（2）应用于线上服务系统，加快数据业务创新。区块链电网数据平台将数据采集终端、客户服务系统、电力营销系统与各类智能电器广泛连接并收集了海量用户的用电信息，包括用电力负荷、用电时间、电费台账、缴费金额，这些数据通过整合、清洗、分类、存储等步骤处理，最终形成电力用户侧大数据资源。经过用户授权后，区块链电网数据平台可通过大数据资源对用户的用电特征与行为模式进行多层次识别与结构化分析，掌握用户用电规律并为其制定精准化的用电营销策略，以达到增加客户用电黏性、提高电力服务水平的目的。因此，加快线上客户服务系统的建设对实现电力信息的"反复查询、多次应用、多端访问"具有重要意义。

此外，基于国家电网 App 终端可以提升在线用户服务质量，实现智慧能源 APP 的远程智能服务。用户使用掌上电力 App 完成身份信息注册后，可通过指纹、声音及面孔等认证功能，足不出户"一站式"在线办理电力缴费、充电桩安装、线路改迁等电力业务。此外还以设置业务状态提醒以便实时监测业务进展，提升客户服务体验。

（3）应用于能源交易市场，打造信息安全平台。目前电力交易市场中参与者较多，包括发电厂、供电公司、售电企业和用户，通过传统的集中式管理策略去建设、维护分散式电力交易系统成本过高，也无法支持海量交易数据的采集、传输、接收、存储和分析，其中一方参与者违约便会对整个电力交易过程造成损害。为了解决上述问题，将区块联盟链电网数据平台应用在电力交易中，在确保电网数据安全的前提下通过智能合约对所有电力交易信息进行交易跟踪和永久备份，实现每一笔电力交易有记录可循，使电力交易信息具有不能否认性和不可抵赖性，构建参与者在无需中介的情况下直接进行电力对等交易，以应对不断增加的交易信息量和日益模糊的供需发展趋势。

联盟链电网数据平台在电力交易契约签订后加盖时间戳备份并监控交易环节，以提高电力生产、消费的灵活性与可追溯性，方便纠纷发生后的责任落实。同时可以保证供电企业和售电公司等合理自主分配电力，在不受外界环境的干扰下进行有效的自我维持，使得整个电力交易系统变得更加灵活。弱中心式的能源交易平台无需对市场参与者进行过多干预，而是专门负责交易安全防护电能管理设备维护工作。平台内嵌的智能合约可记录所有参与方的成员信息、交易合同、结算清单，永久存储在服务器上且不能被随意篡改。这样不仅简化了能源交易平台的系统设置、降低了运行成本，同时能稳定电力市场价格波动，以确保电能交易公开透明。

（4）应用于智能微型电网，记录电力交易信息。智能微电网（Micro-Grid）是由分布式电源、储能设备、电力监控保护装置组成的小型发配电系统，安装有太阳能板或风力发电机的建筑物与供电公司、用户通过 P2P 方式进行电能收集传输形成微电网。

但在这种不透明的微型能源网中进行大规模分散式的电力传输安全性较差，不仅耗电量较多的建筑物难以发布用电需求信息进行电力购买，而且电能剩余的建筑物节点担心隐私泄露不愿意作为供应方参与电能交易，会导致电能供求关系不平衡。

将联盟区块链智能电网数据平台应用在微电网电力调度中，以建筑物作为节点，各建筑物通过 P2P 方式进行剩余能量交换，以满足局部电能供需，提高电能利用率并减少传输损耗，建设成本较低的分布式电能传输系统。同时依托联盟链电网数据平台匿名化和安全性强的特点，将微电网中电力交易数据进行全过程加密，在保护交易者隐私的前提下发布电力供求信息。联盟链电网数据平台可以永久记录全部微电网交易数据，确保微电网运维和交易数据的唯一性和可追溯性，在无需第三方监督的情况下利用智能合约来认证、审计电力交易信息，降低了运维成本，同时便于电力交易过程中问题追责。

（5）应用于虚拟发电企业，挖掘并网数据的价值。区块链电网数据平台由于其广域连接、信息共享的特点，与虚拟发电厂（VPP）设备去中心化分布的特征相吻合。虚拟发电厂不受地理因素约束，利用分布式能源管理系统（DEMS）将分散在输配电路中的清洁电能、储能装置、可控负荷与通信系统组成特殊电厂参与电网运行，通过削峰错谷的方式使分布式能源在智能电网中进行转化与消纳，充分挖掘虚拟电厂为电力系统和用户带来的价值。VPP 聚合了分布式电源、分布式储能装置、热电联产系统、产消合一模式、用电负荷及充电汽车等多样化的 DEMS 进行协调控制与调度，满足电力信息系统需求，以及用户侧分布式能源的市场化运营。

对于 VPP 内部智能终端较少的小规模分布式能源系统，通过智能微电网进行并网；而终端较多的大规模分布式能源系统由 VPP 协调控制统一参与并网。VPP 协调 DEMS 进行并网过程中，电网数据平台要有足够的权限去控制、诱导 DEMS 的并网行为。当 DEMS 开始分布式计算后，共识认证新产生的电力区块由 VPP 计入联盟链，并作为 DEMS 的资源分配依据，在联盟链激励优化策略的基础上促使 DEMS 参与分布计算任务以获取更多并网资源，提高并网效率。

（6）应用区块链技术实现交互能源的安全增强。积极应用中的智能电表具有高连接性和强感知能力，可以监控物理电力系统，采集大量的信息，帮助能源提供者了解电力消费模式。从供应者的视角可以改进能源分配，从用户的角度可以发现和利用消费的机会。最新的智能电表模式可以支持客户管理自己生产的电能，例如通过自家的太阳能板生产的电可以在电网上交易，从而实现交互能源。

但智能电表的计算能力有限，无法实现强有力的安全措施，可能会导致网络攻击。

常见的攻击包括篡改数据、侵犯隐私和恶意控制等，影响了其广泛应用。因此，智能电表需要与区块链的智能钱包协作保护数据和交易的安全。一方面，利用将采集的数据存放在区块链上保存，保证数据的完整性、一致性、可用性和分布式控制，用户也可以跟踪数据记录及时发现异常；另一方面，会将智能电表的特定信息（供应商、型号和固件版本等）存储在链上，用来验证智能电表是否有安全漏洞，是否存在安全补丁。如果发送一个能源交易时对应的电表发现有漏洞，那么这个交易就会被标记无效，并将该智能电表进行隔离，取消其参与交易的资格。当厂商发现了新的安全漏洞，并能够解决这个漏洞，就会发布相关的补丁，并存储在专门的知识库中，并通过智能合约触发相关的电表进行固件更新。当智能电表完成更新并通过验证后又能够重返电网进行能源交易。当然，用户数据的上链会增加泄漏用户隐私的风险，这也是在实际实施过程中需要关注和解决的问题。

（7）应用区块链技术实现不同业务形态的策略部署。实际应用中，通过区块链技术构建的分布式账本，提供了系统中所有数据完整一致的视图，消除了系统中的信息孤岛，实现了信息的高效流通，为系统中所有生产要素的高效配置提供了决策依据。通常在区块链上通过智能合约可以快速构建各种不同的分布式应用，为各种策略的实施提供强力保障，以快速应对不同业务形态。

例如，随着电动汽车的不断普及，在电力系统中电动汽车可以变成储能设备，合理利用可以降低电力的生产成本，提高电网的健壮性。设计优化的充电方案可以最小化电网的电压波动和电动汽车用户的费用。为了实现以上目标，可以利用区块链技术设计一个分布式能源交易系统，通过智能合约设计一套竞价机制，激励参与者最大化他们的利益。可以在充电站与电动汽车之间构建一个去中心的竞争的环境，有效平衡供需的矛盾。

（8）总结。区块链电网数据平台通过数据采集终端、客户服务系统收集了用户信息，并将这些数据进行处理，最终形成电力用户侧大数据资源；区块链电网数据平台确保电网数据在安全的前提下通过智能合约对所有电力交易信息进行交易跟踪和永久备份；在微电网电力调度中，电力数据平台以建筑物作为节点，各建筑物通过 P2P 方式进行剩余能量交换，以满足局部供能需求；在联盟链激励优化策略的基础上促使虚拟电厂参与分布计算任务，以获取并网资源以提高并网效率。

（五）智能电网区块链技术所面临的挑战

虽然区块链技术在智能电网已实现了初步的应用，但仍然存在一些挑战，包括区块链技术自身的局限性及区块链与智能电网结合所带来的问题。针对这些挑战，并结合国内外能源区块链项目的实际应用情况,从以下几个方面给出了进一步的发展建议。

(1)突破区块链的技术瓶颈。区块链作为一种新兴技术,在扩展性、安全性和去中心化等方面仍然存在需要完善的地方。由于区块链要求所有节点对交易记录等相关数据进行同步备份存储,所以随着参与节点数和运行时间的增加,区块链的数据存储系统将面临更大的容量和维护压力。智能合约是实现区块链交易自动执行的关键技术,依赖于算法编程实现。但随着交易规模和复杂性的增加,存在一定的安全威胁,有可能导致安全漏洞的出现,影响区块链系统的安全运行。因此,需注重对分片技术、跨链技术等关键技术的研究,尽快实现技术瓶颈的突破。

(2)区块链与智能电网的协同运行。区块链在金融领域的应用主要基于价值传递,仅需要满足数值上的平衡即可。而智能电网作为世界上最复杂的系统之一,除了价值传递外还包括能量传递,且价值传递是围绕能量传递进行的。因此区块链在智能电网中的应用需充分考虑智能电网的物理约束,实现区块链的信息系统与智能电网的物理系统之间的协同运行。

(3)完善能源政策与监管框架。能源安全是国家发展的重要支柱,能源的交易和管理需要政府机构的严格监管。然而目前智能电网区块链的有关标准和规范尚未完全建立,国内外的智能电网区块链项目普遍存在应用场景过于理想、规模较小的问题。因此,如何建立合适的监管框架对于智能电网区块链的广泛应用至关重要。此外,智能电网区块链项目能否落地与政府的能源政策息息相关,在目前泛在电力物联网概念持续升温的背景下,将区块链技术与泛在电力物联网的建设相结合具有重要的战略意义。

(4)推进能源区块链项目落地应用。随着能源结构的转型和智能电网的发展,分布式能源体系将成为传统能源体系的有力补充。而区块链技术以其去中心化、公开透明的特点可以有效支撑能源体系的发展。但目前国内的能源区块链项目存在应用场景单一、规模较小、尚停留在理论研究阶段的问题。因此,电网公司应尽快在小范围内开展能源区块链项目的试点运行工作,积累区块链技术在智能电网上的应用经验。

三、大数据的应用

(一)大数据的定义

大数据(big data)是指无法在一定时间范围内用常规软件工具进行捕捉、管理和处理的数据集合,是需要新处理模式才能具有更强的决策力、洞察发现力和流程优化能力的海量、高增长率和多样化的信息资产。

广义上讲,大数据不仅是指大数据所涉及的数据,还包含了对这些数据进行处理和分析的理论、方法和技术，是指通过对大量的、种类和来源复杂的数据进行高速地捕捉、发现和分析，用经济的方法提取其价值的技术体系或技术架构。

大数据早期主要应用于商业、金融等领域，后逐渐扩展到交通、医疗、能源等领域，智能电网被看作是大数据应用的重要技术领域之一。一方面，随着智能电网的快速发展，以及智能电表的大量部署和传感技术的广泛应用，电力工业产生了大量结构多样、来源复杂的数据，如何存储和应用这些数据，是电力公司面临的难题；另一方面，这些数据的利用价值巨大，不仅可将电网自身的管理、运行水平提升到新的高度，甚至产生根本性的变革，而且可为政府部门、工业界和广大用户提供更多更好的服务，为电力公司拓展很多增值业务提供条件。

智能电网在运行过程中会产生海量的数据，数据产生的速度快且类型较多，与大数据的特征相符合。现阶段，我国使用的电网基础设施较为落后，不具备计算处理和数据分析能力，进而阻碍了智能电网的发展。为了更好地促进智能电网的长远发展，在大数据背景下，构建出安全高效的电网大数据平台。通过将大数据技术、云计算数据进行整合，提升了数据处理能力，运用到智能电网数据处理当中，可以很好地解决多样化的大数据问题。此外，大数据技术还能提升智能电网的安全运行能力，降低成本，实现电网高效稳定的发展。

（二）大数据技术的特征

（1）大数据技术可存储巨量数据。

大数据技术一般使用艾萨华公司（LSI）开发的芯片存储技术（以下简称 LSI 技术），可存储数据超过宇宙天体数的三倍以上。互联网一天所产生的数据内容可以刻满 1.68 亿张 DVD 光盘，相当于《时代》杂志 770 年的文字量。而艾萨华公司的芯片存储技术可存储的数据能够达到千万亿（PB）、百亿亿（EB）乃至十万亿亿（ZB）的级别。

（2）大数据技术可以抓取、收集类型繁杂的数据。包括各种各样的语音、非结构化数据、图像、文本信息、地理位置信息、网络文章等。联合包裹速递服务公司（UPS）早在 2009 年就开发了行车整合优化和导航大数据技术系统（ORION），对快递线路进行预测和优化。截至 2013 年底，ORION 系统已经在大约 1 万条线路上得到使用，在多送出 42 万件包裹的情况下，为公司节省燃料 150 万 t，少排放二氧化碳 1.4 万 m³。由此可见，大数据技术正在引导物流企业将洞察力快速转化为公司决策。

（3）大数据分析具有较高的商业价值和应用价值。物流领域的数据量是非常巨大的，包括来自企业、互联网、港口、运载工具等的数据。如何从如此巨大的数据中挖据企业所需的数据资料，就需要借助大数据分析技术。如利用大数据来分析集装箱移动信息，物流企业就能知道哪些港口有剩余运载量，哪些港口吞吐量大、货物周转速度快，应在哪个位置的港口部署海运业务。大数据已经成为智慧物流的引擎。

（4）计算速度快。大数据分析采用非关系型数据库技术（NoSQL）和数据库集群技术（MPP NewSQL）快速处理非结构化及半结构化的数据，以获取高价值信息，这与传统数据处理技术有着本质的区别。

（三）大数据技术在智能电网上的现状与优势

从 2012 年以来，国内外在智能电网大数据技术研究和工程应用方面做了一些有益的尝试，奠定了一定的基础，但总体来看，这些工作尚处于探索起步阶段。智能电网大数据的研究和应用是一个长期而复杂的工作。客观上，大数据的理论尚未形成，大数据的相关技术仍在快速发展中，还没有进入稳定时期；同时，智能电网通信信息系统的互操作问题仍然存在，数据模型尚未统一，给数据的获取和应用带来实际困难；主观上，电力公司在大数据的基本概念、研究方法、应用价值方面认识不足，没有达成共识，在思想认识和技术准备上存在不足，也给大数据在智能电网中的应用造成一定障碍。即使有些电力公司和电力研究者对大数据表示出很大兴趣，但由于缺少战略性研究和顶层设计的指导，影响了智能电网大数据研究和应用的有序推进。

在大数据技术全面快速发展的今天，伴随着信息技术及网络技术的全面快速发展，电力通信网络的运行可靠性及运行稳定性得到了全面快速的发展。在大数据中，电力大数据已经成为最为主要的技术类型，电力大数据已经成为电力通信行业持续发展的基础和关键。从相关概念可以看出，电力大数据属于大数据的一种分支，在实践和发展运行过程中具有非常突出的作用。电力大数据是指在电力行业中大数据的子集。大数据在电力通信中主要包含外部和内部两部分，内部的使用主要是进行记录电力设备及系统的运行状态，以及其中的有关信息，并且有效地分析其中的相关数据。在此基础上，更好地提升数据分析质量，更好地优化数据分析的水平，以此来精准全面地做好决策，更好地保障电力系统运行的整体稳定性与可靠性。在信息技术全面快速发展的今天，电力大数据已经得到了全面快速的发展，电力大数据业已成为电力通信网络中的关键力量。

（四）大数据的关键技术

1. 数据存储技术

大数据背景下，给电网的智能化发展提供了改革的契机，充分发挥出大数据技术的作用和价值，对于电网中的大量数据进行快速的存储。同时，当数据储存平台发生问题时，应该利用数据储存技术进行问题处理，从而提升电网信息的安全性，促使智能电网得到优化和升级。此外，智能电网大数据结构复杂、种类多，数据储存方式可以根据数据的特征选择合适的储存方式。数据管理也是智能电网平台中的重要功能之一，按照不同的数据进行分类和管理，并且具备查询和索引功能。

2. 数据处理技术

智能电网大数据应用的种类繁多，需要结合不同的实际需求去合理使用相应的数据挖掘技术。比如智能电网大数据经常被人们广泛地用于半结构或者非结构化的数据信息中，在经过分析、清洗和筛选后变换为结构数据，在智能电网发展和运行过程中，非结构化的数据信息在分布式系统中得以保存。根据大数据的特征和处理需求，将大数据处理技术分为内存计算、流处理以及图计算等几种常见的处理技术。其中流处理方式将数据流进行分析，获取最终所需的信息和结果。数据流具有规模大、速度快的特征，不会对海量的数据进行永久性的保存，因此可利用构建流处理系统的方式，全面地掌握整个数据的信息。另外，随着内存成本价格的下降，配置服务器的内容扩大，通过内存计算的方式去处理海量的数据成为一种可能性。同时，内存处理还能与流处理、图计算相结合，可以提升数据分析能力。所有数据处理技术的作用，在于对电网安全进行实时的监控，提升数据的准确性，及时对电网的问题作出反应。

3. 数据分析关键技术

大数据技术中最为主要的便是将信号转换为数据单位，并通过对其进行有效的分析和处理，促使其能够形成基础信息。接着对这些信息进行进一步的提炼，为电力企业的发展提供有效的参考和依据，帮助其在决策和行动时能够有据可依，形成科学化、完备化的决策，进一步实现综合发展和提升应用水平，创建良好的服务基础。同时，面对大数据时代的发展，必须加强技术手段的不断革新，在庞大巨量的信息数据当中摸索规律和模态，使得电力企业的决策者能够对数据进行清晰、明了的把握，获得准确的参考，进一步实现具备价值和意义的能量输出，为更多的用户提供更好的服务。做好智能电网应用电力大数据关键技术的逐步提升，可以为电力用户带来更多的帮助，也能够进一步提升电力企业的经济效益，带动整个社会形态的良好发展。

4. 并行数据库

并行数据库存储功能强、结构化高，可以及时有效地帮助用户查询或是处理事物所需的数据，在保障数据可靠性、安全性及逻辑性方面发挥着至关重要的作用。用户可以借助 SQL 实时查询数据，对数据信息认真分析，助推了电网建设速度的加快。此外，并行数据库还在图片、视频及音频，或者是其他结构化数据的组成过程中发挥着举足轻重的作用。

5. ELT 技术

智能电网中的电力大数据的关键技术之一是 ELT 技术。电网数据有着信息庞杂、分散的具体特征，这种情况会不断地增加大数据处理的难度。而应用 ELT 技术能够有效地梳理流程，实现自动化信息技术处理，进一步通过数据集成、抽取、转换、剔除、修正的过程实现数据的有效收集。目前，这种方法已经被广泛使用，为提高技术的优化管理和升级，要求工作人员有效结合自身企业的发展情况，加强对多种技术手段的合理应用，促使数据呈现出集成化的发展趋势，不断为电力企业发展提供新思路、新趋势。

（五）大数据在智能电网中的应用

1. 智能电网大数据平台

信息化时代的来临，为传统电力基础设施带来了发展和改革的机遇。目前，我国的电力基础设施还比较落后，无法充分满足人们的使用需求。而智能电网可以快速地处理信息问题，对信息进行整合并利用。因此，为了能够更好地整合资源信息，应构建大数据平台，为应用提供统一的数据接入、数据 处理、数据储存和管理等功能。智能电网大数据平台基础资源包含了网络资源池、信息储存资源池等，在大数据平台对多样化数据信息进行全方位统一的管理。

2. 数据库安全防护机制

在电力通信网的运行过程中，积极采用大数据信息化技术，能够在很大限度上保障数据库的安全性，提升数据的安全防护能力。随着信息技术的全面快速发展，电力通信网的运行能力不断提升，电力通信网数据不断增加，在很大程度上提升了电力通信网的整体运行效率，但电力通信网的运行安全隐患也日益增加。为更好地提升电力通信网的运行安全性，有必要采用科学的数据库安全防护机制。比如在电力通信网的运行过程中，依托于科学全面的数据防火墙技术及监督管理机制等，能够在很大程度上提升数据安全成效，同时也能够提升电力通信网的整体运行安全。在电力通信网的运行过程中，由于用户数量的不断增加，势必容易增加比较严重的输入性风险，为从源头做好安全管控和信息安全，应该采用科学的访问管理技术，有效监管不安全的访问行为或异常访问行为等。依托于这种安全监管行为，能够在很大限度上就网络访问等进行相应的监管，以此来及时全面监测与发现不安全行为，及时堵住安全漏洞。同时，在电力通信网的运行过程中，数据是非常重要的。为避免可能出现的数据安全风险和数据丢失等问题，有必要健全完善科学的数据备份技术，加强数据备份管理。

3. 电力通信检修工作量分布

在电力通信网络的运行过程中，因主客观因素的存在，不可避免地会出现不同程度的安全隐患及系统漏洞，亟须进行必要的检修与维护。尤其是在各供配电的环节中，也容易出现不同程度的安全隐患。因此，在实践过程中要科学采用大数据技术来进行必要且全面的检修。依托于大数据技术，能够在检修维护的过程中，精准明确待检修维护的位置及区域，同时充分理清待检修的作业量及检修维护记录，为后续检修维护提供必要的数据基础。此外，在大数据通信网络的运行过程中，TMS 系统数据架构是非常主要的数据体系，能够在很大程度上提升数据通信网络的整体运行安全。在实践过程中，这一数据体系主要包含系统业务数据、基本数据及动态的采集数据等。这些不同的内容分别发挥着差异化的作用，以此来更好地提升电力通信网的运行效率。

综上所述，在电力通信网络的运行过程中，大数据信息技术是非常重要的技术载体，能够在很大程度上提升电力通信网络的运行安全以及运行效率，同时也能够全面加强电力通信网的常态化、系统化检修，更好地保障电力通信网持续全面发挥作用。

（六）智能电网大数据处理技术所面临的挑战

1. 智能电网大数据存储与传输

智能电网记录着电力系统运行中的各项数据及设备监测数据等，海量的数据大大增加了监控设备和电网数据传输设备的负担，导致电网智能的发展受到了影响。

在大数据时代背景下要提高大数据传输效率，当务之急就是选择压缩数据的方法，降低数据传输量。这样一来在智能电网传输中网络压缩技术的使用就越来越多，虽然能有效节省数据存储空间，但系统中心也会因为数据解压或是压缩问题，出现了资源浪费问题，所以需要设置合理的支持平台。

在电网大数据存储方面，虽然工作人员可以通过分布式保存方式，解决存储问题，但是或多或少还是会影响电力系统实效性数据的处理，故而需深入分析的同时，还将存储到大户系统中的大数据进行分类处理。在当前的智能电网中绝大多数数据都是非结构化数据，我们必须要将非结构数据信息有效转化为机构化数据信息，才能对其进行存储，同时这也是现阶段智能大数据处理技术所面临的重要问题。

2. 大数据的数据解析

针对数据解读和数据分析，对大数据采集过程的分析需要多种类型数据来进行研究，只有这样才能实现对其中隐藏的相互模式、关系及重要信息的掌握。在智能电网系统中要想理解和应用分析结构，前提就是对大数据信息解读，其解读过程实质上就是深层次展示、分析大数据本身以及过程。

另外还需将数据分析结构和行业问题对应起来。由于该过程贯穿着对数据本身的分析，所以需要使用一种特色大数据分析方式作数据解读并进行概括。

3. 可视化分析技术

及时精准分析处理电网中不断生成的数据，随后再充分利用有线屏幕展示给用户，可视化分析技术可以有效处理数据。因此在智能电网中得到了较为广泛的应用，其通过高度集成技术和高分辨率图像交互工具，可以及时有效地将精准数据处理结构提供给用户。在信息技术发展的同时，可视化技术的发展也具有的一定的挑战，如图像合成、显示、技术扩展性及重要信息的提取等。

四、知识图谱的应用

（一）智能图谱的定义

知识图谱（Knowledge Graph），在图书情报界称为知识域可视化或知识领域映射地图，是显示知识发展进程与结构关系的一系列各种不同的图形，用可视化技术描述知识资源及其载体，挖掘、分析、构建、绘制和显示知识及它们之间的相互联系。

具体来说，知识图谱是通过将应用数学、图形学、信息可视化技术、信息科学等学科的理论和方法与计量学引文分析、共现分析等方法结合，并利用可视化的图谱形象地展示学科的核心结构、发展历史、前沿领域，以及整体知识架构达到多学科融合目的的现代理论。

它把复杂的知识领域通过数据挖掘、信息处理、知识计量和图形绘制显示出来，揭示知识领域的动态发展规律，为学科研究提供切实的、有价值的参考。

知识图谱通过结构化方式对客观事物、概念及相互关系进行描述。通过对知识进行收集处理，然后对有用的知识进行抽取和存储，从而完成知识图谱的构建。知识抽取是整个构建过程的重要环节，其抽取方法作为研究的重点经历了规则词典-机器学习-深度学习三个过程。如今知识图谱得到了广泛应用，尤其在搜索引擎、对话问答等领域发挥了重要作用，通过大数据进行分析并结合深度学习，有效推动人工智能的发展。

（二）智能图谱在智能电网中的应用

随着电力系统智能化和信息化的不断推进，系统中的数据信息量正不断增加。信息化平台在各级电力调度中心建设过程中，没有采用统一的格式化标准对数据进行定义，导致数据的种类和格式多种多样，通常以文本、视频等非结构化方式进行存储，只有少量的数据是按结构化处理的。作为生产服务型企业，电力企业的生产过程和服务过程会产生大量的数据，从而增加了电力数据的维度。电力数据资源主要由上述分散、多维、结构复杂的数据构成。

因此将知识图谱应用在电力行业，可以对分散的电力数据进行集中处理和分析，从而保证电网数据的通用性和规范性，为智能电网建设的数据信息提供真实性和一致性保障。并能满足电力企业数字化管理和智能电网的建设，有效提高了电力企业的管理水平。利用知识图谱技术对大数据进行合理使用，保证了系统安全稳定运行，同时推动了智能电网的建设，根据数据信息对电力系统实现精益化管理，促进了电力企业的科学化管理和信息化建设，实现了智能电网与用户间的友好互动，有效提升了电力公司的业务水平，具有很好的发展前景和实用价值。

五、深度学习的应用

（一）深度学习的定义

深度学习是一类模式分析方法的统称。该概念源于人工神经网络的研究，含多个隐藏层的多层感知器就是一种深度学习结构。深度学习通过组合低层特征形成更加抽象的高层表示属性类别或特征，以发现数据的分布式特征表示。研究深度学习的动机在于建立模拟人脑进行分析学习的神经网络，它模仿人脑的机制来解释数据，例如图像、声音和文本等。

深度学习的最终目标是让机器能够像人一样具有分析学习能力，能够识别文字、图像和声音等数据。其在搜索技术、数据挖掘、机器学习、机器翻译、自然语言处理、多媒体学习、语音、推荐和个性化技术，以及其他相关领域都取得了很多成果。深度学习使机器模仿视听和思考等人类的活动，解决了很多复杂的模式识别难题。

（二）深度学习在智能电网中的应用

目前，电力系统正在向可持续的方向发展。然而在配电网中，可再生能源、电动汽车等元素的加入大大增加了电力系统的复杂性和不确定性。此外，可再生能源的间歇性发电以及电力公司与用户的一些不确定行为使得电网的稳定性也有待去解决。因此，电力公司需要更加准确的负荷预测结果来制定更加有效的电力调度策略，以应对所有可能的情况。因此，研究新的负荷预测方法进一步提高负荷预测精度具有重要的意义。

电力负荷预测是根据气象、日期、社会、经济发展等多维历史数据，科学严谨地对负荷的历史与未来数据进行数学处理，建立负荷与相关因素的关联模型，实现对未来负荷有效的预测。短期负荷预测（Short Term Load Forecasting，STLF）是电力负荷预测的重要组成部分。短期负荷预测是指预测未来 1h 至 1 周时间的电力负荷。准确的电力负荷预测结果还可以获得巨大的经济效益，国外的相关研究表明，短期负荷的平均误差每减小一个百分点则能够节约几十甚至上百万美元。

得益于物联网技术的深入发展，电网的各个环境中也部署了大量的物联网感知设备。此外，在全球范围内智能电表设施（Smart Meter Infrastructure，SMI）的持续扩展为传统电网向智能电网的演变迈出了重要的一步。智能电表可以按照一定的频率持续地获取用户的用电参数，并通过物联网通信技术传输给电力公司。在现有的智能电网架构下，电网系统产生了海量的相关数据。基于这些数据可以挖掘出更多有用的信息来提高负荷预测的准确性。然而，短期负荷预测受天气、日期类型、用户行为模式等多种复杂的因素影响，电网大数据处理仍然是一个具有挑战性的问题。大多数现有的时间序列预测方法在应用于电力负荷预测时存在一些局限性。

随着计算机运算能力爆炸性的增长，一些计算密集型的大数据处理方法又重新回到了大众的视野，并取得了显著的效果。近年来，伴随着深度学习（Deep Learning，DL）的兴起，人工智能神经网络取得了新的发展，出现了不少性能更加卓越的网络结构和训练算法。因此，深度学习可以成为负荷预测的有力工具。循环神经网络（Recurrent Neural Network，RNN）以序列数据作为输入，在序列前进方向进行递归循环且按链式连接的递归神经网络。RNN 往往应用于自然语言处理或是各类时间序列预测等方面。目前，已经有部分学者使用深度 RNN（DeepRNN，DRNN）进行短期电力负荷预测，达到了更好的预测精度效果。

六、图像识别技术与图像处理技术的应用

（一）图像识别技术与图像处理技术的定义

图像识别技术是指对图像进行对象识别，以识别各种不同模式的目标和对象的技术。该技术是以图像的主要特征为基础的。每个图像都有它的特征，如字母 A 有个尖，P 有个圈，而 Y 的中心有个锐角等。对图像识别时眼动的研究表明，视线总是集中在图像的主要特征上，也就是集中在图像轮廓曲度最大或轮廓方向突然改变的地方，这些地方的信息量最大。而且眼睛的扫描路线也总是依次从一个特征转到另一个特征上。由此可见，在图像识别过程中，知觉机制必须排除输入的多余信息，抽出关键的信息。同时，也必定有一个负责整合信息的机制，它能把分阶段获得的信息整理成一个完整的知觉映像。

图像处理技术是用计算机对图像信息进行处理的技术。主要包括图像数字化、图像增强和复原、图像数据编码、图像分割和图像识别等。图像处理的应用领域涉及人类生活和工作的方方面面，包括航天和航空技术、生物医学工程、通信工程、工业和工程、军事和公安、文化与艺术等。随着人类活动范围的不断扩大，图像处理的应用领域也将随之扩大。

（二）图像识别技术与图像处理技术的优势

信息技术水平的提升使图像识别技术广泛应用于社会各领域中，并成为推动人工智能管理发展的中流砥柱。再加上现代社会建设对于电力能源的需求越来越大，高效、安全的电力供给是电力系统创新的重点，所以研究图像识别在电力信息化中的应用势在必行。完整电力系统的建设涉及能源规划、电力生产、能源输送、电力营销等多个环节，工作内容繁琐而复杂，而信息化建设有利于促进电力系统向高度集约化工业转变，从而满足现代社会对电力能源的需求。1960年开始，我国电力系统通过初期计算机信息技术实现了单机自动化的检测与管理；到了1990年之后，快速发展的计算机信息技术促进了多元化新型技术手段的产生，电力工业信息化建设也因此进入迅猛发展阶段——单一的电力信息化状态转变为全方位、多领域的网络信息化局面；当下，各电力企业的生产与管理更是离不开信息化建设。

计算机信息技术中，图像识别体现了信息化科技的发展方向，因此，图像识别在电力信息化建设中的应用有助于提高电力信息化水平，保证电力系统运行的准确性与安全性。

随着科技的进步，人工智能已在各行业中有了广泛应用，并且取得了良好效果，人工智能被应用于电网领域，提升了电力企业的管理水平，减少了电能消耗。但人工智能在带来诸多优势的同时，也给电力企业的管理提出了更高要求。将人工智能用于电网管理中，会产生大量的图像数据，图像数据保存和处理靠人力很难完成，这时借助图像处理技术，可以很容易地完成大数据的储存和处理。将图像处理技术应用于电网领域，能加快电网的建设，增加电网和外界的联系。可以帮助企业解决海量数据的处理和保存难题，使企业工作量减少，工作人员工作效率、工作准确性提高，能带动企业的发展和提升企业的核心竞争力。

（三）图像识别技术与图像处理技术在智能电网上的应用

（1）图像识别促进电力设备检测能力的提升。电力设备检测是整个电力系统保持正常运行的重要工作环节，也是我国现代电力工业建设中，最早实现信息化的工程项目之一。而图像识别智能化特征则在检测电力设备中起到极其重要的促进作用，可有效强化电力检测系统的自动化与智能化运行，及时监控并发现电力系统与电力设备所隐存的问题，并采取对应解决方法，阻止或减少安全事故的发生，确保电力系统能正常输送电力能源。图像识别应用于电力设备检测中的步骤较为复杂，且每一步骤的实施结果都深入影响着电力设备检测环节的工作效率。一方面，预先采集并处理目标图像。由于多种因素影响，数字摄像设备采集过程中，目标图像多少会出现一些质量问题，如没有预先对其进行处理就直接实施识别分析工作，那么该图像识别结果的准确性将会大打折扣，所以工作人员可先对所采集图像实施灰度化处理，保证图像质量。另一方面，优化识别算法、提升识别速度。因为图像识别运行需占用计算机内存，当图像量较大时，其计算识别速度将会受到影响，所以应在完善计算机性能基础上，优化图像识别算法，提升图像识别速度，保证电力设备检测的实效性。

（2）图像识别有助于完善电力营销管理系统的信息化建设。电力企业发展过程中，其电力营销管理业务的运行状态决定了该企业在激烈市场环境中的竞争实力。信息时代下，电力企业营销管理系统虽得到信息化发展，促进了电力营销管理水平的提升，但细节部分仍存有不足之处。现下，我国电力企业执行填写撤回电能表表数的工作环节时，依然是采用人工录入的形式，极易出现操作失误现象，从而降低信息准确性，对企业自身和消费者造成不必要的损失。图像识别技术自动化、智能化的优势可帮助企业通过计算机与专业程序自动填写撤回电能表表数，提升信息准确率。因此，电力企业可根据其电力营销管理系统发展状况构建专用图像识别平台，通过摄像、拍照完成对撤回电能表的图像采集；之后再利用图像识别技术识别撤回电能表的相关信息，并借用图像识别信息管理功能对所采集的信息进行管理。从整体上来看，图像识别在电力营销管理系统中的应用推动了撤回电能表信息处理模式的创新改革，进而完善了电力营销管理系统的信息化建设。

（3）基站建设。图像处理技术，对电力企业电力运输路线的选择、发电站建设位置的选择等，能提供很多可靠的参考数据，便于企业管理人员的决策。通过图像处理技术进行电力公司发电站建设地址的选择，能有效减少电力公司人员的工作量，还能提高工作效率，在较短的时间能做出较优的决策。例如某电力企业，在进行发电站选址的过程中，先通过图像处理技术，对各个备选地址进行图像数据分析，再在此基础上建立模型。通过模型的对比分析，结合影响基地建设的各种因素，排除了一些不符合建设要求的地址，然后对剩下的地址，电力人员通过实地勘察，最终确定建站地点。虽然图像处理技术并不能完全代替人工，但是可以减少电力人员的工作量。

（4）用户分析。电力公司可以利用图像处理技术，分析已有用户数据，然后根据分析结果来了解用户特征、需求等，并以此来改进企业人员的工作方式，提高企业的服务水平。图像处理技术能让电力企业对自用户更加了解，并能根据用户需求制定有针对性的营销方案，给用户提供更好的服务。在满足用户需求的同时，电力企业还能最大化实现自己的经济利益，有助于企业知名度和认可度的提升，这能增加企业的核心竞争力，使电力企业在激烈的市场竞争中占据优势。

（5）智能控制。电力系统出现故障时，如让人工排查并解决故障，需要花费较多的时间，还要投入一定的人工成本。同时，由于人工作业花费的时间较多，会给用户的用电带来困扰，不符合用户和电力公司的利益。而图像处理技术的运用，会在很短的时间内帮助电力公司找出故障所在，使电力公司能在尽可能短的时间完成故障处理，能减少用户和企业的损失。同时，图像处理技术还能帮助电力企业分析故障发生的原因，这对电力人员的故障处理以及同类型的故障预防都有帮助。图像处理技术的应用，能使电力企业的电力输送更加便捷，也能提升电力企业的管理水平，使企业工作人员的工作效率更高、处理问题的能力更强。

（6）协同管理。图像处理技术的应用，能增加行业内企业互相之间的联系，能起到优化企业的内部人员管理及设备管理的作用，还能帮助企业及时了解各种行业信息及行业发展动态，有助于企业顺应市场变化做出各种决策。大数据图像技术的处理，涉及整个行业的各类数据，如生产、运营等，这可以增加行业内企业之间的联系。大数据图像处理技术的应用，能保障电力系统的平稳运行，对电力系统的良性发展有促进作用。

七、云计算的应用

（一）云计算的定义

云计算是一种崭新的计算模式，是分布式计算、并行运算、网格计算的发展。云计算能够提供安全、可靠的信息存储，方便快捷的网络服务，强大的数据处理能力，实现资源的统一管理和动态分配。

云计算的出现与运用，加快了医药、电子商务、信息通信等领域的发展。伴随着电力系统海量数据存储、处理、管理的需求，云计算逐步进入电力行业。什么是云计算、云计算有哪些优势、云计算如何融入电力行业诸类问题成为电力系统研究人员日益关注的主要问题。

从目前来看，云计算技术是一项新型技术，可有效解决电力系统数据库对于信息数据存储和计算能力不足的问题。近年来，云计算通过完善和改进，能有效实现对大量信息数据处理和存储的要求。在进行数据处理时改变了数据存储的方式，且使用的处理软件在不断更新优化，现阶段的云计算技术已经完全可以实现对智能电网系统中庞大数据量分门分类的管理，能在最大限度上满足不同数据类型和功能的需求。同时，云计算技术在不断的发展中形成了并行编辑模式，简洁高效的模式可同时高效地完成两种不同类型的工作，节约工作时间和大量的人力物力，提高了工作效率和质量，在很大程度上满足了现代人们生活工作的需求。总之，云计算技术能简单快速地处理各种信息数据，可解决当前智能电网中对于信息数据处理方面的很多问题。

（二）云计算在智能电网上的优势

云计算是随着其构成（云基础设施作为服务-Infrastructure as a Service IaaS，云平台作为服务-Platform as a Service PaaS，云软件作为服务-Software as a Service SaaS）发展起来的。智能电网是电网 2.0，它具有互动性的特点。Web2.0 技术是云计算产生的原动力和内在需求，可以说云计算系统是 Web2.0 的升级。云计算能够缩短 Web 应用开发周期，提高业务响应速率，实现用户服务获取与数据共享，与智能电网不谋而合。云计算是一个诸如电网一样的云网，"按需即用，随需应变"，是一个创新的系统，因此云计算与智能电网有着天然的联系。它具有如下特性：①多系统的跨区信息交互和业务整合；②海量数据存储和处理；③基于 SOA 的架构体系达到信息共享和服务集成；④便于动态扩展，具有强大的经济效益。

当前，我国云计算技术还处在不断发展中，尽管如此，很多电力企业为了提升信息化建设水平都配备了相应的云计算中心。然而在大市场经济环境下，改革电力体制的举措不断深入，所以传统的生产模式也进一步被淘汰，同时电力企业也将旧有的核心目标进一步转变成经济效益，迎接市场经济新形势的严峻挑战。云计算的出现是基于市场变化的需要，它的功能是给用户提供相关的软件服务，用于信息数据分析。

未来电力系统是超大规模的，智能电网电力系统计算是多节点、多任务、多目标、多层次、多策略的，依靠传统集中式的数据计算平台是远远达不到要求的。由于云计算适用于电网这样快速增长的场景，当前电力系统利用云计算独特的优点，与云计算紧密结合在一起，一个新颖的名词"电力云"也就随之产生了。

云计算是未来电力系统的核心计算平台。云计算已经成功应用于电力系统部分领域，因此，电力云并不是空谈。在当前资源严重匮乏以及信息高速发展的时代，电力行业也面临严峻的挑战。电力云能够解决一系列电网的突出问题。

同时，根据国家电网公司"三集五大"体系建设总体实施方案，应适时开展对云系统的适应性调整，快速响应业务变革需求。方案同步研究开发完善纵向贯通国家电网公司各层级、横向集成各业务、信息高度共享的统一信息平台，全面提升通信基础网络的支撑能力，调整优化信息通信组织机构，为国家电网公司"三集五大"体系建设提供有力的信息通信支撑和保障。因此，利用云计算搭建信息通信平台将成为今后国家电网信息通信研究的重要方向之一。

（三）云计算的关键技术

1. 虚拟化技术

虚拟化技术的强大优势是在操作系统与硬件资源之间实现独立地运用，却不会发生在各空间的内部影响运行的情况。利用虚拟化技术的优点能有效提升计算机工作效率，能对电力企业内部有效的资源实现共享，同时信息数据也能得到传输。依赖虚拟化技术中的整合技术，有机整合云储存与云计算，对资源进行联合管制，不但能提升利用资源数据的效率，还能将 IT 设施基础能力得到一定程度的提升。

2. 云计算技术

在电力企业信息化建设中，新型信息技术的云计算是一项十分重要的技术。它在处理信息数据方面有着很大的优势，例如搜集、整理、分析、存储等方面，因此就信息化建设方面而言，它有着十分强大的现实意义。但为了使稳定云计算得到保证，在实际的运用过程中仍少不了相关技术的支持。

3. 资源调度管理技术

对资源进行优化配置是云计算资源调度管理技术的主要功能，以电力企业各个环节的资源数据为依据，进行监控和调度，以此来使云资源的标准化与规范化得到提升。为保证企业能快速调度信息资源，电力企业需要在电力信息系统中应用资源调度管理的技术，同时对各类资源的调度也十分有利，并对各方面数据实施监控，给计算机提供安全稳健的防护。

4. 不断完善电力企业基础设施建设

在基础设施建设中，我们需要更加关注的是云服务器虚拟化部署。应用服务器与备份服务器是硬件设施中的主要部件，电力系统中服务器是其中的管理资源硬件系统，终端系统是结构化查询系统。这种服务器完成相关部署是利用被虚拟化处理后的虚拟机来完成的。在与其他服务系统比较之下，它具有两个优点：所占内存较小，运行效率更高。

综上所述，将云计算运用在电力信息化建设中，能充分发挥出云计算的作用，使企业的信息化建设水平得到提升，并有效地促进电力企业内部信息和数据的共享，为电力企业之后的健康发展奠定坚实稳固的基础。

（四）云计算在智能电网中的应用

1. 在电力调度和监控系统中的应用

电力系统正在朝着分布式控制转变，所以利用统一的云计算平台，可以促进分布式控制中的信息实现共享。对于大量小容量分布式电源的监视和控制将成为未来智能电网发展的难题。这是因为在未来智能电网系统中，分布式电源数量很多，系统调度和运行控制的计算量增加，而电力调度系统又是电网组成核心，这就需要逐步通过改进技术和设备来优化整体性能。由于云计算具有强大的数据分析能力，所以可保证电力系统调度运行稳定和安全。此外，云计算还有较强的可扩展性，有助于随时根据电力系统的规模动态提升计算能力。现阶段应建立大规模的电力监控系统，可利用云计算实现信息数据集中处理，实现大范围内的实时监控和信息采集。

2. 在电力运行可靠性评估中的应用

在智能电网运行中，在对电力系统进行评估时往往采取确定性方法，评估结果保守，运行成本往往高于评估结果。现阶段使用的多种概率可靠性分析方法，虽然可以计算系统运行中的不确定性，但是计算效率较低。基于此提出了基于网格计算的概率可靠性分析方法，利用云计算可以进一步提高概率可靠性分析计算的速度，在电网大规模扩大的形势下可以满足计算的需求。

3. 在突发事故后电力系统恢复中的应用

在大面积停电后，电力系统要进行恢复是一项很复杂的非线性优化工程，尤其是远距离互联网电力系统发展和大量分布式电源的接入以后，电力恢复工程面临更多的困难。因此提出了基于网格的电力系统恢复方法，在系统恢复中可促进信息共享和协作，利用分布式的计算方法提高计算的效率。借助云计算平台，可实现信息的共享和协作，其计算能力还有利于找到针对复杂互联系统的最优恢复方案。

（五）智能电网云计算技术所面临的挑战

云计算利用网络技术实现了各项计算机资源的互联共享，突破硬件和操作系统对于软件的制约。但是在为软件开发使用提供方便的同时，也导致数据在互联网上的频繁流动，必定会影响数据的安全性。云计算在应用中的安全风险，主要因为其具有快速计算、储存的能力，以及具有高可靠性和动态可扩展性的特点。由于信息网络高度集成，所以会导致私人信息泄露。此外，智能电网云系统本身就存在一定的漏洞，导致在进行云计算时可能会出现信息泄露的问题，如果一些非法人员利用违法的手段盗取用户信息和资料，将对智能电网云系统服务对象造成很大的威胁。

八、人工智能（AI）的应用

（一）人工智能的定义

人工智能（Artificial Intelligence）英文缩写为 AI，它是研究、开发用于模拟、延伸和扩展人的智能的理论、方法、技术及应用系统的一门新的技术科学。

人工智能是计算机科学的一个分支，它企图了解智能的实质，并生产出一种新的能以与人类智能相似的方式做出反应的智能机器，该领域的研究包括机器人、语言识别、图像识别、自然语言处理和专家系统等。人工智能从诞生以来，理论和技术日益成熟，应用领域也不断扩大，可以设想，未来人工智能带来的科技产品，将会是人类智慧的"容器"。人工智能可以对人的意识、思维的信息过程进行模拟。人工智能不是人的智能，但能像人那样思考，也可能超过人的智能。

人工智能是一门极富挑战性的科学，从事这项工作的人必须懂得计算机知识、心理学和哲学。人工智能是包括的范围十分广泛的科学，它由不同的领域组成，如机器学习、计算机视觉等。总体来说，人工智能研究的一个主要目标是使机器能够胜任一些通常需要人类智能才能完成的复杂工作。但不同的时代、不同的人对这种"复杂工作"的理解是不同的。

（二）人工智能的优势

随着社会经济的快速发展，人工智能技术已经逐渐渗入到社会的各个行业当中，越来越多的人们对人工智能技术开始抱有客观和理性的认识。如今的 AI 技术已经进入到快速发展时期，智能化的应用范围越来越广。目前我国各个方面对电力能源的需求越来越大，但是供电的质量和可靠性仍未达到相应的指标，这促使传统电网必须向更加可靠和安全的方向发展。在电网容量日益增大与电压等级不断提高的发展趋势中，自动保护装置也亟待向更加智能化的方向进行创新和发展。随着人工智能技术的快速兴起，智能电网的研究与应用开始进入到电力工业发展的潮流阶段，人工智能技术为电力系统的智慧化运行提供了重要的技术支撑，将现代 AI 技术成果的智能化、快速化和准确化与电网的故障修复、电力自动化调度及自动保护装置结合起来。这既可以保证电网运行的安全性和可靠性，又可以实时评估和分析电网中重要设备的运行参数，减少工作人员巡检过程的复杂程度。

（三）人工智能的关键技术

1. 专家系统

专家系统是建立在专门领域上，专门用于解决特定问题的计算机程序系统，类似人类专家的思维，能够进行专业的推理和判断。这是基于经验的判断和数值分析方法进行问题解决的技术，是电力系统中应用十分广泛而且技术相对成熟的技术，主要应用在电网调度操作指导、电网监测和故障诊断、故障恢复等上。

2. 人工神经网络

人工神经网络是一种进行信息处理的分布式数学模型算法，通过对生物神经网络进行模拟，依靠系统的复杂程序，对大量节点进行联结，达到对信息进行处理的目的。

其具有自适应和自学习的能力,通过相互对应的数据输入和输出,将二者的潜在规律等进行推算,然后得到精确的结论。这是一种训练的过程,能够让系统具有良好的问题处理能力,广泛应用在电力系统的监测、控制和故障诊断等领域中。目前电力系统运用最为成功的就是神经网络的负荷预测技术。

3. 遗传算法

遗传算法指的是模拟生物进化中适者生存的进化过程,然后利用遗传算法求解问题。初始的系统计算时,将编码解释为染色体,根据预定的目标函数评估个体,然后选择出拥有适度值的个体将下一代进行赋值。适者生存理念在其中是指导思想,个体被选择出来进行交叉和变异,形成新的下一代,个体继承了上一代的优良特性,向着更优的方向进化。其具有自适应搜索能力,具有较强的并行计算特性,能在系统规划、无功优化等领域应用。

4. AGENT 技术

AGENT 技术也被称为智能代理,是一个运行在动态环境的具有自制能力的实体。这是一个计算机软件,通过预先的协议与外部进行通信,形成分布式的智能求解,具有自主工作和具有语义互操作和交互能力,是能够开放性对自动化系统进行调度的软件。

(四)人工智能在智能电网中的应用

AI 技术在电力信息化中的应用,应体现在管理的每一个环节,简化数据采集、管理与利用流程,对已有资源进行分析和整合,提供给作业人员更多有价值的信息。主要包括下列四个方面的应用:

1. 电力数据采集智能化

数据采集是电力信息化工作的基础,而高质量数据是使用大数据技术的前提。利用 AI 技术收集不同数据源产生的信息数据,提取其中潜在可用的信息,为数据价值挖掘的后续工作提供基础条件。

(1)作业自动化。在传统的电力数据采集系统架构下,基本实现了质量、效率、成本三者之间的平衡。但随着业务不断变化,导致平衡点失调,即在现有的成本下无法满足高质量和高效率的要求。因此研发基于 AI 技术的数据库运维专用工具显得尤为重要,该工具以实现数据自动采集和规则分析,自主规划成本、容量方案,智能调度与伸缩,减少 DBA 运维人员的工作量为目标。

(2)电力数据空间化。电力涉及很多地理方面的内容,如输配电线路及设备拓扑结构、供电范围等,这些业务的信息监管都离不开空间位置的支持。利用语义理解与智能匹配等技术将电力行业中的位置信息与地名地址数据库信息进行关联，将其转换成电子空间数据并关联相应属性信息，这样可充分反映空间电力的分布和潜力，做到图数查询一体化，为决策人员提供更为直观的城市电力状况服务。

（3）网络电力资源采集智能化。在"互联网+"时代，随着网络资源的数量不断增加，产生了很多具有价值的电力外部数据，如人口、电价政策、气候等，这些数据对于电力行业意义重大，甚至可以影响行业的走向与发展。因此，在电力采集工作中可应用 AI 技术对海量的网络信息资源进行搜索、分析和过滤，把符合要求的信息保留下来进行关联，从而达到智能收集的目标，实现文档一体化管理。

2. 安全管理智慧化

安全是每个行业管理工作的底线，对于电力行业尤甚。目前电力数据的安全问题主要集中在权限的划分界定，防范病毒、黑客与自然破坏等问题上。AI 技术可以在四方面进行应用：应用指纹、人脸识别技术在电力设备库房的门卡管理系统之中，并且实现角色智能权限控制，不同角色的工作人员拥有不同级别的管理权限；应用智能监测设备在库房监测体系之中，对于湿度、温度等条件进行实时查看与智能播报。目前较为成熟的 AI 算法分析包括通过视频或者影像对于目标进行建模与识别跟踪分析，进而将目标的状态信息记录在数据库之中，一旦发现异常将提示管理工作人员，排除隐患，在网络安全上建立智能监测系统。系统不但可以实现自动备份、文件报警分析等基本功能，还可以对于一些关键信息进行语义理解与机器学习等操作，追回被攻击和被破坏的数据资料。

3. 故障审核鉴定专家化

在自动化电力调度工作中，故障是必须要考虑的一个业务，如设备损坏、自然现象影响等，其中多数原因是无法预测和控制的，需要丰富的经验来排除，而传统软件是不能实现这项工作的。专家系统可以辅助从业人员进行鉴定、审核工作，对于难以确定的问题可以给出权威的判断，且该行为不受时间与空间的限制。因此建立电力专家系统显得尤为重要，其建设一般要有三个过程：①将电力相关的专业知识、方法、规则等信息以计算机语言的形式进行数据库录入操作；②对于已经建立好的专家知识库进行有规律的样本训练，并且验证其正确性，熟悉相关专家审核鉴定流程；③进步完善已建立的专家系统，即对该系统进行多次验证后作出总结，然后对该系统进行改善。专家系统应具备使用便捷、自我学习等基本特性。

4. 挖掘电力数据应用潜力

针对每天都会产生的海量电力数据，目前还没有对这些数据进行深度挖掘，不利于电力营销服务、调度工作质量水平的提升。AI 技术可以在数据量大、格式复杂的电力数据之中帮助用户更加快速与准确地找到所需要的信息，甚至可以提供更有价值的隐性信息，将价值发挥到最大。

（五）人工智能技术所面临的挑战

1. 数据样本积累

各类应用场景中数据积累情况不一，智能电网大数据研究和应用也起步未久，符合各类 AI 技术应用前提需求的数据样本确认的不多，如何基于小样本开展 AI 应用是一个值得深入研究的问题。

2. 可靠性保障

目前主流的 AI 技术是一种"黑盒"方法，其准确率虽然可能做得很高，但有时也难免会犯低级错误（人往往可以一眼识别），而电力系统很多场景下对可靠性要求是极高的。

3. 基础设施需要完备

AI 的应用是以大量的数据样本、高级计算能力和分布式通信协作为基础的，相关的大数据、云计算、分布式协作平台等基础设施资源需要跟上。

4. 知识利用尚待加强

知识在各类 AI 技术中具有十分重要的地位，甚至有定义说"AI 就是关于知识的表示、获取和使用的科学"。怎样把智能电网中的知识通过数据分析、样本学习、专家经验等各种方式挖掘出来并合理、妥善地使用是一个关键挑战。

5. 突破 AI 可解释性的局限

AI 技术对于结果/结论的解释能力往往弱于传统技术，重在结果的近似最优。专家系统之所以要依赖于专家经验，就是因为尚未能完全解析或者计算过于复杂而不能实行。一个训练好的神经网络，其权重和参数目前并不足以解释其功能的正确性。一方面，模型具有较强的可解释性会使得使用者更好地理解机器决策过程，从而决定相应结果的置信度，有效地增加人与系统间的信任度；另一方面，具有可解释性的模型为用户提供了一个可操作的交互方式，使专家的经验介入到数据驱动的建模和决策中，做到决策的追溯、引导和纠正，从而提升系统的性能与表现。因此，可解释性成为未来人工智能的一个重要特性和制约 AI 在智能电网领域应用的关键因素。

6. 加强数据管理和私密安全研究

AI 技术应用需要大量的样本学习，这其中牵涉很多机密信息。即使这些数据样本本身可以保密，但 AI 技术的应用结果中其实已经包含了原始的机密信息。例如目前搜索引擎和电商平台往往已经有能力提供对用户个体的针对性服务。人工智能对于网络安全具有两面性——既可以利用人工智能阻挡网络攻击，又不可避免地面临网络罪犯使用人工智能对网络的更复杂的攻击。因此，AI 技术在智能电网中的应用需要提前深入开展安全保障研究。

九、通信技术的应用

（一）通信技术的定义

通信技术又称通信工程（也作信息工程、电信工程，旧称远距离通信工程、弱电工程），是电子工程的重要分支，同时也是其中一个基础学科。该学科关注的是通信过程中的信息传输和信号处理的原理和应用。通信工程研究的是以电磁波、声波或光波的形式把信息通过电脉冲，从发送端 （信源）传输到一个或多个接受端（信宿）。接受端能否正确辨认信息，取决于传输中的损耗功率高低。

目前通信技术采用大规模天线架构的方式完成信号传输工作。虽然 5G 网络正在兴起，但是目前使用最广泛的还是 4G 网络技术。150Mbit/s 的网络传输速度能满足智能电网用户各方面的用网需求。

（二）现有的通信技术

1. 光纤通信技术

光纤通信系统是指一般使用光纤作为主要传输介质来实现通信的系统。目前电力通信网络的光纤传输网主要使用基于 SDH 技术的 MSTP 平台。

SDH 技术是指在光缆上使用正确的净负荷传输而形成的数字传输结构，它是具有标准化的同步数字系列。SDH 具有强大的 OAM 功能，用于 OAM 的开销多，约占码流量的 5%；同时具有很强的兼容性，可以用 SDH 网传送 PDH 业务、ATM、FDDI、以太网信号灯，同时具有统一的网管接口，能实现统一的 TMN。目前 SDH 设备大多具备以太网业务透传和二层交互功能。

2. 数据通信技术

数据通信顾名思义即传输数据的系统，传输的数据是指按某些规则定义的符号、字母或者数字，以及它们各类不同的组合。本书中的数据通信特指南方电网范围内使用的基于 IP 的数据通信技术，具体为调度数据网和综合数据网。

（1）调度数据网。电力系统中生产控制大区的各类二次系统数据业务主要是依靠调度数据网来实现，其包括电力生产专用的拨号网络和各级电力调度专用广域数据网络等。调度数据网覆盖了所有变电站，主要采用 IP over SDH 技术，承载各类实时和非实时生产业务。

（2）综合数据网。综合数据网是一个数据网络平台，是用来实现信息管理类业务的。综合数据网覆盖了所有变电站、供电所以及办公大楼，主要采用光纤直连+以太网组网模式，利用 MPLS 和 VPN 实现业务功能。

3. 载波通信技术

电力线载波通信技术是电力系统独有的通信方式,因为它的传输介质是输电线路。其与电力输电线路同步设计和同步建设，因此保持与电力线路覆盖面一致，且建设成本很低，使用方便并具有很高的可靠性。电力线载波通信技术在输电网中特别适用于电力系统的发电厂、变电站为对象的电力系统调度电话、远动和线路保护等业务的传输，在配电网中适用于配网自动化等业务的参数。电力载波通信设备主要分为高压、中压、低压电力线载波机。目前主要在配网通信中使用中压载波技术，由主载波、从载波和耦合器等构成。中压载波可在 50～210kHz 频段内开辟以 8kHz 为宽带的 20 条独立数据传输通道并可实时同时使用。前向纠错技术和网络编码调制技术的使用，数据受到电晕或电弧等传输背景噪声的影响很小,信息传输的可靠性得到了大大的提高，可使用于纯电缆、纯架空线路及混合线路，线路适应性很强。

但为了适应国家智能电网战略的新需求，电力线载波通信技术必须全面提升技术性能，主要表现在：更加高度集成、更强大的通信管理功能、更多的独立逻辑数据通道、更快的数据传输速率、更小型化等。

4. 无线通信技术

无线通信系统是指在空中使用空间电磁波来传递各类信号。无线通信系统具有省去敷设线缆的费用，容易跨越水域、克服高山峡谷等传输障碍，比较容易获得较远的传输通信距离。配电网无线通信系统主要由核心网设备、无线基站、CPE 终端设备组成。各设备主要功能如下：①核心网设备：汇集各基站数据并传送至配网自动化主站。②无线基站：包括 BBU 设备、RRU 设备、天线设备，用于接收各 CPE 终端的无线信息并上传至核心网设备。③CPE 终端：接收 DTU 网口的通信数据，通过无线发送至基站。

5. 程控交换

就技术结构而言，程控交换有空分和数字两种用户交换机。程控空分用户交换机主要是交换模拟话音信号，现已经很少使用；而程控数字用户交换机则是一种数字交换机，可实现电话、传真、数据、图像通信等交换，已经在世界普及使用。南方电网程控交换技术主要是用于构建行政语音交换网和调度语音交换网，其网络结构如下：①行政语音交换网：为三级汇接（即三个等级交换中心）、四级交换（包括终端交换站）的网络组成。②调度语音交换网：同样采用三级汇接四级交换的网络架构，以南方中调、南网备调作为中心，并覆盖各级电力调度中心及区域控制中心、各级直调电厂和各电压等级变电站。

（三）通信技术在智能电网上的优势

1. 技术价值

电力通信技术在智能电网应用能够进一步提高电力系统的工作效率和工作质量，通过建立高效的电力通信通道，能够及时对用电用户所发生的情况进行及时反馈，有效利用资源，及时处理电网中发生的意外状况。同时能够对电网中所有异常的参数进行监测，全方位对电网进行技术层面的保障。

2. 经济价值

就当前来看，电力通信技术在智能电网当中的应用，提高了电网运行的整体水平。同时相比其他方式的通信技术，电力通信技术尤为环保，这符合电网可持续发展的理念，做到了节能降耗，把资源浪费降到了最低，从而提升了资源的利用率，减少了更多的损失。

（四）通信技术在智能电网中的应用

1. 智能自动化配电

随着配电技术的发展，智能配电技术成为电网发展的主流趋势。结合数据传输技术和计算机控制技术等多种技术，融合各种先进设备，使电能在传输过程中通过智能自动化方式进行配电。配电系统运行过程中，智能自动化配电能有效提高配电的效率和质量，减少配电成本，使电网系统稳定供电。通常情况下，智能自动化配电可采用自动化开关完成配电动作，并能有效解决由短路导致的电网事故，在事故发生时自动隔离。同时，智能自动化电网还能自动监控电网的运行，从而有效完成相关的调度工作。

2. 精准负荷控制

开展电力负荷控制过程中，需要事先精准设定电网所能承受的电力负荷。发生电力超负荷运转时，可以在报警装置的帮助下自动跳闸，从而保护电路，是电网系统管理的重要方式。传统电网管理过程中，由于信息通信方面效率不高，一旦发现电力负荷超标情况，需切除整体配电线路，严重影响用户的正常生活。随着电力企业在用电负荷精准度的把控上越来越精确，用户能免受超负荷电力带来的影响。在精准负荷控制的作用下，发生超负荷运转时能通过及时切断充电桩或非连续性电源降低电荷，从而有效减少由电力负荷超标带来的损失。通常情况下，信息通信技术能有效帮助企业迅速找到故障源，使电网系统稳定运转。用户能在信息通信技术的帮助下有效控制电网中的超负荷运转，从而稳定电网系统的工作，使电网系统在运行过程中的负荷降到最低。

3. 低压用电信息采集

采用低压用电信息采集技术能有效整理和收集各类用户信息，同时监测用户在用电过程中的异常情况，有效分析用户在用电活动过程中的情况。目前，低压用户信息采集工作通过上行和下行两个渠道开展信息传送，采用终端信息集中处理的方式部署用户信息，使用户信息得到完善处理，从而顺利完成低压用电信息采集。

智能电网建设在信息通信技术的帮助下，能实现对用电信息的实时上报。随着用电用户数量的增加，用电信息上报的规模也越来越大，从而获取更全面的用户信息，并制定更全面的用电阶梯制度，能使智能电网在用电管理方面效率更高。

4. 分布式电源的控制

随着分布式电源在各类用电行业中的大量使用，它的发展越来越广阔。相比于传统的能源使用，分布式电源节约成本，提高电力使用效率。分布式电源在传统电网中使用时需要对传统电网进行一些改变，把并行网络改为单电源辐射网络，使用双向运行的电流运行方式。在信息通信技术使用过程中，能实现分布式电源处理的自动化，从而更好地开展相应的电源分布工作。

5. 电力一次网与通信网的两网融合

电力一次网在通信建设中发挥着重要作用。智能电网建设的各项设备都随着科技的发展不断净化，目前变电站已经逐步趋于数字化。通过简化电力二次接线，使大量的级联设备能同时使用，加大了设备的使用效率。在智能电网信息化和数字化建设过程中，通过严格执行 IEC61850 标准，使智能电网建设早日实现变电站在数据获取和继电保护等方面的自动化，使电力一次网与通信网融合得更加充分，更好地发挥信息通信技术在智能电网建设中的作用，保证通信网络建设工作的顺利进行。

6. 电网相关的增值业务

随着智能电网建设技术越来越成熟，电力光纤与电力线路的结合成为电网建设的主要方向，加快了电网和信息网之间的融合速度，能很好地实现资源的优化配置，有效利用电网资源和信息资源。通过开发多种增值业务，使双网建设过程中的信息交互更加方便，从而更好地实现智能电网建设的精细化管理。通过发展智能小区、阶梯电价，以及智能充电等电网建设增值业务，更好地落实电费征缴、电网商业信息推广及用电安全等服务，从而更好地促进与电网相关的交通、物流及金融行业的发展。通过发展电网相关的增值业务，能更好地完成电网建设工作。

7. 总结

智能电网建设过程中，通过提高电网的运行效率，能更好地发挥智能电网的作用，使智能电网在人们的工作和生活中发挥更加重要的作用。信息通信技术能有效帮助智能电网在建设过程中发挥自身作用，通过应用各种新型技术，使智能电网技术在配电自动化、负荷控制、采集用电信息及控制分布式电源等领域具有良好的应用效果。

（五）智能电网通信技术所面临的挑战

1. 电力通信网络需要增强网络安全防护

使用电力通信技术能够确保智能电网朝着更加为人民服务的方向进行转变。但由于实际电力网络分布范围广，涉及知识多，所以对网络攻击的承受能力较小。由于实际电力通信技术中的数字编码技术比较落后，对于电力通信网络数据不能有效破解，所以若遭受网络通信技术攻击会产生数据丢失、瘫痪等状况。想要顾客用电的相关性能进行有效保障，作为企业需要在各个环节对电力通信网络技术进行优化升级，发展电力线路实际载波通信信道编码技术，强化电力通信技术安全性能的同时，完善其抵御攻击的性能。

2. 完善电力通信技术故障处理措施

单次制、单方向进行数据采集是电力通信系统中的数据传输实施方式。该类数据传输方式若发生通信故障，会致使数据丢失或发生异常。而作为供电企业，需要对数据进行及时收集归纳并进行备份，保证若通信系统出现障碍，能够对问题进行及时查看。作为企业需要对数据具有纠正和弥补能力，及时调配电力通信，实施资源搭建系统完备的客户反馈管理体制机制，确保智能电网在后续能够有效发展。

3. 重视安全技术的应用

信息技术是电力通信建设的实质和核心。对信息技术在实际传输时会受到各方因素的干扰，致使信息技术本身运作产生障碍。想要杜绝此类干扰，在实施建设过程中，需要强化使用安全技术。以变电站电力通信技术来说，由于变电站位置偏远，作为信息设备会受到气候等各方面的影响，想要杜绝此类状况发生，要在信息设备附近搭建避雷针、遮挡物等防护措施手段，减少因为气候原因对信息技术产生影响，以此有效提升电力通信技术的可靠性。因此，想要提升变电站实际运作安全性能，需要工作人员勘察周围的环境，尽量对环境中的安全隐患进行有效排除。

十、物联网技术的应用

（一）物联网的定义

物联网是指通过信息传感器及各种感应装置，实现信息采集的监控、连接与互动的过程，其中信息的采集包括对声音、光源、热能及生物等多个领域的收集，从而实现物与物、物与人之间信息共同的过程，物品可以通过智能化的方式进行感知、识别和管理。总体来说，物联网就是基于互联网的基础上，以电信网等信息作为前提，实现物体之间的互通网络。物联网是在新时代下衍生出来的 IT 技术，也有物物相连的含义，它的核心基础是计算机系统的形成，是一种可以进行定位、跟踪、监控及管理的网络系统，在如今的很多行业中都有着重要的应用。物联网作为运营中的主要载体，能构架一种连接模式，以有效结合现实世界与虚拟化网络，形成一个先进的网络架构，以此来拉动社会经济的不断增长。

（二）物联网在智能电网上的优势

长期以来，我国在电力基础设施的建设上投入了大量的人力、物力，并使用了现代化科技，有效革新了我国的电力体系，促进了我国电力供应水平的持续提升。基于物联网的智能电网信息化建设不仅进一步满足了我国的可持续发展战略要求，也展现了我国的现代化发展趋势。

（1）智能电网信息化系统具有区别于传统电力网络的全覆盖优势和人工智能优势，能够大大节约电网系统中的人力资源，同时显著降低电力网络管理人员的工作压力，提升电力网络的管理效率，有助于电力网络持续稳定运行。

（2）基于物联网的智能电网信息化建设，能够对电力网络中的潜在隐患和运行风险进行全面挖掘并针对性规避。电力网络的相关管理人员可凭借物联网的反馈信息，精准定位故障和隐患的位置并快速排除，有效提升了电力网络的安全保障系数，同时进一步加强了电力网络的运行稳定性，有助于形成能源供应稳定的电力格局。

（3）基于物联网的智能电网信息化建设，可切实解决传统电力网络中的电力浪费问题，节约了大量的电力能源，深度响应了我国的可持续性发展计划，进一步推进了绿色能源格局的建设和发展。

（三）物联网关键技术

1. 信息的识别技术

物联网技术在智能电网中的应用，第一层功能就是能够及时对智能电网中的信息进行识别，这主要依靠的是物联网的射频识别技术。该技术是一种自动识别技术，可以通过无线射频的方式来帮助智能电网实现用户与企业之间的数据信息识别，通过其中的无线射频方式来达到数据采集识别的目的。对于智能电网来说，主要是通过物联网中的信息感知层来对电网上的数据已经有效的监控，提高信息的使用率，从而提高电网的利用率。

2. 信息的传输技术

传感网是物联网中的关键技术，它主要是由微传感器、微执行器及信号处理等部件组成的系统结构。传感网在物联网中的技术架构主要是向用户传递相关的信息以及对保证数据传输的准确性，与电力的光纤结构相互配合，灵活地实现设备的转接受，保证了智能电网中信息传输的高速以及稳定性，增加了相关的操作系统，从而赋予了电网新的传输通路。

3. 云计算

物联网中的云计算技术主要是对智能电网中的相关信息数据存储、分析及统计的过程。与传统的有线电网传输概念不同，云计算是大数据时代下的产物，通过网络上的处理能力，减少电网用户终端的负担，简化信息的计算过程。通过物联网就可以感知到大量相关信息，放到云平台上，用户可以实现与企业信息之间的互通，并不处于被动的状态，直接有效提取出相关信息，从而为智能电网的发展奠定基础。

（四）物联网在智能电网中的应用

1. 设备状态的监控

对于物联网技术来说，其中的传感器技术及相关的系统应用在智能电网中，可以有效对正在运行的状态进行监测。通过对实时信息的采集，可以将其有效传送给相关部门，对智能电网中的各种设备的参数进行详细的统计和分析，相关工作人员根据数据编制相应的检测报告，实现对设备运行状态的监控，保证各个工作之间的配合，对可能出现的故障进行预估。除此之外，物联网技术还可以应用在对潮汐发电系统的运行当中，因为潮汐发电对于时间及潮汐的数据方面要求是非常严格的。而物联网技术中微传感器的应用，可以有效监测到潮汐可以产生电能的数据，并且对传输线路进行监控，监测其变化情况，从而避免水涨起伏引起的意外情况，实现对智能电网的稳定性以及安全性的监控。

2. 发电中的应用

在智能电网中，大量清洁能源被引进，例如风能等。据我国能源局调查的数据显示，2019 年上半年，风电一共新增 1601 万 kW 的并网容量，到 6 月底，网容量累计升至 1.54 亿 kW。即便如此，国内风力发电领域的弃风限电问题还是很严重，单单 2015 年便浪费 2000 亿 kWh 的电力，损失已经超过百亿。目前有 50% 的风电厂还未实现盈利。而通过物联网技术，能将传感系统安装在风机设备中，并且在传感测量、挖掘技术的支持下，分析天气变化带给风机的影响，再基于此适当调整风机运行，以防止弃风限电。而调度中心通过无线通信，还能掌控实时的风力机出力水平，更好地掌控调度，以此来控制分布式的实际电源出力，大幅提升清洁能源的实际使用率。

3. 输配电中的应用

在电力系统中，输配电领域至关重要。在输电领域，物联网技术主要应用在设置、安装传感器的领域。在电力输配电中，有关工作人员可在输电电力线路中设置一定的智能化传感器，来实时动态地监测线路当中的输配电情况，并且及时地向监管中心反馈线路当中的损耗、异常等消息。基于此，工作人员再按调度人员给出的优化设计，来调整输电系统中设计的方案。此外，在电力系统当中，也开始逐步使用无人机检验、巡查等。其中包括结合无人机和物联网技术，并利用无线通信，引导工作人员更好地掌握输配电中的实际情况。在 5G 时代下，可以进一步提高物联网中的通信质量、速度等。而基于 5G 技术，无人机还可大幅提高图片的拍摄、传输量及质量，巡检更加可靠、有效。结合物联网技术后，无人机在巡检时，可不再受地理、环境等的不利影响，实行可靠性更高的巡检，以此来增大国内电力输电能力。针对配电领域，有大量引进全新的分布式电源，形成各种新的生活器具，如电动智能汽车、家用智能电器等。这种电源接纳能力很强，在电力系统中引进物联网技术，可以跟踪实时变化的负荷曲线，以此来掌握电力系统的作业情况。

4. 变电中的应用

在电力变电领域，通过智能物联网技术，能帮助变电站变换电压、电流，形成智能化模式。这样在变电站便能自动采集信息、数据，把控电压变换与测量，降低人力支出。长时间地使用变电站，需要定时检测、维修。通过智能物联网技术、5G 模式，可按变电站当天的操作情况，实时更新结果。在进行检测时，获得的数据结果会被及时传送到维修人员，以帮助他们进行分析，并采取维修决策。通过结合物联网与 5G，能更高效率地检测，令变电站更加安全地运行。另外，在对地下电缆检测时，会先通过物联网技术与地下电缆联系，再检测各个关联电缆，并且及时向检测部门输送结果，再由其分析这些结果，且以绝缘情况、输送数据分析最为重要，可影响到电缆的运用。伴随 5G 技术的发展，可通过物联网与 5G 技术，检测、预防变电站、城市地下电缆等问题，令变电站得以安全工作，促进变电系统提升完整、安全度。

5. 用电中的应用

在电力系统中，通过物联网技术，可以融合无线开放频率通信和既有电力通信，形成一种与智能电网相吻合的配电网，以此来统一解决通信方案。而灵活负荷则令 AND 可以主动地管理、控制，并且基于物联网技术，主动涉足 ADN 运行管理领域。例如，当前兴起的电压节能技术，就是通过物联网技术实现的。通过智能电表、计量新设施等，分析判断用电设备，在安全可靠的基础上，适当地减少电压进而降低用电量，以此来响应国内节能减排方针。自进入 21 世纪以来，世界范围内的电动汽车量一直在持续增长，通过 AND 来可靠有效地进行管理也逐步发展成为研究热点之一。例如，通过物联网技术，能够综合考量 EV 的行驶运行习惯、整体负荷特征等。从市场电价、整个 ADN 运行出发，更好地管理 EV 系统充放电，建立起专门的运营新模式。

6. 总结

综上所述，通过物联网技术，实现了人与物、物与物的便捷互联。在电力系统通过应用物联网，能得以更加高效地智能化采集、传输、分析电网运行的信息数据、应用情况。目前，在组建智能电网、检修运行设备、监测作业状态、设备巡检及管理等方面，物联网技术的整体应用效果均十分理想，极大地推动了智能电网的健康发展。

（五）智能电网物联网技术所面临的挑战

智能电网中物联网近些年得到快速的发展，有很大的发展前景，但很多研究还不是很成熟和深入，目前还面临着很多挑战。

（1）缺乏一套标准的体系。智能电网信息化建设发展过程中，物联网还缺少标准的技术，数据格式太多样化，通信标准没有在网络层形成统一，这些对其发展有一定的影响。电网自身的信息标准也还没有统一，还存在大量冲突问题。

（2）信息安全保护力度不强。在当今社会的发展中，电力和人们的生活息息相关，信息已经成为一种无形的财富和资源，保证信息的安全至关重要。信息化建设的发展，每天都有大量的信息在人们生活中被利用，有人可能会利用信息做出违法行为，扰乱社会正常秩序，信息的泄露将会造成无法弥补的过错。因此，保证智能电网信息化建设中物联网的安全性是非常有必要的。

十一、可视化技术的应用

（一）可视化的定义

种类繁多的信息源产生的大量数据，远远超出了人脑分析解释这些数据的能力。由于缺乏大量数据的有效分析手段，大约有 95% 的计算被浪费，这严重阻碍了科学研究的进展。为此，美国计算机成像专业委员会提出了解决方法——可视化。可视化技术作为解释大量数据最有效的手段而率先被科学与工程计算领域采用，把计算机对数据的处理结果转换为图像呈现出来。最主要的作用是可实现用户与计算机直接的实时交互，便于用户及时处理相关工作。可视化设备一般是以计算机技术为核心，通过相应可视化技术呈现给用户一个逼真的虚拟仿真环境。用户只需要使用可视化设备在其创造的虚拟仿真环境中执行相应的操作即可。

（二）可视化在智能电网上的优势

在电网运行过程中，可视化平台能够显示配电线路及电气设备的温度、负荷变化等整体运行情况，实时显示设备异常告警信息。调度人员可根据配电设备温度等运行及告警信息，评估对配网线路运行的影响，为配网运行方式调控优化提供辅助数据支撑。

随着智能电网建设的不断深入，电力行业对信息可视化需求急剧扩大，结合了多系统信息集成与智能数据分析的显示系统已成为用户追求的目标。"大屏+可视化应用"正是实现智能显示与智能指挥调度不可或缺的组成。超高分可视化应用平台，能保证信息可视化显示的有效实现。归纳起来有三大价值，即整屏、高分、关联。整屏就是将各种业务数据/信号根据主题进行协同显示，风格一致，统一管理；高分就是充分利用大屏幕高分辨的特性，将各种图文、视频、数据进行完整清晰的呈现；关联就是以场景和事件为核心，将各个业务系统数据按业务逻辑进行关联、互动。

结合智能电网的建设要求及功能特性，注重对可视化技术的展望探究，可为这类电网的稳定运行提供技术保障，提升智能电网的潜在应用价值，增加其应用中的技术优势及含量。因此，在对智能电网方面进行研究时，应给予其可视化技术更多的关注，实施好相应的研究计划，使得智能电网运行中能够得到所需的技术保障，完成好相应的生产计划，并为可视化技术应用范围的扩大打下基础。同时，通过对可视化技术展望方面的思考，可使智能电网运行质量更加可靠，避免其生产效益、应用效果等受到不利影响。

（三）可视化的关键技术

1. 数据的可视化技术

数据是电力系统正常运行的根本保证，可视化技术在数据中的应用能够帮助工作人员快速掌握电力系统的综合情况，保证电力系统运行的稳定性。

同时，可视化技本身具有很强的目标性，可以帮助工作人员及时进行数据筛选，发现其中有价值的信息，提升信息利用率。

可视化技术本身的目标在应用过程中是最容易被接受的，并且还具有不同的可视化形式，主要可以分为全网潮流走向及电压分布情况，是现阶段可视化技术应用中两种常见的形式。

2. 电力系统界面可视化

就目前来说，可视化技术在电力系统中的应用可以实现人与系统之间的结合，并且系统界面可以实现人性化设计，工作人员可以通过可视化实现填写电气操作票，也是现阶段应用较为广泛的技术之一。

3. 信息可视化

电力调度工作的开展可以通过可视化技术对各项数据进行大量的检索，保护设备各项信息的正常，提高电力系统的运行效率。

（四）可视化在智能电网中的应用

在电力生产工作中，电力部门可以利用可视化技术对电力生产进行动态监测，并且还包含了许多技术，通过对这些技术的综合利用，可以实现对电力生产动态监测，帮助工作人员及时掌握电力生产的综合情况。在实际应用过程中主要包括电压监控可视化、潮流监控可视化，并且在旋转备用方面也可以实现可视化。例如生产实时监测可视化主要是对厂、站、各个节点电压可视化的应用，电压高低主要分布在厂、站等各个节点，工作人员通过对各项数据的分析，明确电网在运行过程中是否满足安全需求。

（五）可视化在智能电网中的展望

在了解可视化技术功能特性及应用价值的基础上，为了扩大其应用范围，满足智能电网高效运行的要求，则需要对这类技术的前景进行探讨。在此期间，相关的要点包括以下方面：

（1）注重人机一体化协同决策模型的构建与应用。所谓的人机一体化协同决策方法，是指以人为主，人与机器共同合作决策。应用中所涉及的计算机智能辅助决策程序完全设计成开放式的，且计算机和人都可以根据对方提供的信息对自己的决策作相应修正，最终达成共识，获取理想的决策结果，可为智能电网调度效果的增强及效益水平的提升提供技术支持。实践中通过对可视化技术支持下的人机一体化协同决策模型构建和应用方面的综合考虑，有利于减少智能电网运行中相关人员在决策方面的工作量，且在人机共同协商方式的作用下，可增强决策结果的准确性，实现智能电网与可视化技术的协同发展。

（2）关注数据融合及态势可视化。智能电网运行中可视化调度应用方面的数据融合状况是否良好，体现着可视化技术的应用水平，与其能否处于长效发展状态密切相关。因此，在对这类技术在智能电网中的应用方面进行展望时，应给予数据融合更多的考虑，实现可视化调度系统运行中的数据资源共享，避免该系统运行质量、智能电网应用价值等受到不利影响。同时，由于电网建设规模正在扩大，对智能电网在未来实践中的数据可视化显示提出了更多要求。因此，需要电力人员关注态势可视化，对其显示的统一规范性进行深入思考，使得数据分析结果作用下的智能电网在当前与未来的态势能够得到更好的显示，拓宽可视化调度系统及智能电网高效运行方面的研究思路。

（3）重视智能告警、快速仿真及建模。智能电网未来发展过程中，单一的告警方式无法满足其高效运行要求，影响告警系统的应用效果。针对这种情况，技术人员应重视对智能理论、可视化技术及自身专业基础知识等要素的充分利用，设置好智能告警模块，为相应的告警系统设置及应用提供专业支持，使得这类系统作用下的智能电网运行更加高效，增强其运行风险应对工作的落实效果。同时，智能告警系统实际作用的发挥，也能加深电网调度运行中告警方面的智能化程度，并以可视化的方式显示告警信息，有利于为智能电网及可视化技术的更好发展打下基础。除此之外，基于可视化技术的智能电网运行，为了实现对其运行状况的实时分析，并对输配电系统未来运行中的规划与管理提供专业技术支持，则需要对快速仿真及建模的充分利用进行思考。在此期间，应在构建智能调度系统的过程中，重视计算机三维空间中快速仿真模型的建立与应用，促使这类系统在运行中能够得到有效的技术保障，增强智能电网调度方面的可视化分析效果，确保相应的技术应用效果的良好性。

（4）其他方面的展望要点。在对智能电网下的可视化技术展望方面进行探讨和研究时，也需要了解其在这些方面的要点：①借助计算机网络、可视化技术的应用优势，实现智能调度、备调系统及应急指挥中心一体化，实现对电网调度系统运行中可能存在安全隐患的及时排除，避免影响智能调度系统的应用效果。②加强数据挖掘技术使用，并对智能调度可视化系统的运行效果进行科学评估，处理好其中的细节问题，使得可视化技术科学应用及发展方面能够得到更多支持，增强与之相关的系统在电力生产实践中的性能可靠性。

（5）总结。综上所述，在可视化技术的支持下，有利于提高智能电网运行效率及质量，可使其应用中所需的技术手段更加丰富，满足与时俱进的发展要求，更好地适应新时期的形势变化。因此，未来在提升智能电网应用水平、增强其运行效果的过程中，应给予可视化技术引入及应用方面足够的重视，确保这类电网应用状况的良好性，实现对智能电网的科学应用。在此基础上，有利于实现对智能电网运行风险的科学应对，为其生产效益最大化目标的实现提供技术支持。

十二、AR、VR、MR 的应用

（一）AR、VR、MR 的定义

增强现实技术（AR）是促使真实世界信息与虚拟世界信息内容综合在一起的较新的技术，其将原本在现实世界的空间范围中比较难以进行体验的实体信息在电脑等科学技术的基础上，实施模拟仿真处理，将虚拟信息内容叠加在真实世界中加以有效应用，并且在这一过程中能够被人类感官所感知，从而实现超越现实的感官体验。真实环境和虚拟物体重叠之后，能够在同一个画面及空间中同时存在。

虚拟现实技术（VR）是 20 世纪发展起来的一项全新的实用技术。虚拟现实技术集计算机、电子信息、仿真技术于一体，其基本实现方式是计算机模拟虚拟环境从而给人以环境沉浸感。

混合现实技术（MR）是虚拟现实技术的进一步发展，该技术通过在现实场景呈现虚拟场景信息，在现实世界、虚拟世界与用户之间搭起一个交互反馈的信息回路，以增强用户体验的真实感。

（二）AR、VR、MR 的优势

（1）AR。电网 AR 是围绕 AR 的概念，以一种独立的、具备实时计算能力的设备，将真实世界影像与设备模拟影像合成在用户的视觉图像上。这种技术可以通过全息投影，在透明光学元器件中把电网信息叠加在现实世界的可视范围内，并且允许操作者与设备进行高效交互。

（2）VR。电网 VR 是围绕 VR 的概念，利用电脑或其他智能计算设备模拟产生三维空间的虚拟世界，提供用户关于视觉、听觉、触觉等感官的人造虚拟空间模拟应用体验，为用户提供身临其境的交互感知。

（3）MR。电网 MR 是包括增强现实和虚拟现实的综合体，是合并现实世界和虚拟世界而产生的新的可视化环境，将真实世界与数字对象实现共存并实时互动。

电力系统与 AR、VR、MR 技术的融合，能引领电力作业过程、内容、服务、产品的创新，增强人机交互、承启业务应用、支撑智能电网，赋予电网作业智慧基因。电力系统通过 AR 技术可以实现业务信息的快速调用与叠加；通过 VR 技术可以实现环境沉浸及感知的提升；通过 MR 技术可以实现真实环境与数字对象的共存、互动。

（三）AR、VR、MR 在智能电网中的应用

1. AR 技术的应用研究

（1）单兵作业领域。基于 AR 技术的应用集中在电力行业现场故障抢修、巡视等单兵作业工作领域，以电力工作人员佩戴智能可穿戴设备为主，通过图像识别和增强现实技术，快速正确地指引设备位置，并且直观、快速地从云端业务大数据获取到现场设备的属性及参数。该方法能直观看到设备历史运行数据，通过智能可穿戴设备的光学显示器将多种辅助信息叠加在现实世界之上并显示给用户，例如仪表的面板、被维修设备的内部结构、被维修设备零件图等。

将电力单兵与 AR 技术结合，贯穿电力工作全过程，这是一种全新的工作方式。基于智能可穿戴设备的电网业务应用向电力系统工作人员提供更为智慧的工作模式，通过智能硬件前端的定制，结合智能眼镜的优势，音视频实时交互和便捷性操作，摒弃现有离线式作业缺点，满足现场工作人员的需求，结合高效、智能的交互设计，从而对电力业务的全过程工作提出创新、改革的技术路线。

（2）实时通信领域。除了电力行业维修领域，基于 AR 技术的智能可穿戴设备在通信应用领域将有良好的应用场景。目前，现场工作人员仍通过手机、对讲机等传统工作方式进行实时通信，双手未得到完全解放，沟通成本高，效率较低。

通过整合多媒体技术、音视频通信技术，以智能可穿戴设备为媒介实现远程协助应用的辅助性功能，实现现场工作人员解放双手，在通话的同时与远端专家实时互动，在不影响可视环境的前提下叠加信息，很大程度上提高了电力现场工作的效率，节约了沟通成本。

现场工作人员可通过实时视频连接与后台进行实时视频及语音的交互，远程专家允许对现场工作人员进行实时指导，从而实现现场工作的实时督导。

2. VR 技术的应用研究

随着 AR 技术对行业领域的不断创新，VR 技术对虚拟可视化的需求也逐渐推广应用。针对电力系统，采用虚拟现实技术有助于降低电力专业某些领域的工作难度和提高运维效率。VR 技术的应用前景包括：安防系统可视化、培训系统可视化、配网管理可视化、资产管理可视化、环动监控系统可视化、网管系统可视化。

（1）沉浸工作仿真。基于 VR 技术在沉浸式工作中的应用，以标准的数据协议接入需要展示的电网数据，再通过智能可穿戴设备直观的三维界面对虚拟设备进行操控。该技术的应用，提升了用户体验及视觉冲击，可实现电网设备的展示、查询、漫游等操作，使用户完全沉浸于三维虚拟场景，并且与场景中的虚拟设备进行互动，达到现实世界所无法完成的辅助作用。沉浸式工作在电力系统中的应用，将集中在变电站、地下管网、线路设计施工、故障定位等工作中。

（2）操作交互仿真。在展示端有时需要操作虚拟设备，如柜门的开关、查看或操作配电柜的开关仪表、传统的鼠标点击操作等。而 VR 时代需要用户在沉浸模式下使用虚拟的手臂操作设备或开关，还可以对三维场景内的设备进行拆解和组装，既提高了管理效率，也降低了由于误操作造成的风险。

（3）三维建模仿真。基于 VR 技术在电力基础设施、设计等领域的应用，主要集中于模块化的对现实世界进行可视化三维虚拟设计的领域，改变传统意义的鼠标点击编辑搭建三维场景的模式。基于 VR 技术的虚拟现实三维场景，对模块化的电力设施组件以沉浸的方式绘制各种结构及添加各种对象模型，即可立即创建各种三维场景。针对三维建模仿真的体验与一般 PC 端的人机对话方式是完全不同的，以更开放、更自由的方式实现电力基础设施仿真设计。

（4）应急预演仿真。通过 VR 技术将应急预案的演练过程真实地在眼前展示，例如火灾、逃生、物资的调配等，在对应急演练的意识培养、流程的宣贯、预案中存在的不足方面，均能得到大幅完善和改进，基于 VR 技术在电力应急预演中的应用，将在应急培训、完善预案、资源调配等环节中承担重要的技术推进作用。

3. MR 技术应用研究

MR 技术是利用干涉和衍射原理记录，并于真实环境中再现虚拟物体三维图像的技术。MR 技术的应用不仅可以在现实世界中生成立体的虚拟成像，还可以令操作者与虚拟成像产生交互，形成真实世界与虚拟现实完全结合的体验。

MR 技术在电力系统中的应用前景，将主要集中在电网全资源三维展示等方面。MR 技术应用将结合 AR、VR 技术，通过全息投影的技术将电网全资源投影至现实世界。基于三维 GIS、空间 GIS、空间建模等技术，叠加电网资源数据；通过手势操作，实现电网全资源的漫游互动等高科技展示手段。MR 技术的应用，是 AR、VR 技术在电力系统中发展的最终形态，并将应用于电力系统的全网资源调配、定位、查询、设计等电网专业领域。

4. 总结

随着 AR、VR、MR 技术的发展，电力工作将不再是简单的人、PC、Sever 之间的人机对话，电力系统的各专业领域工作将面对大数据、智能可穿戴设备、高度可定制的数据生态进行转变，电力系统工作将迎来更智能化的崭新时代。可以预见，以 AR、VR、MR 技术引领的变革，将在电力行业工作的需求驱动下，全面带动智能电网的技术创新、效率提升、效能优化的新一轮科技潮流。

第六章　智能电网信息化平台的建设对象

第一节　变　　电

　　电力系统是由发电、变电、输电、配电和用电等环节组成的电能生产与消费系统。变电在电力系统中起到重要的作用，它是通过一定设备将电压由低等级转变为高等级（升压），或由高等级转变为低等级（降压）的过程。电力系统中发电机的额定电压一般为 15～20kV 以下。常用的输电电压等级有 765、500、220～110、35～60kV 等；配电电压等级有 35～60、3～10kV 等；用电部门的用电器具有额定电压为 3～15kV 的高压用电设备和 110、220、380V 等低压用电设备。因此，电力系统就是通过变电把各不同电压等级部分连接起来形成一个整体。实现变电的场所为变电站。在强制性国家标准 GB 50053—1994《10kV 及以下变电所设计规范》里面规定的术语定义是"10kV 及以下交流电源经电力变压器变压后对用电设备供电"，符合这个原理的就是变电站。

　　电力系统中，发电厂将天然的一次能源转变成电能，向远方的电力用户送电，为了减小输电线路上的电能损耗及线路阻抗压降，需要将电压升高；为了满足电力用户安全的需要，又要将电压降低，并分配给各个用户，这就需要能升高和降低电压，并能分配电能的变电站。所以变电站是电力系统中通过其变换电压、接受和分配电能的电工装置，是联系发电厂和电力用户的中间环节。同时通过变电站将各电压等级的电网联系起来，变电站的作用是变换电压，传输和分配电能。变电站由电力变压器、配电装置、二次系统及必要的附属设备组成。

　　变压器是变电站的中心设备，它利用电磁感应原理转变电压。

　　配电装置是变电站中将所有的开关电器、载流导体辅助设备连接在一起的装置，其作用是接受和分配电能。配电装置主要由母线、高压断路器开关、电抗器绕组、互感器、电力电容器、避雷器、高压熔断器、二次设备及必要的其他辅助设备所组成。

　　二次设备是指一次系统状态测量、控制、监察和保护的设备装置。由这些设备构成的回路称为二次回路，总称二次系统。二次系统的设备包含测量装置、控制装置、继电保护装置、自动控制装置、直流系统及必要的附属设备。

第二节 输　　电

　　电能的传输是电力系统整体功能的重要组成环节。发电厂与电力负荷中心通常都位于不同地区。在水力、煤炭等一次能源资源条件适宜的地点建立发电厂，通过输电可以将电能输送到远离发电厂的负荷中心，使电能的开发和利用超越地域的限制。与其他能源输送方式相比较，输电具有损耗小、效益高、灵活方便、易于调节控制、环境污染较小等优点。

一、简介

　　输电和变电、配电、用电一起，构成电力系统的整体功能。通过输电，把相距甚远的（可达数千千米）发电厂和负荷中心联系起来，使电能的开发和利用超越地域的限制。与其他能源的传输（如输煤、输油等）相比，输电的损耗小、效益高、灵活方便、易于调控、环境污染少；输电还可以将不同地点的发电厂连接起来，实行峰谷调节。输电是电能利用优越性的重要体现，在现代化社会中，它是重要的能源动脉。输电线路按结构形式可分为架空输电线路和地下输电线路。前者由线路杆塔、导线、绝缘子等构成，架设在地面上；后者主要用电缆，敷设在地下（或水下）。输电按所送电流性质可分为直流输电和交流输电。19 世纪 80 年代首先成功地实现了直流输电，后因电压无法提高（输电容量大体与输电电压的平方成比例），19 世纪末为交流输电所取代。交流输电的成功，开启了 20 世纪的电气化时代。20 世纪 60 年代以来，由于电力电子技术的发展，直流输电又有新发展，与交流输电相配合，形成交直流混合的电力系统。输电电压的高低是输电技术发展水平的主要标志。到 20 世纪 90 年代，世界各国常用输电电压有 220kV 及以下的高压输电，330～765kV 的超高压输电，以及 1000kV 及以上的特高压输电。

二、输电种类

　　按照输送电流的性质，输电分为交流输电和直流输电。19 世纪 80 年代首先成功地实现了直流输电。但由于直流输电的电压在当时技术条件下难以继续提高，以致输电能力和效益受到限制。19 世纪末，直流输电逐步为交流输电所代替。目前广泛应用三相交流输电，频率为 50Hz（或 60Hz）。20 世纪 60 年代以来直流输电又有新发展，与交流输电相配合，组成交直流混合的电力系统。

三、输电电压等级

　　输电的基本过程是创造条件使电磁能量沿着输电线路的方向传输。线路输电能力受到电磁场及电路的各种规律的支配。以大地电位作为参考点（零电位），线路导线均需处于由电源所施加的高电压下，称为输电电压。

输电线路在综合考虑技术、经济等各项因素后所确定的最大输送功率，称为该线路的输送容量。输送容量大体与输电电压的平方成正比。因此，提高输电电压是实现大容量或远距离输电的主要技术手段，也是输电技术发展水平的主要标志。

在输电过程中，输电电压的高低根据输电容量和输电距离而定，一般原则是容量越大，距离越远，输电电压就越高。远距离输电等级有 3、6、10、35、63、110、220、330、500、750kV 等十个等级。

从发展过程看，输电电压等级大约以两倍的关系增长。当发电量增至 4 倍左右时，即出现一个新的更高的电压等级。通常将 220kV 及以下的输电电压称为高压输电，330～765kV 等级的输电电压称为超高压输电，1000kV 及以上的输电电压称为特高压输电。提高输电电压，不仅可以增大输送容量，而且会使输电成本降低、金属材料消耗减少、线路走廊利用率增加。

第三节　配　　电

配电是指电力系统中直接与用户相连并向用户分配电能的环节。配电系统由配电变电站（通常是将电网的输电电压降为配电电压）、高压配电线路（即 1kV 以上电压）、配电变压器、低压配电线路（1kV 以下电压），以及相应的控制保护设备组成，配电电压通常有 35～60kV 和 3～10kV 等。

一、供电方式

1. 交流供电方式

配电系统中常用的交流供电方式如下：

（1）三相三线制。分为三角形接线（用于高压配电，三相 220V 电动机和照明）和星形接线（用于高压配电、三相 380V 电动机）。

（2）三相四线制。用于 380/220V 低压动力与照明混合配电。

（3）三相二线一地制。多用于农村配电。

（4）三相单线制。常用于电气铁路牵引供电。

（5）单相二线制。主要供应居民用电。

2. 直流供电方式

配电系统常用的直流供电方式如下：

（1）二线制。用于城市无轨电车、地铁机车、矿山牵引机车等的供电。

（2）三线制。供应发电厂、变电站、配电所自用电和二次设备用电，以及电解和电镀用电。

一次配电网络是从配电变电站引出线到配电变电站（或配电所）入口之间的网络，在我国又称高压配电网络。电压通常为 6～10kV，城市多使用 10kV 配电。随着城市负荷密度加大，已开始采用 20kV 配电方案。由配电变电站引出的一次配电线路的主干部分称为干线，由干线分出的部分称为支线，支线上接有配电变压器。一次配电网络的接线方式有放射式与环式两种。

二次配电网络是由配电变压器次级引出线到用户入户线之间的线路、元件所组成的系统，又称低压配电网络。接线方式除放射式和环式外，城市的重要用户可用双回线接线。用电负荷密度高的市区则采用网格式接线。这种网络由多条一次配电干线供电，通过配电变压器降压后，经低压熔断器与二次配电网相连。由于二次系统中相邻的配电变电器初级接到不同的一次配电干线，可避免因一次配电线故障而导致市中心区停电。

配电线路按结构有架空线路和地下电缆。农村和中小城市可用架空线路，大城市（特别是市中心区）、旅游区、居民小区等应采用地下电缆。

二、配电种类

（一）电力系统电压等级

电力系统电压等级有 220V/380V（0.4kV）、3、6、10、20、35、66、110、220、330、500kV。随着电动机制造工艺的提高，10kV 电动机已批量生产，所以 3、6kV 已较少使用，20、66kV 也很少使用。供电系统以 10、35kV 为主，输配电系统以 110kV 以上为主。发电厂发电机有 6kV 与 10kV 两种，现在以 10kV 为主，用户均为 220V/380V（0.4kV）低压系统。

《城市电力网规定设计规则》规定：输电网为 500、330、220、110kV，高压配电网为 110、66kV，中压配电网为 20、10、6kV，低压配电网为 0.4kV（220V/380V）。

发电厂发出 6kV 或 10kV 电，除发电厂自用（厂用电）之外，也可以用 10kV 电压送给发电厂附近用户。10kV 供电范围为 10km，35kV 为 20～50km，66kV 为 30～100km，110kV 为 50～150km，220kV 为 100～300km，330kV 为 200～600km，500kV 为 150～850km。

（二）变配电站种类

电力系统各种电压等级均通过电力变压器来转换，电压升高为升压变压器（变电站为升压站），电压降低为降压变压器（变电站为降压站）。一种电压变为另一种电压的选用两个绕组（线圈）的双圈变压器，一种电压变为两种电压的选用三个绕组（线圈）的三圈变压器。

变电站除升压与降压之分外，还以规模大小分为枢纽站、区域站与终端站。枢纽站电压等级一般为三个（三圈变压器）：550kV/220kV/110kV；区域站一般也有三个电压等级（三圈变压器）：220kV/110kV/35kV 或 110kV/35kV/10kV；终端站一般直接接到用户，大多数为两个电压等级（两圈变压器）：110kV/10kV 或 35kV/10kV。用户本身的变电站一般只有两个电压等级（双圈变压器）：110kV/10kV、35kV/0.4kV、10kV/0.4kV，其中以 10kV/0.4kV 为最多。

三、智能配电网的基本概念

随着社会经济的快速发展，现代计算机技术、信息技术、网络通信技术、智能保护技术和高级配电技术在配电网中广泛应用，能够形成智能自动的电网监测管理系统，保障用户的用电安全、可靠。通常情况下，智能电网升级不是简单地对传统配电网进行的升级改造，而是通过将各种先进的配电技术在电网中进行升级与整合，全面提升智能配电网的效能。一般情况下，智能配电网络包括主站、通信系统和自动化监控系统。通过这些系统的分工合作，能够实现配电网络自动配电、自动管理、故障自动监测等功能，进一步为用户提供安全可靠的用电。智能电网中配电技术的应用，能够促进我国社会经济的发展，提高国民生产力，加快城市现代化建设，为人们日常生活提供更多的便利。智能电网的普及与应用能够帮助我们完成更多的事情，并且也能够极大地促进社会各行各业的发展。尤其是现在人们生活水平不断提高，人们用电需求量也在逐年增长，因此在这种情况之下，配电技术在智能电网中的应用就显得更加明显。配电技术在电网中的应用能够进一步增强电网的安全、稳定运行，保证电力效率的有序运行。可以说，配电技术的应用能够保证智能电网的稳定运行。

智能配电网的构成比较复杂，通常包括馈线自动化与用电采集自动化两部分。在配电系统中包括的设备也多种多样，例如主站系统的配调一体化，必须通过多种平台进行操作才能够对配电设备进行总体控制。由于主站的管理系统核心的作用就是收集各个电子区域信号，所以必须对整个配电网进行控制与管理，保证整个配电网络的控制有效协调。主站设计实施过程中一定要注意安全问题，牢记安全第一。通信网络是用来联系主站系统与配电网终端的，由于通信网络所处的位置非常重要，就决定了这个系统稳定性、可靠性的重要性。

四、智能配电网配电技术的城市配电网规划

（一）提高城市配电网规划人员的综合素质

由于智能配电网配电技术的专业需求比较高，而传统的城市配电网规划人员对于

新技术新方法掌握和理解并不充分，所以在这种情况下必须要积极提高城市配电网规划人员的整体水平。首先，电力企业必须针对相关人员进行技术培训，帮助他们及时地了解电网信息技术的快速发展趋势，以及相关的信息技术，及时有效地掌握各种现代化的配电技术。其次程序配电规划人员在日常的工作中必须不断提高自己的知识储备，积极针对本区域的电网规划进行深入分析和钻研，详细了解智能配电网开展的有效性；在实际规划的过程中，可以尝试通过利用现在的新技术进行实践操作，分析智能配电网的整体质量。

（二）加强城市配电网规划设计与主干网的协调性

主干网是整个电力系统的整体框架，而电网是主干网的重要组成部分，所以必须保证整体和部分的相对统一，尽可能将配电网规划设计与整体的主干网络设计进行统一。在进行主干网络设计的过程中，要针对各个配电网的建设提供长期的方案支持，充分地满足各配电网的智能化需求，尽可能减小配电网供电半径，避免电能损耗。对于配电网的无功补偿要学行集中补偿机制，避免分散补偿造成的能源消耗。随着时代的进步与发展，智能配电技术不断成熟，对于电力系统的智能化和自动化的水平也有极大的促进作用。智能配电技术能够极大地提高电网覆盖规模及覆盖效率，并且随着电网结构复杂化，能够针对电网复杂性、广泛性和功能性进行改进，实现电网自动安全地运行。对于电网系统中出现的各种问题，也能够通过智能配电技术进行及时的检测与解决，并且发出告警信号，提醒电力系统操作人员及时做出反馈和处理。

（三）针对智能配电网设备定期维护

首先，智能配电网尽管能够实现自动故障报修和监测，但是相关的自动化技术还存在很多方面的不足。为了能够更好地保证智能电网的运行效率和监测质量，必须针对智能电网的相关技术和设备进行定期维护。首先要加强城市配电网规划管理人员的维护观念，并且重点强化配电单位的管理维护流程，针对城市配电网的检修工作，要定期开展维护并且将维护过程全程记录，建立维护管理档案，为上级的检查与监督提供参考。

第四节　储　能　设　施

一、能源互联网中的储能需求

（一）能源互联网中需要储能参与实现的目标

为了实现能源互联网发展的目标和理念，至少有以下几个方面可能需要储能技术作支撑：

（1）维持系统的能量平衡。既包括各种能源系统内部的能量平衡，也包括整个能源互联网系统的能量平衡，实现安全、稳定、可靠的能源生产和输送。

（2）实现不同能源系统的耦合和协同。能源互联网是多种能源网络互通互联的系统，不同时空维度的能源网络之间的相互耦合，可能就需要储能系统作为桥梁。并且可以通过储能系统的调节作用，实现不同能源网络之间的协同运行。

（3）最大限度地利用可再生能源。支持高比例的可再生能源接入，并且减少弃风、弃光的概率，充分利用清洁的可再生资源提供的能量。

（4）保障能源供应的品质和连续性。在系统中存在波动性、间歇性能源或负荷的情况下，保证能量供应的平稳。在系统受到扰动或者发生故障的情况下，保证能量生产和供应的连续性。

（5）拓展新的用能方式和能源替代。例如提高储能电池的容量、性能和寿命，并降低成本，助力电动汽车的普及，加快替代以石油和天然气为燃料的汽车，实现能源的清洁利用。

（6）改变能源供应的管理和交易模式。利用储能在一定程度上实现能源生产和消费在时间、空间上的解耦，有助于推进能源管理和交易模式的变革，促进能源消费的市场化。

（二）能源互联网对储能系统的基本要求

能源互联网中的储能系统作为一个整体考虑，应该满足下列基本要求：

（1）与系统规模相称的总量规模。为了实现整个能源互联网及各个能源网络内部的能量平衡，储能系统整体应具有足够大的储能容量和交换功率，以实现能源网络级别的能量调控。

（2）满足各种性能要求的合理配置。能源互联网对储能系统的功能需求多种多样，能源互联网以及各个能源网络内部往往都具有多种形式的储能系统。不同的储能形式具有不同的性能特点和经济成本，这就要求多种类、多个储能系统进行合理的搭配，满足能源互联网整体及局部的不同储能需求，如足够快的功率响应速度、足够大的交换功率、较长时间尺度的能量存储能力。

（3）可以接受的经济成本。能源互联网中储能的容量需求很大，而储能设备的成本又普遍较高。这就要求通过技术革新或优化配置，在满足技术性能要求的前提下，设法降低储能的总量需求，或者尽量降低高成本储能设备的需求，提高设备的储能效率。并通过合理的能量管理和控制策略，延长储能设备的使用寿命，降低储能设备的建设和运行成本。

二、能源互联网中储能的作用方式

不同类型的储能设备，由于其物理结构和工作原理的差别，往往具有不同的性能特点。即便是相同类型的储能系统，由于承担着不同的功能，在运行过程中往往也表现出不同的响应特征。因此，各种形式、各种功能的储能系统，往往以不同的表现方式在能源互联网中发挥着各自的作用。

在能源互联网中，储能系统的作用方式大致可以分为能量的时间转移、空间转移、快速吞吐、保留备用、零存整取及整存零取六种。广义上来说，任何储能过程都伴随着时间转移，任何储能系统也都起到了能量的保留备用的作用。而下文所定义的能量的时间转移与保留备用均是狭义上的概念，能量的时间转移指从储能装置吸收能量开始到释放能量期间较长一段时间的推移；能量的保留备用是指为防山现能量的短缺现象而专门储备留用的能量。

（一）能量的时间转移

在某种能源网络中，当能源生产大于消费需求时，将多余的能量以特定的储能方式存储起来，留待将来该能源网络能量不足时再释放使用。例如抽水蓄能用于电网日负荷的削峰填谷，用于不同季节的能量转移使用。

这种作用方式的特点是储能吸收和释放能量的位置是相同的，吸收之前和释放之后的能量形式也是相同的，只是被存储的能量在该能源网络中发挥作用的时刻被推迟了，因此称为能量的时间转移。

这种作用方式往往要求储能的容量足够大、存储的时间足够长。

（二）能量的空间转移

整个能源互联网又分为不同的能源子网，即各个局域能源网组成一个整体。不同能源网同时达到供需平衡是很难实现的，此时就需要储能进行不同能源网之间的能量互补，维持系统的能量平衡。

这种作用方式的特点是储能吸收和释放能量的位置是不相同的，吸收之前和释放之后的能量形式也未必相同，存储的能量发挥作用的时刻由于能量在运输过程中的时间消耗同样被推迟。这种作用方式称为能量的空间转移。

能量的时间转移未必伴随着空间转移，能量的空间转移一定伴随着时间转移。这种储能方式往往要求能量存储期间能量衰减程度较低，对储能装置安全可靠性要求较高。

（三）能量的快速吞吐

能源互联网的一个特点是新能源的大量接入，但新能源的接入会影响系统的整体稳定性，包括系统的功率波动、频率波动等。而一些能够快速吞吐能量的储能设备可在系统稳定性波动期间进行快速的投入切出，平滑波动，改善系统性能。

这种作用方式的特点是能量的存储及释放速度较快，具有秒级甚至毫秒级的反应时间。

这种作用方式要求储能设备的启停速度较快，且一般要求具有较高的功率等级。

（四）能量的保留备用

能源网中往往会由于某种原因出现能量的短缺现象，此时储能可作为能源系统的备用，即插即用，及时进行能量补充。例如当化石燃料短缺进而引起热供应不足时，太阳能储热装置进行的热存储可及时进行能量供应。

这种作用方式的特点是能量释放速度较快，且根据实际情况不同，能量存储时间的长短也不同。

这种作用方式一般要求具有较大的能量存储容量，且能量存储期间损耗较小，可进行短时间或长时间的存储。

（五）能量的零存整取

不同种类储能的能量储存规模及容量都不相同。对于一些储能速度较慢、单次存储能量较少的储能方式，我们可利用其进行较长时间的能量存储，当存储的能量达到一定规模时再进行释放，实现功率等级较大的储能方式的功能。例如健身器材发电，首先将每个健身器材产生的较少能量进行存储，当积累到一定量时再进行能量的释放。

这种作用方式的特点是一次性存储的能量较少，而供能时将积攒的能量进行大功本释放，反映到时间上为长时间的能量存储，短时间的能量释放。这种作用方式称为零存整取。

这种作用方式要求储能装置性能较好，且能量存储期间基本没有或者只有少量的能量损耗。

（六）能量的整存零取

在实际的储能过程中，由于运输条件及储能装置自身的原因经常会出现能量的囤积现象，即将能量进行大量囤积后再分批、分时段进行利用。例如煤等化石原料在运输存储过程中往往会进行一次性大量囤积，进行几天或者更长时间的能量供应。

这种作用方式的特点是能量一次性存储的容量较大，能量利用为少量多次的利用方式，反映到时间上为在短时间内大量存储能量，进行长时间的能量供应，这种作用方式称为整存零取。

这种作用方式要求储能的容量大，能量存储时间长且有较低的自耗散率，例如太阳池、存煤。

第五节 智能变电站

一、变电站运行策略分析

（一）智能变电站与传统变电站的区别

与传统变电站相比，智能变电站的功能较多且较为先进，弥补了传统变电站的不足之处。在收集信息、传输数据、处理信息方面起到了关键的作用，而这也是智能变电站与传统变电站最主要的区别。传统变电站过于主张满足内在要求和使用功能，却不能提升运行效率，这样变电站在运行的过程中很难满足人们的需求量。但是智能变电站却充分结合人们的需求，对变电站进行相应的调整和改善，进而逐步对变电站进行升级。智能变电站经过一次又一次的完善，使得人们对于智能变电站有了更深刻的认可和支持。通过对智能变电站的分析可知，智能变电站的设备较为先进科学，能满足一体化电站的要求，只有变电站与电网和谐统一，才能提升电网的运行水平。而这也充分表明，电网单位需要合理地区分智能变电站与传统变电站。

（二）变电站运行管理策略

1. 加强安全管理

因为安全生产是第一位的，所以变电站变电运行中需要有完善的安全管理制度，变电运行中的各项工作如何能够安全有效地进行，是变电运行管理中一项重要工作。因此在变电运行中要建立和完善安全管理制度，同时要建立安全生产责任制，将安全生产的责任落到实处。通过建立完善的安全生产管理制度，并将安全生产责任落实到每个人身上，可以有效提高工作人员的安全生产意识，在工作中可以严格按照规范标准进行操作，减少安全作业问题的出现。

2. 加强技术培训

针对我国现阶段变电站变电运行管理中出现的人员技术水平低的问题，需要加强对工作人员的技术培训，提高工作人员的专业技能水平。但是在进行技能培训时，要针对工作中的具体情况和工作人员的具体情况安排培训的内容。在我国电站变电运行中存在的具体情况有：首先，变电运行工作具有专业性和复杂性，同时在变电运行中的设备较多，所以在实际的工作中，增加了工作人员的工作量和工作压力。其次，由于变电设备多，所以设备运行中出现问题和故障的概率较大。最后，由于变电运行中的设备维修和检测工作比较单调乏味，导致工作人员不能全身心投入到工作中，不能端正自己的工作态度，消极怠工，影响了整体工作效率。

针对这些具体的情况进行培训内容的设计才能保证培训的有效性和实用性。首先，对工作人员进行安全标语的系统培训，提高安全防范意识。其次，结合现实中的安全问题实例，配合讲解安全的管理问题，或者可以借助多媒体设备播放安全工作的教育讲座来对员工进行安全教育。最后，通过组织座谈会的形式，对培训的内容进行讨论。通过组织工作人员进行培训，可以提高工作人员的工作技能和安全意识。

3. 加强交流讨论

组织员工进行工作心得交流和技术交流是变电运行管理工作的一项重要措施。通过交流讨论，不但增进了员工之间的了解，同时可以将工作中遇到的技术问题与其他员工进行交流，并从中得到启发和解决问题的答案，从而提高工作人员的技术能力。

4. 加强设备管理

变电设备是变电运行的基础，变电设备的运行状况直接影响变电运行管理工作，因此在选择设备时要仔细查看设备的规格型号，以及相关合格证、检验证等。设备投入使用之后要派专业人员进行定期检测、维修保养，要及时更换已经超负荷工作的设备。以此保证设备安全有效的运行，避免安全事故的发生。

二、变电站三维建模

变电站三维模型采用 BIM 建模方式，即建筑信息模型（Building Information Modeling）或者建筑信息化管理（Building Information Management），以变电站项目的各项相关信息数据作为基础，通过数字信息仿真模拟建筑物、一次设备、二次设备及其他所有辅助设备、电缆等所具有的真实信息，通过三维建筑模型，实现工程监理、物业管理、设备管理、数字化加工、工程化管理等功能。它具有信息完备性、信息关联性、信息一致性、可视化、协调性、模拟性、优化性和可出图性八大特点。

（一）变电站三维建模方法研究现状

1. 基于 VRML 的变电站建模方法

VRML 是虚拟现实建模语言（Virtual Reality Modeling Language）的简称，其不仅是一种建模语言，也是一种描绘 3D 场景中对象行为的场景语言。VRML 通过编程语言以立方体、圆锥体、圆柱体、球体等为原始对象构造变压器、隔离开关、断路器、电压与电流互感器等电气设备模型，并给模型贴上特定材质，然后拼接这些模型以完成整个变电站的三维场景建模。VRML 脚本节点（script）对应的 JAVA 语言可以利用变电站模型进行人机交互，进而实现变电站虚拟现实系统。

2. 基于几何造型的变电站建模方法

几何造型建模方法依据变电站数码图片、设计图纸和厂家设备图纸，利用 AutoCAD、3dMax、Maya 等专业软件，按照一定比例采用立方体、圆柱体、圆锥体、圆环等建立变电站各种电气设备的三维模型，然后设置模型贴图与材质，拼接电气设备模型完成变电站三维场景建模。该建模方法获取的模型主要有三种：线框模型、表面模型和实体模型。

3. 基于地面激光雷达的变电站建模方法

地面激光雷达采用非接触主动测量方式直接获取高精度三维数据，快速将现实世界的信息转换成可以处理的点云数据，为空间三维信息的获取与空间信息数字化发展提供了全新的技术手段。其工作原理是：首先由激光脉冲二极管发射出激光脉冲信号，经过旋转棱镜射向目标，并同时通过步进电动机改变激光束的角度；然后通过探测器接收返回的激光脉冲信号，并由记录器记录，最后转换成能够直接识别处理的数据信息。

由于地面激光雷达建立的变电站三维实景模型用途广泛，故利用部分三维建模软件进行了相应的变电站三维建模方法研究。目前，基于点云数据建立变电站三维模型的主要软件有 Cy-clone、3dMax、Pointcloud 等，Cyclone 与 3dMax 建模的方法基本一致。

（二）智能电网对变电站建模的需求分析与展望

随着智能电网技术的发展、电网规模的扩大、变电集约化的实施对信息量需求的不断增加，变电站信息模型需求从二维到三维的实景转变已成为趋势。Quintana J 和 Mendoza E 对变电站的三维模型总结了六点要求，国内也提出了变电站三维模型的数字化和信息化要求，具体可归纳为以下方面：

（1）真实反映变电站设施设备细节和特征，让管理人员和技术人员直观地了解变电站设施设备的具体情况。

（2）真实反映变电站设施设备的空间关系，辅助工程设计人员进行设计与分析。

（3）仿真变电站改建后的效果，帮助确定改扩建的实施方案。

（4）利用二维可视化的虚拟实景化变电站现场，培训变电站的规划、设计、巡视与运维。

（5）作为基础空间数据，能实现变电站资产的数字化管理。

（6）将多维信息综合化，能综合浏览变电站的三维物理模型、接线逻辑、运行状态、检修状态等信息。

目前，变电站的信息模型是通过设备台账、设计图纸、照片或视频等图像图文二维形式获取的，并通过日常巡视、维护工作不断更新。生产实践表明这种信息模型和获取形式已成为制约电网安全生产的短板，具体表现在：设备台账虽能反映设备技术参数，但反映变电站设备、设施的信息载体呈二维平面化，缺乏直观性，不具备三维实景特征，不能反映出设备实际尺寸、位置以及设备间的空间关系；变电站设计图纸过于专业化，不符合现场运维需求，虽能反映出变电站设备平面位置和尺寸，但是在扩建或改造中，现场人员更关注的是设备间的相对距离，以及人员与带电设备的安全距离。特别对那些投运较早、基础技术资料缺失严重的变电站，由于区域负荷增长、设备运行寿命和大修周期的缘故，导致变电站内频繁地进行扩建、改造、维护等工作，技术资料的缺失往往会导致设备运行隐患，现场作业风险高居不下。照片和视频虽能反映设备运行状况，但无法反映出设备的空间关系。

可见，为了提升变电站设备管理工作、改扩建，以及设计规划的水平，满足智能电网建设对变电站建模的需求，支撑带电状态下快速三维模型化、数字化、信息综合化的电力设备建模与重构技术必将在变电站建模中得到广泛的应用。

第六节 整合多种发电方式

发电是指利用发电动力装置将水能、石化燃料（煤、油、天然气）的热能、核能等转换为电能的生产过程。直流发电大多以电化学的方式产生电力，泛称为电池，以小功率的应用为主。发电的主要形式有水力发电、火力发电和核能发电等。

电能在生产、传送、使用中比其他能源更易于调控，因此它是最理想的二次能源。发电在电力工业中处于中心地位，决定着电力工业的规模，也影响到电力系统中输电、变电、配电等各个环节的发展。到20世纪80年代末，主要发电形式面临燃料的短缺，核电将越来越受重视。

一、太阳能发电

太阳能发电是一种可再生能源，它利用把太阳能转换为电能的光电技术来工作。现在这种方式也比较适合于家庭，只要屋顶有可利用面积，就可以安装太阳能光伏板，将太阳能转换成电能，家庭余电可以卖给国家电网，实现"自发自用，余电上网"。

太阳能发电的方式有太阳能光发电和太阳能热发电。

（一）太阳能光发电

太阳能光发电是指无需通过热过程直接将光能转变为电能的发电方式。它包括光伏发电、光化学发电、光感应发电和光生物发电。

光伏发电是利用太阳能级半导体电子器件有效地吸收太阳光辐射能，并使之转变成电能的直接发电方式，是当今太阳光发电的主流。在光化学发电中有电化学光伏电池、光电解电池和光催化电池，目前得到实际应用的是光伏电池。

单晶硅太阳能电池的光电转换效率为15%左右，最高可达23%。在太阳能电池中光电转换效率最高，但其制造成本也较高。单晶硅太阳能电池的使用寿命一般可达15年，最高可达25年。

多晶硅太阳能电池的光电转换效率为14%～16%，其制作成本低于单晶硅太阳能电池，因此得到大量发展。但多晶硅太阳能电池的使用寿命要比单晶硅太阳能电池短。

太阳能不仅是一种清洁能源，其对于人类整体命运来说还是一种无限能源。光伏发电除了系统本身构造需要消耗一定的资源之外，发电的过程中不会产生水电那样的噪声，不会像火电燃烧化石能源并产生污染，也不会像核电容易受到附近居民的抵制。光伏发电部件称为光伏器件，是整个系统的核心。单个光伏器件产生的电能比较微小，通常是若干个器件构成一个组件，若干个组件再通过串并联的形式构成光伏阵列，这样才能输出期望的电压电流。光伏阵列再通过与变换电路、蓄电池等连接，组成可以为负载供电的光伏发电系统。

根据系统是否与电网进行电能交换可以将其分为两类：一类是不与电网进行电能交换的独立运行的发电系统，称为独立光伏发电系统；另一类是与电网连接，其产生的电能可以通过整个电网系统输送给其他地区负载，这种系统称为并网光伏发电系统。

1. 独立光伏发电系统

独立光伏发电系统主要应用在电网不方便或者无法进入的偏远地区，一般用来解决无电地区居民的简单用电需求。由于用电需求小，电气设备的功率比较低，所以系统的容量通常在几百瓦之内。对于草原牧区、偏远山区等远离电源的地区，人员居住特别分散，独立光伏发电系统可以很好地满足大电网地区发展不平衡的弊端。但是由于光伏阵列的特性，导致其输出电流和输出电压的稳定性会受到工作地的环境温度、日照强度、负载大小等因素的影响，所以基本都会给供电系统加装控制系统、蓄电池和能量管理环节。

在对光伏电池工作原理进行分析时，可以了解到光伏阵列输出的都是直流电，系统中只有搭配逆变器才能为交流负载供电。因此独立光伏发电系统又可以根据系统能否为交流负载供电来划分，只要能为交流负载供电就称为交流独立光伏发电系统，否则就是直流独立光伏发电系统。

2. 直流独立光伏发电系统

由于系统构成中没有逆变器，因此该系统只能为直流负载供电。在实际应用中通常会在系统中加有蓄电池，白天系统为蓄电池充电，晚上换蓄电池对负载供电；但也有些不需要加蓄电池，比如太阳能水泵，阳光充足时系统为水泵供电，阴雨天或者晚上系统不工作（见图6-1）。

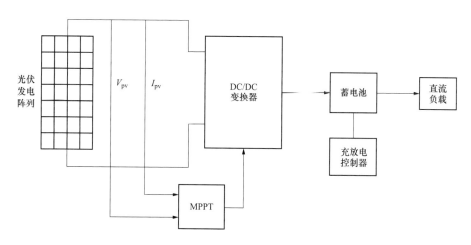

图 6-1　带蓄电池的直流独立光伏发电系统

系统包含蓄电池之后，其工作时间范围大大增加，很好地解决了阴雨天气和晚上系统不能工作的弊端，而且通过蓄电池储存电能的方式，避免了能源的浪费。这种系统的常见应用很多，包括有路灯、微波中转站等。

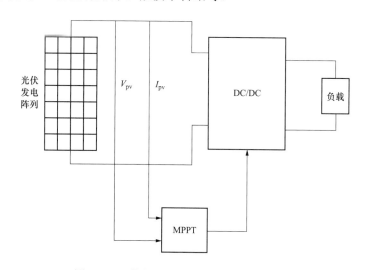

图 6-2　无蓄电池的直流独立光伏发电系统

不带蓄电池的系统相对来说便携性更好，设备成本也比前者小很多。但是由于缺少蓄电池组，所以系统发的电没办法储存，仅支持随发随用。在阴雨天或者晚上，光伏阵列的特性决定了系统无法正常工作，所以该类系统适用于负载主要在白天工作的场景。比如在阴雨天和晚上基本没有工作需求的太阳能水泵（见图6-2）。

3. 交流独立光伏发电系统

系统由于包含逆变器，可以输出交流电，所以应用范围比单纯为直流负载供电的系统要大很多。根据是否有市电进行补充又可以将交流独立光伏发电系统分为两种：一种是无市电互补的交流独立光伏发电系统；另一种则是市电互补型光伏发电系统。

前者与直流类型发电系统相似，只是为了给交流负载供电，需要给系统安装逆变器。后者同样可以为交流负载供电，但是在整个用电系统中与市电进行互补工作，在阳光充足时负载优先使用光伏发电产生的电能，晚上或者阳光不充足时则由市电进行补充。

4. 并网光伏发电系统

系统并网的条件是在并网侧需要输出与电网电压同幅、同频、同相的交流电，所以并网光伏发电系统通常由光伏阵列、DC/DC变换器、逆变器、变压器等构成。由于该系统具有并网特性，当环境不适合光伏系统工作时，负载从电网中获取电能，在负载消化不完光伏系统产生的电力时，可以将多余的电能送入电网。并网光伏发电系统结构如图6-3所示。

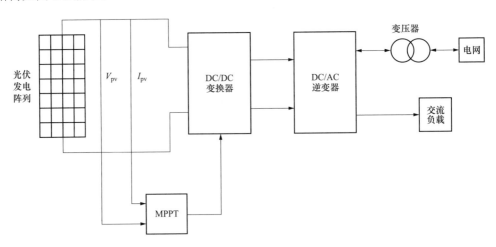

图6-3 并网光伏发电系统

（二）太阳能热发电

通过水或其他工质和装置将太阳辐射能转换为电能的发电方式，称为太阳能热发电。

先将太阳能转化为热能，再将热能转化成电能。它有两种转化方式：一种是将太阳热能直接转化成电能，如半导体或金属材料的温差发电、真空器件中的热电子和热电离子发电、碱金属热电转换，以及磁流体发电等。另一种是将太阳热能通过热机（如汽轮机）带动发电机发电，与常规热力发电类似，只是其热能不是来自燃料，而是来自太阳能。太阳能热发电有多种类型，主要包括塔式系统、槽式系统、盘式系统、太阳池和太阳能塔热气流发电。前三种是聚光型太阳能热发电系统，后两种是非聚光型。一些发达国家将太阳能热发电技术作为国家研发重点，制造了数十台各种类型的太阳能热发电示范电站，已达到并网发电的实际应用水平。

目前世界上坝有的最有前途的太阳能热发电系统大致可分为：槽形抛物面聚焦系统、中央接收器或太阳塔聚焦系统和盘形抛物面聚焦系统。

在技术上和经济上可行的三种形式是：30～80MW 聚焦抛物面槽式太阳能热发电技术（简称抛物面槽式）、30～200MW 点聚焦中央接收式太阳能热发电技术（简称中央接收式），以及 7.5～25kW 点聚焦抛物面盘式太阳能热发电技术（简称抛物面盘式）。

除了上述几种传统的太阳能热发电方式以外，太阳能烟囱发电、太阳池发电等新领域的研究也有进展。

二、火力发电

火力发电利用可燃物作为燃料生产电能，其基本过程是：化学能→热能→机械能→电能。现在世界上大多数国家都是以燃煤发电为主。煤粉和空气在电厂锅炉炉膛空间内悬浮并进行强烈的混合和氧化燃烧，燃料的化学能转化为热能。热能以辐射和热对流的方式传递给锅炉内的高压水介质，分阶段完成水的预热、汽化和过热过程，使水成为高压高温的过热水蒸气。水蒸气经管道有控制地送入汽轮机，由汽轮机实现蒸气热能向旋转机械能的转换。高速旋转的汽轮机转子通过联轴器拖动发电机发出电能，电能由发电厂电气系统升压送入电网。

火力发电一般是指利用石油、煤炭和天然气等燃料燃烧时产生的热能来加热水，使水变成高温、高压水蒸气，然后再由水蒸气推动发电机来发电的方式的总称。以煤、石油或天然气作为燃料的发电厂统称为火电厂。

火力发电厂的主要设备系统包括：燃料供给系统、给水系统、蒸汽系统、冷却系统、电气系统及其他辅助处理设备。

火力发电系统主要由燃烧系统（以锅炉为核心）、汽水系统（主要由各类泵、给水加热器、凝汽器、管道、水冷壁等组成）、电气系统（以汽轮发电机、主变压器等为主）、控制系统等组成。前两者产生高温高压蒸汽；电气系统实现由热能、机械能到电能的转变；控制系统保证各系统安全、合理、经济运行。

火力发电的重要问题是提高热效率，方法是提高锅炉的参数（蒸汽的压强和温度）。20世纪90年代，世界最好的火电厂能把40%左右的热能转换为电能；大型供热电厂的热能利用率也只能达到60%～70%。此外，火力发电大量燃煤、燃油，造成环境污染，也成为日益引人关注的问题。

热电厂为火力发电厂，采用煤炭作为一次能源，利用皮带传送技术，向锅炉输送经处理过的煤粉，煤粉燃烧加热锅炉使锅炉中的水变为水蒸气，经一次加热之后，水蒸气进入高压缸。为了提高热效率，应对水蒸气进行二次加热，水蒸气进入中压缸。利用进入中压缸的蒸汽去推动汽轮发电机发电，再将蒸汽从中压缸引出进入对称的低压缸。已经做过功的蒸汽一部分从中间段抽出供给炼油、化肥等兄弟企业，其余部分流经凝汽器水冷，成为40℃左右的饱和水作为再利用水。40℃左右的饱和水经过凝结水泵和低压加热器到除氧器中，此时为160℃左右的饱和水，经过除氧器除氧，利用给水泵送入高压加热器中，其中高压加热器利用再加热蒸汽作为加热燃料，最后流入锅炉进行再次利用。以上就是一次生产流程。

（一）火力发电厂的基本生产过程

火力发电厂的主要生产系统包括汽水系统、燃烧系统和电气系统，现分述如下：

1. 汽水系统

火力发电厂的汽水系统是由锅炉、汽轮机、凝汽器、高/低压加热器、凝结水泵和给水泵等组成，包括汽水循环、化学水处理和冷却系统等。

水在锅炉中被加热成蒸汽，经过热器进一步加热后变成过热的蒸汽，再通过主蒸汽管道进入汽轮机。由于蒸汽不断膨胀，高速流动的蒸汽推动汽轮机的叶片转动从而带动发电机。

为了进一步提高其热效率，一般都从汽轮机的某些中间级后抽出做过功的部分蒸汽，用以加热给水。在现代大型汽轮机组中都采用这种给水回热循环。此外，在超高压机组中还采用再热循环，即把做过一段功的蒸汽从汽轮机高压缸的出口全部抽出，送到锅炉的再热器中加热后再引入汽轮机的中压缸继续膨胀做功，从中压缸送出的蒸汽再送入低压缸继续做功。在蒸汽不断做功的过程中，蒸汽压力和温度不断降低，最后排入凝汽器并被冷却水冷却，凝结成水。凝结水集中在凝汽器下部由凝结水泵打至低压加热再经过除氧器除氧，给水泵将预加热除氧后的水送至高压加热器，经过加热后的热水打入锅炉，在过热器中把水已经加热到过热的蒸汽送至汽轮机做功，这样周而复始不断地做功。

在汽水系统中的蒸汽和凝结水，由于疏通管道很多并且还要经过许多阀门设备，这样就难免产生跑、冒、滴、漏等现象。这些现象都会或多或少地造成水的损失，因此我们必须不断向系统中补充经过化学处理过的软化水，这些补给水一般都补入除氧器中。

2. 燃烧系统

燃烧系统是由输煤、磨煤、粗细分离、排粉、给粉、锅炉、除尘、脱流等组成。是由皮带输送机从煤场将煤通过电磁铁、碎煤机然后送到煤仓间的煤斗内，再经过给煤机进入磨煤机进行磨粉。磨好的煤粉通过空气预热器来的热风，将煤粉打至粗细分离器，粗细分离器将合格的煤粉（不合格的煤粉送回磨煤机）经过排粉机送至粉仓，给粉机将煤粉打入燃烧器送到锅炉进行燃烧。而烟气经过电除尘脱出粉尘再将烟气送至脱硫装置，通过石浆喷淋脱出流的气体经过引风机送到烟囱排入天空。

3. 发电系统

发电系统是由副励磁机、励磁盘、主励磁机（备用励磁机）、发电机、变压器、高压断路器、升压站、配电装置等组成。发电是由副励磁机（永磁机）发出高频电流，副励磁机发出的电流经过励磁盘整流，再送到主励磁机。主励磁机发出电后经过调压器及灭磁开关经过碳刷送到发电机转子，当发电机转子通过旋转其定子绕组便感应出电流。强大的电流通过发电机出线分为两路，一路送至厂用电变压器，另一路则送到 SF_6 高压断路器，由 SF_6 高压断路器送至电网。

（二）汽轮机发电的基本生产过程

火力发电厂的燃料主要有煤、石油（主要是重油、天然气）。我国的火电厂以燃煤为主，过去曾建过一批燃油电厂，目前的政策是尽量压缩烧油电厂，新建电厂全部烧煤。

火力发电厂由三大主要设备——锅炉、汽轮机、发电机及相应辅助设备组成，它们通过管道或线路相连构成生产主系统，即燃烧系统、汽水系统和电气系统。其生产过程简介如下。

1. 燃烧系统

燃烧系统包括锅炉的燃烧部分，以及输煤、除灰和烟气排放系统等。

煤由皮带输送到锅炉车间的煤斗，进入磨煤机磨成煤粉，然后与经过预热器预热的空气一起喷入炉内燃烧，将煤的化学能转换成热能。烟气经除尘器清除灰分后，由引风机抽出，经高大的烟囱排入大气。炉渣和除尘器下部的细灰由灰渣泵排至灰场。

2. 汽水系统

汽水系统流程包括锅炉、汽轮机、凝汽器及给水泵等组成的汽水循环和水处理系统、冷却水系统等。

水在锅炉中加热后蒸发成蒸汽，经过热器进一步加热，成为具有规定压力和温度的过热蒸汽，然后经过管道送入汽轮机。

在汽轮机中，蒸汽不断膨胀，高速流动，冲击汽轮机的转子，以额定转速（3000r/min）旋转，将热能转换成机械能，带动与汽轮机同轴的发电机发电。

在膨胀过程中，蒸汽的压力和温度不断降低。蒸汽做功后从汽轮机下部排出。排出的蒸汽称为乏汽，它排入凝汽器。在凝汽器中，汽轮机的乏汽被冷却水冷却，凝结成水。

凝汽器下部所凝结的水由凝结水泵升压后进入低压加热器和除氧器，提高水温并除去水中的氧（以防止腐蚀炉管等），再由给水泵进一步升压，然后进入高压加热器，回到锅炉，完成水-蒸汽-水的循环。给水泵以后的凝结水称为给水。

汽水系统中的蒸汽和凝结水在循环过程中总有一些损失，因此必须不断向给水系统补充经过化学处理的水。补给水进入除氧器，与凝结水一起由给水泵打入锅炉。

3. 电气系统

电气系统包括发电机、励磁系统、厂用电系统和升压变电站等。

发电机的机端电压和电流随其容量不同而变化，其电压一般在 10～20kV 之间，电流可达数千安至 20kA。因此，发电机发出的电，一般由主变压器升高电压后，经变电站高压电气设备和输电线送往电网。极少部分电通过厂用变压器降低电压后，经厂用电配电装置和电缆供厂内风机、水泵等各种辅机设备和照明等用电。

三、核能发电

利用核能来生产电能，原子核的各个核子（中子与质子）之间具有强大的结合力。重核分裂和轻核聚合时，都会放出巨大的能量，称为核能。核能的技术已比较成熟，形成规模投入运营的，只是重核裂变释放出的核能生产电能的原子能发电厂。从能量转换的观点分析，是由重核裂变核能→热能→机械能→电能的转换过程。

（一）核电厂

将原子核裂变释放的核能转变为电能的系统和设备，通常称为核电厂，也称原子能发电厂。核燃料裂变过程释放出来的能量，经过反应堆内循环的冷却剂，把能量带出并传输到锅炉产生蒸汽用以驱动涡轮机并带动发电机发电。核电厂是一种高能量、少耗料的电厂。以一座发电量为 100 万 kW 的电厂为例，如果烧煤，则每天需耗煤 7000～8000t 左右，一年要消耗 200 多万 t。若改用核电厂，每年只消耗 1.5t 裂变铀或钚，一次换料可以满功率连续运行一年，可以大大减少电厂燃料的运输和储存问题。此外，核燃料在反应堆内燃烧过程中，同时还能产生出新的核燃料。核电厂基建投资高，但燃料费用较低，发电成本也较低，并可减少污染。

（二）核及其机理

1. 原子的组成

原子是由质子、中子和电子组成的。世界上一切物质都是由原子构成的，任何原子都是由带正电的原子核和绕原子核旋转的带负电的电子构成的。一个铀-235 原子有 92 个电子，其原子核由 92 个质子和 143 个中子组成。50 万个原子排列起来相当于一根头发的直径。如果把原子比作一个巨大的宫殿，其原子核的大小只是一颗黄豆，而电子相当于一根大头针的针尖。一座 100 万 kW 的火电厂，每年要烧掉约 330 万 t 煤，要用许多列火车来运输。而同样容量的核电厂一年只用 30t 燃料。

2. 原子核的结构

原子核一般是由质子和中子构成的，最简单的氢原子核只有一个质子，原子核中的质子数（即原子序数）决定了这个原子属于何种元素，质子数和中子数之和称为该原子的质量数。

3. 核能（裂变）

在 50 多年前，科学家发现铀-235 原子核在吸收一个中子以后能分裂，同时放出 2～3 个中子和大量的能量，放出的能量比化学反应中释放出的能量大得多，这就是核裂变能，也就是我们所说的核能。

原子弹就是利用原子核裂变放出的能量起杀伤破坏作用，而核电反应堆也是利用这一原理获取能量，所不同的是它是可以控制的。

4. 轻核聚变

两个较轻的原子核聚合成一个较重的原子核，同时放出巨大的能量，这种反应称为轻核聚变反应。它是取得核能的重要途径之一。在太阳等恒星内部，因压力、温度极高，轻核才有足够的动能去克服静电斥力而发生持续的聚变。自持的核聚变反应必须在极高的压力和温度下进行，故称为"热核聚变反应"。

氢弹是利用氘氚原子核的聚变反应瞬间释放巨大能量起杀伤破坏作用，正在研究的受控热核聚变反应装置也是应用这一基本原理。它与氢弹的最大不同是，其释放能量是可以被控制的。

5. 铀的特性及其能量的释放

铀是自然界中原子序数最大的元素,天然铀由几种同位素构成:除 0.71%的铀-235(235 是质量数)、微量铀-234 外,其余是铀-238。铀-235 原子核完全裂变放出的能量是同量煤完全燃烧放出能量的 2700000 倍。也就是说 1g 铀-235 完全裂变释放的能量相当于 2.5t 优质煤完全燃烧时所释放的能量。

6. 核能如何释放

核能的获得主要有两种途径,即重核裂变与轻核聚变。铀-235 有一个特性,即当一个中子轰击它的原子核时,它能分裂成两个质量较小的原子核,同时产生 2~3 个中子和 β、γ 等射线,并释放出约 200MeV 的能量。

如果有一个新产生的中子,再去轰击另一个铀-235 原子核,便引起新的裂变,以此类推,这样就使裂变反应不断地持续下去,这就是裂变链式反应。在链式反应中,核能就连续不断地释放出来。

7. 核聚变能量的释放

与铀相同数量的轻核聚变时放出的能量要比铀大几倍。例如 1g 氘化锂（Li-6）完全反应所产生的能量约为 1g 铀-235 裂变能量的 3 倍以上。实现核聚变的条件十分苛刻,即需要使氢核处于几千万摄氏度以上高温才能使相当的核具有动能实现聚合反应。

8. 核能是可持续发展的能源

世界上已探明的铀储量约 490 万 t,钍储量约 275 万 t。这些裂变燃料足够使用到聚变能时代。聚变燃料主要是氘和锂,海水中氘的含量为 0.034g/L,据估计地球上总的水量约为 13.8 亿 km^3,其中氘的储量约 40 万亿 t,地球上的锂储量有 2000 多亿 t,锂可用来制造氚,足够人类在聚变能时代使用。按目前世界能源消费的水平,地球上可供原子核聚变的氘和氚,能供人类使用上千亿年。因此,有些能源专家认为,只要解决了核聚变技术,人类就将从根本上解决能源问题。

9. 核裂变

核裂变（Nuclear fission）是一个原子核分裂成几个原子核的变化。只有一些质量非常大的原了核像铀、钍等才能发生核裂变。这些原子的原子核在吸收一个中子后会分裂成两个或更多个质量较小的原子核,同时放出 2~3 个中子和很大的能量,又能使别的原子核接着发生核裂变,使过程持续进行下去,这种过程称作链式反应。原子核在发生核裂变时,释放出巨大的能量称为原子核能,俗称原子能。裂变过程相当复杂,已经发现裂变产物有 35 种元素,放射性核素有 200 种以上。

10. 核能的利用

"1942 年 12 月 2 日，人类在此实现了第一次白持键式反应，从而开始了受控的核能释放。"这是原子时代的出生证，这段话就写在美国芝加哥大学一座废弃不用的运动场的外墙上，人类制成的第一座原子反应堆就是在这个运动场看台下面的网球场中诞生的，这项工程的领导人就是意大利物理学家恩里科·费米。

1941 年 12 月，在爱因斯坦等科学家的建议下，美国总统罗斯福批准了名为"曼哈顿工程"的计划，要赶在希特勒之前，全力以赴研制出原子弹。从 1941 年至 1945 年，历时 5 年，共动员了 50 万人，15 万名科学家和工程师，耗资 20 亿美元，用电占全美国电力的 1/3。原子弹的实际制造是在后来被誉为"原子弹之父"的科学家奥本海默的领导下，于 1943 年末完成的。1945 年 7 月 16 日，第一颗原子弹试验成功。8 月 6 日和 9 日，美国政府将两颗原子弹先后投在了日本的广岛和长崎，迫使日本帝国主义投降。

由于原子弹的巨大破坏力，它成了冷战时期的重要战略武器，各国竞相研制。1949 年，苏联爆炸了一颗比美国投掷到广岛的原子弹大五倍的核弹。1964 年，我国成功爆炸了第一颗原子弹。根据联合国公布的材料，当时全世界共有核弹头 5 万多个，爆炸当量约为 150 亿 t TNT 炸药，全球每人要受到相当于 3t TNT 炸药的核威胁，因此有人把原子弹称为是"毁灭地球的发明"。

第二次世界大战后，核能开始被用于和平事业。1954 年 6 月，苏联建成了世界上第一座原子能发电厂，尽管它只有 5000kW 的发电功率，但它揭开了人类和平利用核能的新纪元。核能发电作为一种新能源，受到了世界各国的重视。60 多年来，世界核电发展史证明了核电是一种经济清洁和安全的能源。火力发电厂的综合成本比核电厂要高出 38%，法国的核电成本只是燃煤火电的 52%。燃煤火电厂会向大气排放大量污染物，而核电厂不会排放任何污染物。到 1995 年，全世界共有 432 座核电厂在运转发电，中间只发生过两次放射性物质外泄事故，而且都是由于操作失误引起的。自 1988 年苏联切尔诺贝利核电厂事故之后，世界各国已不再使用安全性不高的石墨堆，而且增加了安全壳保障措施，我国核电厂采用的就是较为先进的压水堆。因此，核电厂比以前更加安全可靠了。

据 1991 年统计，核电已占世界总发电量的 16%。世界各国中，法国的核电厂发展最快，有 57 座核电厂，总装机容量为 6200 万 kW，核电占总发电量的 77.8%。目前我国已有浙江秦山核电厂和深圳大亚湾核电厂投入发电，今后我国还将建设 4 座核电厂，到 2010 年使核电总量达到 2000 万 kW。

四、风能发电

风力发电是指把风的动能先转化成机械能然后再转化成动能的过程，利用风力发电非常环保，且风能蕴量巨大，因此日益受到世界各国的重视。风能作为一种清洁的可再生能源，越来越受到世界各国的重视。其蕴量巨大，全球的风能约为 $2.74 \times 10^9 MW$，其中可利用的风能为 $2 \times 10^7 MW$，比地球上可开发利用的水能总量还要大 10 倍。

（一）资源

我国风能资源丰富，可开发利用的风能储量约 10 亿 kW。其中，我国风电场陆地上风能储量约 2.53 亿 kW（陆地上离地 10m 高度资料计算），海上可开发和利用的风能储量约 7.5 亿 kW。而 2003 年底全国电力装机容量约为 5.67 亿 kW。

风是没有公害的能源之一，而且取之不尽，用之不竭。对于缺水、缺燃料和交通不便的沿海岛屿、草原牧区、山区和高原地带，因地制宜地利用风力发电非常适合，大有可为。海上风电是可再生能源发展的重要领域，是推动风电技术进步和产业升级的重要力量，是促进能源结构调整的重要措施。我国海上风能资源丰富，加快海上风电项目建设，对于促进沿海地区治理大气雾霾、调整能源结构和转变经济发展方式具有重要意义。国家能源局 2015 年 9 月 21 日发布数据显示，到 2015 年 7 月底，纳入海上风电开发建设方案的项目已建成投产 2 个、装机容量 6.1 万 kW，核准在建 9 个、装机容量 170.2 万 kW，核准待建 6 个、装机容量 154 万 kW。这与 2014 年末国家能源局《全国海上风电开发建设方案（2014—2016）》规划的总装机容量 1053 万 kW 的 44 个项目相距甚远。为此，国家能源局要求，应进一步做好海上风电开发建设工作，加快推动海上风电发展。

（二）原理

把风的动能转变成机械动能，再把机械能转化为电力动能，这就是风力发电。风力发电的原理，是利用风力带动风车叶片旋转，再透过增速机将旋转的速度提升，来促使发电机发电。依据目前的风车技术，大约 3m/s 的微风速度（微风的程度）便可以开始发电。风力发电正在世界上形成一股热潮，因为风力发电不需要使用燃料，也不会产生辐射或空气污染。

风力发电所需要的装置，称作风力发电机组。这种风力发电机组，大体上可分风轮（包括尾舵）、发电机和塔筒三部分［大型风力发电站基本上没有尾舵，一般只有小型（包括家用型）才会拥有尾舵］。风轮是把风的动能转变为机械能的重要部件，它由若干只叶片组成。当风吹向桨叶时，桨叶上产生气动力驱动风轮转动。桨叶的材料要求强度高、质量轻，目前多用玻璃钢或其他复合材料（如碳纤维）来制造（现在还有一些垂直风轮、S 型旋转叶片等，其作用也与常规螺旋桨型叶片相同）。由于风轮的转速比较低，而且风力的大小和方向经常变化着，这又使转速不稳定；所以在带动发电机之前，还必须附加一个把转速提高到发电机额定转速的齿轮变速箱，再加一个调速机构使转速保持稳定，然后再连接到发电机上。为保持风轮始终对准风向以获得最大的功率，还需在风轮的后面装一个类似风向标的尾舵。

铁塔是支承风轮、尾舵和发电机的构架。它一般修建得比较高，为的是获得较大的和较均匀的风力，又要有足够的强度。铁塔高度视地面障碍物对风速影响的情况，以及风轮的直径大小而定，一般在 6～20m 范围内。发电机的作用，是把由风轮得到的恒定转速，通过升速传递给发电机构均匀运转，因而把机械能转变为电能。

风力发电在芬兰、丹麦等国家很流行；我国也在西部地区大力提倡。小型风力发电系统效率很高，但它不是只由一个发电机头组成的，而是一个有一定科技含量的小系统：风力发电机+充电器+数字逆变器。风力发电机由机头、转体、尾翼、叶片组成。每一部分都很重要，各部分功能为：①叶片用来接受风力并通过机头转为电能；②尾翼使叶片始终对着来风的方向，从而获得最大的风能；③转体能使机头灵活地转动，以实现尾翼调整方向的功能；④机头的转子是永磁体，定子绕组切割磁力线产生电能。一般说来，三级风就有利用的价值。但从经济合理的角度出发，风速大于 4m/s 才适宜于发电。据测定，一台 55kW 的风力发电机组，当风速为 9.5m/s 时，机组的输出功率为 55kW；当风速为 8m/s 时，功率为 38kW；风速为 6m/s 时，只有 16kW；而风速为 5m/s 时，仅为 9.5kW。可见风力越大，经济效益也越好。

在我国，现在已有不少成功的中、小型风力发电装置在运转。我国的风力资源极为丰富，绝大多数地区的平均风速都在 3m/s 以上，特别是东北、西北、西南高原和沿海岛屿，平均风速更大；有的地方，一年 1/3 以上的时间都是大风天。在这些地区，发展风力发电是很有前途的。

（三）风力发电的输出

风力发电机因风量不稳定，故其输出的是 13～25V 变化的交流电，须经充电器整流，再对蓄电瓶充电，使风力发电机产生的电能变成化学能。然后用有保护电路的逆变电源，把电瓶里的化学能转变成交流 220V 市电，才能保证稳定使用。通常人们认为，风力发电的功率完全由风力发电机的功率决定，总想选购大一点的风力发电机，而这是不正确的。目前的风力发电机只是给电瓶充电，而由电瓶把电能储存起来，人们最终使用电功率的大小与电瓶大小有更密切的关系。功率的大小更主要取决于风量的大小，而不仅是机头功率的大小。在内地，小的风力发电机会比大的更合适。因为它更容易被小风量带动而发电，持续不断的小风，会比一时狂风更能供给较大的能量。当无风时人们还可以正常使用风力带来的电能，也就是说一台 200W 风力发电机也可以通过大电瓶与逆变器的配合使用，获得 500W 甚至 1000W 乃至更大的功率输出。

使用风力发电机，就是源源不断地把风能变成可供普通家庭使用的标准市电，其节约的程度是明显的，一个家庭一年的用电只需 20 元电瓶液的代价。而现在的风力发电机性能有很大改进，采用先进的充电器、逆变器，风力发电成为有一定科技含量的小系统，并能在一定条件下代替正常的市电。在旅游景区、边防、学校、部队乃至落后的山区，风力发电机正在成为人们的采购热点。

五、水力发电

水力发电是研究将水能转换为电能的工程建设和生产运行等技术经济问题的科学技术。水力发电利用的水能主要是蕴藏于水体中的位能，为实现将水能转换为电能，需要兴建不同类型的水电站。

（一）技术

水电站是由一系列建筑物和设备组成的工程措施。建筑物主要用来集中天然水流的落差，形成水头，并以水库汇集、调节天然水流的流量；基本设备是水轮发电机组。当水流通过水电站引水建筑物进入水轮机时，水轮机受水流推动而转动，使水能转化为机械能；水轮机带动发电机发电，机械能转换为电能，再经过变电和输配电设备将电力送到用户。水能为自然界的再生性能源，随着水文循环周而复始，重复再生。水能与矿物燃料同属于资源性一次能源，转换为电能后称为二次能源。水力发电建设则是将一次能源开发和二次能源生产同时完成的电力建设，在运行中不消耗燃料，运行管理费和发电成本远比燃煤电厂低。水力发电在水能转化为电能的过程中不发生化学变化，不排泄有害物质，对环境影响较小，因此水力发电所获得的是一种清洁的能源。

原理是利用水流的动能和势能来生产电能水流量的大小和水头的高低。从能量转换的观点分析，其过程为：水能转化机械能转化成电能。实现这一能量转换的生产方式，一般是在河流的上游筑坝，提高水位以造成水位差；建造相应的水工设施，以有效地获取集中的水流。水经引水机沟引入水电厂的水轮机，驱动水轮机转动，水能便被转换为水轮机的旋转机械能。与水轮机直接相连的发电机将机械能转换成电能，并由电气系统升压送入电网。

水力发电是再生能源，对环境冲击较小。除可提供廉价电力外，还有下列优点：控制洪水泛滥、提供灌溉用水、改善河流航运，有关工程同时改善该地区的交通、电力供应和经济，特别可以发展旅游业及水产养殖。美国田纳西河的综合发展计划是首个大型的水利工程，带动了地区整体的经济发展。

（二）特点

（1）能源的再生性。由于水流按照一定的水文周期不断循环，从不间断，因此水力资源是一种再生能源。水力发电的能源供应只有丰水年份和枯水年份的差别，而不会出现能源枯竭的问题。但当遇到特别的枯水年份，水电站的正常供电可能会因能源供应不足而遭到破坏，出力大为降低。

（2）发电成本低。水力发电只是利用水流所携带的能量，无需再消耗其他动力资源。而且上一级电站使用过的水流仍可为下一级电站利用。另外，由于水电站的设备比较简单，其检修、维护费用也较同容量的火电厂低得多。如计及燃料消耗在内，火电厂的年运行费用约为同容量水电站的 10～15 倍。因此水力发电的成本较低，可以提供廉价的电能。

（3）高效而灵活。水力发电主要的动力设备是水轮发电机组，不仅效率较高而且启动、操作灵活。它可以在几分钟内从静止状态迅速启动投入运行；在几秒钟内完成增减负荷的任务，适应电力负荷变化的需要，而且不会造成能源损失。因此，利用水电承担电力系统的调峰、调频、负荷备用和事故备用等任务，可以提高整个系统的经济效益。

（4）工程效益的综合性。由于筑坝拦水形成了水面辽阔的人工湖泊，控制了水流，因此兴建水电站一般都兼有防洪、灌溉、航运、给水及旅游等多种效益。另一方面，建设水电站后，也可能出现泥沙淤积，淹没良田、森林和古迹等文化设施，库区附近可能造成疾病传染，建设大坝还可能影响鱼类的生活和繁衍，库区周围地下水位大大提高会对其边缘的果树、作物生长产生不良影响。大型水电站建设还可能影响流域的气候，导致干旱或洪水。特别是大型水库有诱发地震的可能。因此在地震活动地区兴建大型水电站必须对坝体、坝肩及两岸岩石的抗震能力进行研究和模拟试验，予以充分论证。这些都是水电开发所要研究的问题。

（5）一次性投资大。兴建水电站土石方和混凝土工程巨大；而且会造成相当大的淹没损失，须支付巨额移民安置费用；工期也较火电厂建设为长，影响建设资金周转。即使由各受益部门分摊水利工程的部分投资，水电的单位千瓦投资也比火电高出很多。但在以后运行中，年运行费的节省可逐年抵偿。最大允许抵偿年限与国家的发展水平和能源政策有关，抵偿年限小于允许值则认为增加水电站的装机容量是合理的。

第七章 智能电网信息化平台功能及数据分析

第一节 在 线 监 测

一、配网自愈历史重现

（一）配电网的自愈控制

在智能电网中，智能配电网是其面向客户的重要组成部分，而自愈型的智能化配电网则可以对运行中的电网可能出现的故障进行准确、快速的检测及响应，并能够实现自我恢复，保证了配电网的持续供电可靠性。

自愈是智能配电网最主要的特征之一，其主要是实现电网自我预防及自我恢复的功能。在自愈控制技术中主要包括继电保护技术、计算机技术、自动控制技术等领域的最新技术。

配电网自愈控制中，主要存在以下几种特别状态：

（1）预防状态。也就是电网从比较脆弱的状态转化为正常状态的控制。

（2）紧急状态。即配电网从发生故障到正常状态的转化控制。

（3）优化状态。即配电网在拥有较大安全裕度时的控制状态。

配电网根据这几种状态的控制，在配电网络中综合利用，以达到配电网自我恢复的目的。

（二）智能配电网自愈控制系统的技术分析

（1）故障隔离与网络重构的关键技术。在正常运行状态下智能电网的故障隔离与网络重构属于主要的自愈控制相关技术，其能够确保在发生外部严重故障或者内部相关故障时配电网实现自我恢复。结合自愈控制技术中就地控制和集中控制两个架构的协调性，通过对就地信息的保护装置的利用就能够快速地切除故障，而以全局信息为基础的网络重构则具备全局性的计算和优化的能力。然而其在进行分析、计算和执行时需要较长的时间，通过对不同控制方法的优点的利用，对其进行优化和协调，就能够实现好的经济、技术控制效果。

（2）大面积停电恢复技术和关键负荷在极端条件下的保障技术。其主要包括在严重内部故障状态下智能配电网的被动解列技术；在严重外部故障状态下的智能电网的主动解列技术；发生故障后的以网络重构为基础的智能配电网的恢复局部供电的技术；以网络重构为基础的智能配电网的电压控制技术；智能配电网在极端条件下的保障关键负荷的技术；以分布式电源为基础的极端条件下的智能配电网的黑启动技术。

（3）保护装置控制保护技术。其重点内容就是通过局部信息使多电源闭环供电的配电网形成网络式保护的相关技术；网络式保护装置在进行网络重构之后的自适应控制保护技术；以全局信息为基础的支撑平台和以局域信息为基础的保护装置之间的保护协调配合机制；电网保护测控一体化终端的相关技术；能够对故障分支进行指示的故障指示装置。

（4）故障特性分析技术。其重点关注的内容为在电网出现不对称故障或者对称故障时储能装置、分布式电源的故障特性；微网在发生外部故障之后的故障特性；包含着储能装置、微网、分布式电源的智能电网的故障特性；智能电网故障特性受到的储能装置类型、分布式电源类型、负荷性质、负荷水平，以及系统接地方式等因素的影响。

（三）智能配电网自愈控制的体系设计

1. 智能配电网自愈控制的方案设计

（1）集中控制方式。要想实现集中控制，系统主站必须具备高级分析计算功能。在发生故障后系统要向主站发送量测信息，对故障的位置和类型等进行分析、计算和判定，并且制定完善的控制决策，随后由智能终端或者保护装置对控制决策进行执行，基本上由主站完成整个故障的处理过程。主站和终端在集中控制方式下需要进行大量的数据通信，而且如果只依赖于主站实施分析和决策往往需要耗费大量的时间，无法使快速切除故障的需求得到充分满足。因此，目前如果想要单纯依靠集中控制方式使智能配电网实现自愈控制具有较大的难度。

（2）分散控制方式。要想实现分散控制，必须要依赖于智能终端和保护装置两者之间的相互配合。以局部信息为基础的智能终端和保护装置是清除故障和实现恢复故障后供电的主要装置。一般来说，分散控制方式具有较高的可靠性和效率，但是因为主站没有参与到这一过程中来，尽管智能终端与保护装置两者之间具有一定的联系，但是其无法立足于全局性的角度实现对故障后过程的整体性协调，也无法与频繁变化的网络运行方式相适应，因此限制了这一控制方式的应用。不过由于现在越来越多地应用到了以多代理为基础的分布式计算技术，因此未来分散控制技术有望得到进一步的推广和应用。

（3）集中分散协调控制方式。该控制方式同时具备分散控制和集中控制两者的优点，可以进行分布式协调控制。通过保护装置的配合能够清除故障，而通过主站分析计算后所发出的各种控制命令能够尽快实现故障后的恢复供电。该控制方式除了具有快速的故障切除速度之外，而且还具有较强的全局协调优化功能，能够与多变的网络运行方式相适应，因此在现阶段得到了非常广泛的应用。

2. 智能配电网自愈控制方案的实现基础

配电自动化是实现自愈控制技术的基础，而要实现自愈控制技术，智能配电网需要具备以下条件：

（1）具有各种智能化的配电终端设备和相关设备。

（2）具备储能设备、分布式电源、多电源或者双电源，并且配备具有较高可靠性和灵活性的网络拓扑结构。

（3）具备强大的信息能力和可靠性高的网络通信。

（4）主站系统要具有预警、评估、计算、分析等一系列的智能化功能。自愈技术相对于传统的配电自动化技术而言具有更高的主站功能系统要求，因此其能够使分布式电源的灵活接入要求得到充分满足。

自愈控制技术是配电网实现智能化极为关键的技术，它随着配电网的信息、通信等各项技术不断完善和发展而发展。通过发展配电网自愈控制技术、分布式发电与智能微网技术、AMI 技术、配电网快速仿真与模拟技术等相关技术的研究，可快速而有力地推进我国智能电网的建设。智能配电网突出特点就是主动自愈控制，而未来智能配电网发展的高目标是无缝自愈控制。智能配电网自愈控制技术已成为提高配电网供电可靠性和安全性，抵御连锁故障与大面积停电事故的发生，解决大量 DG 接入的主要技术手段，具有广阔的市场前景。

二、配电线路运行监测及故障定位

（一）线路运行现状和存在的问题

我国很多地区电缆线路的铺设存在一定的问题，这些问题的存在影响了我们处理一些电缆线路故障的时间。因为很多地区的电缆线铺设在地下，所以我们对电缆线路的运行情况基本上不了解。另外当电缆线路出现问题时，修理人员很难及时找到电缆线出现故障的原因，用电的情况就很难得到及时解决，这在很大程度上影响了人们的日常用电和企业的正常生产运营。所以我们要利用综合检测系统来改善这些问题，实时监测电缆线路的运行情况并实现故障的定位。

（二）在线监测系统功能

1. 主动告警功能

主动告警功能是指系统可以主动上报一些故障信息，比如数字显示器的电池故障问题、信号传输中断电池问题、设备失效等故障信息。系统中该功能的存在可以在很大程度上帮助配电电缆线正常运行。当这些故障被输送到配电中心时，配电中心的人员可以根据数据的重要性决定是否储存这些信息，如果觉得比较重要就可以把相关的信息储存起来，这样我们在遇到相关的问题时就可以有所借鉴。

2. 数据管理功能

系统中出现的各种问题包括配置信息和告警信息等都储存在信息库中，电力中心的工作人员可以将这些信息制作成不同的统计报表或图表。我们在处理这些问题时就可以找到借鉴的信息。

3. 电池电压管理功能

电池电压在整个系统中的功能是很重要的，也是各种设备有效进行的保障，所以我们要对电池和电压进行有效的管理。对电池电压的监测主要包括在电池和电压不足时就要上报警告，这样我们就可以在电池和电压出现异常时快速作出反应，以保证系统的正常运行。

（三）故障在线检测定位方法

（1）阻抗法。按照发生故障时测量的电流与电压对故障回路阻抗进行计算，进一步联系线路长度和阻抗的正比例关系，对故障距离进行估测。根据算法可以将阻抗法划分为双端数据与单端数据。通过精确分布参数模型实施双端数据测距算法，需要不断完善数据同步于伪根判断。由于模拟技术的不足和功能促使单端数据测距算法利用单侧电压信号与电流。

（2）行波法。行波法是指按照行波和故障距离自故障点传播所需时间及检测点所需时间形成正比例，通常划分为下列五种方法。

1）第一种采用的是现代行波故障测距原理，具体利用故障暂态形成的行波获得双端测距的原理，通过来自线路内部的故障产生了行波初期浪涌。当其达到线路两端测量点时，可以获取它们的绝对时间差值，进而对故障点至故障点两端测量点的距离实施计算。

2）第二种原理是依据故障线路上断路器合闸形成的暂态行波在测量点上永久性的故障点彼此的往返时间，对故障距离进行计算。通过这一点可知对于线路，利用重合闸传输高压电是非常关键的，其可以有效弥补电压过小导致测距的失败或者是由于故障形成的零初始角电压。

3）第三种原理是通过故障点形成的行波达到线路两端时间差进一步完成的。采用第一个行波波头达到线路两端的时间计算双端定位，因此仅需捕捉到第一个行波波头，而不需要对其折射与反射进行考虑。同时行波产生了较大幅值，容易辨别。

4）第四种行波定位是单端进行故障产生行波进而定位故障的方法。当线路出现故障时，在故障点与母线之间电压和电流来回反射，按照故障点与行波之间一次往返时间及行波波速能够准确定位故障点。

5）第五种原理是根据注入端的信号和故障点与故障点之间，一次往返的时间对故障距离进行计算。也可以认为在故障之后，人工对故障线路发送脉冲信号，之后对脉冲信号发送时间与故障点反射达到检测点所需时间积极检测。

（3）配电网自动化方法。最近几年，随着不断成熟的配电网自动化措施，陆续出现了基于 SCADA 的判断系统故障区域方法。其中很多都是根据配网馈线继电保护，联系断路器关系拓扑分解整个网络，进一步产生了线路网络的矩阵关系，由此形成判断算法。

第二节 辅助决策分析

一、电网辅助决策研究的意义

（1）协助人员准确把握电网监控要点，对设备运行状态、电网的薄弱环节进行分析预警，并提供有效的电网调整策略。电网设备的运行状态信息是人员进行电网运行监控的基础，对电网遥信遥测信号进行主动判断和辅助筛选，帮助人员直接获得电网设备实时运行状态及变化。对电网稳定运行信息和实时安全分析结果进行自动过滤和集中显示，为人员提示电网安全监控要点。

（2）电网调度作为电网的运行中心，负责全网的安全、优质和经济运行。电网调度的主要职责是合理安排运行设备的计划检修和电网的异常事故处理，涉及锅炉、汽轮机和电气设备等整个电力生产过程，人员必须根据现场情况及时做出正确的判断，保证设备和电网的安全。由于经济的快速发展，电网的规模也不断扩大，设备不断增多，由此产生的各种附属信息和数据更是成倍增加。面对如此庞杂的知识与信息，如何管理好知识与信息、利用好知识与信息，将越来越成为电网能否安全、优质经济运行的重要因素。

（3）辅助分析为人员提供更准确、更可靠的运行信息。选电网最重要的，也是人员最关心的监控信息，借助相应的高级应用软件帮助人员对电网的薄弱环节进行分析，对电网全局及局部的稳定水平进行判断。通过灵敏度分析，指导人员进行机组出力、负荷等运行方式的调整对电网的故障信息进行正确性检查，并给出事故分析报告，对电网事故进行辅助分析和判断。

二、电网辅助决策系统分析的目标

辅助决策控制系统涵盖电力系统事前、事中、事后三个连续性过程，即事前预警、事中诊断、事后恢复。该系统具有自动化、智能性、实用性的特点，自动跟踪电网状态变化，自动发现严重事故，提醒人员注意，自动给出判断结果，自动给出控制措施和校正措施；电网发生故障时，系统可以通过这些信息的综合判断，最后有效地给人员提供出当前最关心的关键信息，节省人员处理事故的宝贵时间；针对电网正常运行和发生事故时的问题给出相应的控制策略。

三、电网智能调度辅助决策系统的实现

协助人员准确把握电网监控要点，对实时潮流状态监控、保护动作信息状态监视、开关变位状态及电网的薄弱环节进行分析，帮助人员进行电网调整策略；对电网遥信遥测信号进行主动判断和辅助筛选，帮助人员直接获得电网设备实时运行状态及变化；对电网稳定运行信息和实时安全分析结果进行自动过滤和集中显示，为人员提示电网安全监控要点。在电网发生故障时，系统采集电网监控与数据采集系统和保护故障信息系统的信息，利用人工智能技术，根据故障涉及的开关和保护的动作情况进行故障诊断。辅助决策系统协助人员尽快发现事故，对电网的众多信息进行甄别，剔除多余干扰，对电网局部区域内的所有故障信息进行时序验证，结合分析判断故障停电范围及事故性质，分析和电网调整，并给出故障恢复策略。提供适用的电网事故处理方案，生成实时调度预案，从自动拉路控制、序列控制、主站集中式备用电源自投、小电流监视及控制及片网潮流自动绘制等措施进行事故后的恢复。

第三节　电力负荷预测分析

一、负荷预测概述

负荷表征着电力系统中电力的需求量，而需求量指的是电能的时间变化率，即功率。电力系统的负荷预测有两个方面的内容：对未来功率的预测和对未来用电量的预测。对功率的预测可以决定输电与配电设备的容量，而对用电量的预测将决定应安装什么种类的发电机组。

二、负荷预测的分类及影响因素

1. 时间电力负荷预测

时间电力负荷预测可分为超短期负荷预测、短期负荷预测、中期负荷预测、长期

负荷预测这 4 种类型。

2. 空间电力负荷预测

空间电力负荷预测是对供电范围内将来电力负荷的地理位置、大小的预测，以及对固定范围内电力负荷时间、地域分布的预测。空间电力负荷预测是电网规划的基本依据，依据结果来确定电力设备的容量及分布，可提高电网建设的经济性。

空间负荷预测不光能预测未来负荷的大小，还能得出其具体的地域分布，可满足电网管理由粗放型向精益化转变的需求。空间负荷预测所需基础数据和信息来源很广，门类性质不同，但都会不同程度地影响目标的确定、预测模型的建立、预测方法的提出或选用、预测结果的精度评判。

三、典型负荷类型

典型负荷类型包括城市民用型负荷、农村型负荷、商业型负荷、工业型负荷等，不同负荷类型的发展变化规律也不尽相同。具体如下：

（1）随着居民家用电器的不断增多，城市居民的电力负荷不再以照明负荷为主。

（2）农村型负荷的季节性变化比较明显。

（3）商业型负荷会影响到晚高峰。

（4）工业负荷受气象因素影响较小，但由于夜间大型工业负荷减少，其间负荷增长率会降低。分析研究影响电力负荷构成的因素对于提高电力负荷预测的准确性是非常重要的，尤其是能提高电力系统应对突发情况的能力。

第四节　电能计量资产管理分析

一、电能计量装置使用中存在的问题

（1）电能计量装置自身的故障问题。例如电子式智能电表显示屏黑屏及乱码等是较常见的质量问题。此外，电能计量装置在运行环境发生变化的情况下也会出现一些故障问题，影响正常计量。如果电能计量装置投运时间长，运行环境较差或者在使用过程中出现操作不当，以及电能计量管理混乱的现象，故障发生的可能性也会人人提高。随着找国经济社会的不断发展及人民生活水平的不断改善，电网中的电力用户在不断增加。在这整个过程中，对于电能计量装置进行安装调试的工作频率和强度也大大提升。因此，对于电能计量装置的定期检验是维持整个电能计量过程稳定、持续运行的关键，是扫除后续工作中存在隐患和障碍的重中之重。在电能计量装置的运行过程中，如果发生操作不当的问题，比如电力用户没有严格按照供用电合同中的报装容量进行电力的使用、电能计量装置的持续运行时间过长等，都容易导致电能计量装置的失准现象。情节严重的，还会导致电能计量装置的烧毁事故，发生停电。

（2）在安装调试及运行状态中产生的故障问题。大部分的电能计量装置都安装在电力用户侧，运行环境不易受控，环境恶劣易导致计量故障。电能计量装置的安装工艺、接线方式及运行状态中产生的故障严重影响电能的正确计量。常出现的故障问题包括以下几点：电能计量装置的三相电压与电流之间存在不同相的现象；电能计量装置的二次回路常易出现短路、接线盒损坏、开路及 PT 和 CT 极性错误等问题；PT 及 CT 的变比错误问题。

二、电能计量装置资产管理对策

（1）强化计量业务管理。该管理也是专项管理项目，专门负责管理计量业务。在实际操作中，管理人员要负责记录计量的异常情况。该系统需要完成的任务是对所有涉及计量业务的变动、增减、数据变化、时间段的测量，以及业务发生的时间、具体操作的人员等。这项管理最繁琐，但却很重要，所有的直接核算数据都在这个项目中完成。因此系统设置一定要精确，反应快速，还要方便查阅。

（2）采用新技术，提高仪器的精确度。现代电子技术发展，使得电力计量进入了电子时代。电子式电能表的启动功率小，在低功率时准确度仍然较高，频率、电压、功率因数和谐波等的改变对电子电能表的误差影响范围也较小。电子式电能表还能实现远程电量采集，比传统的现场工作人员抄表引起的时间上的误差要小得多。选用合适的互感器，采用预付费电能表、低耗变压器等也能达到节能降耗的目的。

（3）提升电能计量装置故障处理的速度。电能计量装置出现故障后，涉及电费的退补问题，这往往面临着处理滞后以及如何与客户进行沟通的问题。为了减缓纠纷，需要从以下几个方面实施改进措施：①与营销各个专业保持密切的沟通和联系，做好彼此之间的配合和支持。逐步建立起企业内部的电能计量装置故障处理的责任制以及相关的工作机制。②要与各个基层单位保持密切的合作，加强对自动化系统的监控力度，预先制定好现场检查实施方案及故障应急准备预案，主动进行技术支持的提供，营造良好的工作氛围。③提升对于客户的首月检和周期检工作，以实现故障的及时发现和处理，尽量保持资源的优先安排，提升资源利用效率，避免电量产生更多的损失。④做好电子表以及机械表两种故障处理方式的统一和协调，做好相关的规范和明确工作，提升故障处理效率，降低客户纠纷发生率。

（4）对电能计量装置故障的处理流程进行优化和规范。根据有关电能计量装置计量管理的规定，在现场中出现的涉及计量失准现象的问题都需要根据故障工单的相关方式开展，相对应的非规范流程主要包括内部工单、电费退补工单及验表工单等。以上非规范流程会导致管理上漏洞的出现，对供电企业的经济效益和社会效益产生消极的影响。为了避免以上消极影响，需要从以下几个方面进行改进。首先，不断完善制度、营销信息系统的故障类型及对应处理模块，进一步优化电能计量装置的故障处理流程，对各种业务类型进行分类，针对不同的情况，工作人员能够采用合适的业务流程，避免产生故障类型的混淆，从而在管理中做好分类统计及决策分析工作。其次，对于营销信息系统中的功能不断改进，对漏洞进行及时修补，完善电费退补工单及故障工单之间的关系，以更好地实现事后追溯管理。最后，优化电能计量装置故障追补过程，增设各管理层进行故障电费追补与否的判断选择，对故障电能表现场进行拍照存档，减低电费存在风险，缓解一线工作人员裁量权过大的问题。

（5）实施电能计量标准信息管理。该管理项目需要管理的标准设备，要对所有的标准设备进行资产核算的管理。包括入账、修理、使用、账面金额等与资产有关的信息。对于系统来说就要能建立相应的资产管理台账，方便管理人员的记录，要能将记录打印，能自动生成清单，方便资产的核对。

第五节　电力需求响应

一、电力需求侧管理的需求响应

需求响应，是指根据电力需求侧管理做出一定的响应，运用灵活、快速的响应方法，在短期时间内促使电网运行进入指定的状态，实现需求弹性，保障电力负荷曲线的平滑性。需求响应在用电的时间、负荷上，促使用户端能够按照市场的状态，调节自身的用电需求及负荷，用电企业调整电能的消耗方案。用电用户在需求响应中，属于一类的自愿行为，一方面保障电网资源的正常供应，另一方面降低电能的消耗，体现节能降耗的特征。

二、需求响应的两种方式

在电力市场成熟度较高的国家中，需求响应按照不同的反应方式可以划分为"基于价格的需求响应"和"基于激励的需求响应"两类。

（一）基于价格的需求响应措施

1. 分时电价

分时电价是一种可以有效反映电力系统不同时段供电成本差别的电价机制，峰谷电价、季节电价和丰枯电价等是其常见的几种形式。需要说明的是，分时电价的一种改进形式是负荷选择，参与峰荷选择措施的用户，可以根据不同的负荷时段的电价水平选择负荷削减量、削减时间、提前通知时间等。而电价水平与提前通知时间有关，提前通知时间越短，电价越高。

2. 实时电价

实时电价是一种动态定价机制，其更新周期可以达到 1h 或者更短，通过将用户侧的价格与电能供给市场的出清电价联动，可以精确反映每天各时段供电成本的变化并有效传达电价信号。实时电价能够弥补分时电价当系统出现短期容量短缺时不能给予用户进一步削减负荷的激励的不足。此外，实时电价的更新周期是确定电价体系时的一个重要考虑因素，周期越短，则电价的杠杆作用发挥越充分，但对技术支持的要求也越高。

3. 尖峰电价

尖峰电价是在分时电价和实时电价的基础上发展起来的一种动态电价机制，其主要思想是在分时电价上叠加尖峰费。尖峰电价的思想是实施机构预先公布尖峰事件的时段设定标准（如系统紧急情况或者电价高峰时期）及对应的尖峰费率，在非尖峰时段执行分时电价（用户还可以获得相应的电价折扣），在尖峰时段执行尖峰费率，并提前一定的时间通知用户（通常为 1 天以内）。用户既可做出相应的用电计划调整，也可通过高级电能表来自动响应尖峰电价。

（二）基于激励的需求响应措施

1. 直接负荷控制

直接负荷控制是指在系统高峰时段由直接负荷控制机构通过远程控制装置关闭或者控制用户用电设备的方式。

2. 可中断负荷

可中断负荷是根据供需双方事先的合同约定，在电网高峰时段由可中断负荷实施机构向用户发出中断请求信号，经用户响应后中断部分供电的一种方法。对用电可靠性要求不高的用户，可减少或停止部分用电避开电网尖峰，并且可获得相应的中断补偿。可中断负荷一般适用于大型工业和商业用户，是电网错峰比较理想的控制方式。

3. 需求侧投标竞价

需求侧投标竞价是需求侧资源参与电力市场竞争的一种实施机制，它使用户能够通过改变自己的用电方式，以投标的形式主动参与市场竞争并获得相应的经济利益，而不再单纯是价格的接受者。供电公司、大用户可以直接参与需求侧投标，而小型的分散用户可以通过第三方的综合负荷代理机构间接参与需求侧投标。

4. 紧急需求响应

紧急需求响应是指用户为应对突发情况下的紧急事件，根据电网负荷调整要求和电价水平发生响应而中断电力需求的一种方式。它结合历史数据、价格数据、短期负荷预测用于削减高峰负荷，避免发生尖峰价格。

（三）电力公司参与需求响应的过程

需求响应的参与过程按照从措施制定到实施的全过程可以分为两部分：一部分是电力公司的参与过程，另一部分是用户的参与过程。

电力公司参与需求响应划分为前期决策阶段、项目制定阶段、实施阶段。前期决策阶段电力公司在大量数据调查统计的基础上，对发生的成本和可能获得的收益进行初步估算后，制定需求响应项目并供用户进行选择。当用户选择和签订需求响应项目合同后，电力公司进行系统调度安排，事后根据用户响应的执行情况进行奖励或惩罚。

（四）用户参与需求侧响应的过程

用户参与需求响应的过程可以划分为前期预算决策阶段、签订合同阶段、响应阶段三个阶段。分析用户在参与需求响应过程的决策和影响因素，用户参与需求响应项目的核心决策步骤有两步，即是否签订需求响应合同和是否做出响应。在制定每一步决策时，用户都需要进行相应的成本和效益分析。

三、需求响应的实施

需求响应要求用电企业能够在电力需求侧管理方面，自行做出有效的响应，而且是有利的响应。应结合电力需求侧管理，分析需求响应的实施。

（1）用电用户与电力公司签订合同协调，用电用户在需求响应时，把可以中断、可以控制的负荷，交给电力企业进行管理。电力企业提供直接、集成的管理方法，缩小电网运行时的峰谷差，确保用电用户能够获取电力资源中的经济效益，辅助降低电费的支出。

（2）需求响应中，用电用户与电网企业或者地方政府预先实行相关的约定，当电网运行处于紧急状态时，可以接受监控中心的服务命令，在分区分时的条件下，灵活切除负荷，维护电网运行的安全性。

（3）用电用户的需求响应，要按照电力企业发布的避峰错峰优惠政策、奖励政策及分时电价政策等，给出一定的响应行为，主动调节自身的用电方式，以便利用需求响应实现电价方面的优惠。

（4）用电用户方的需求响应，依照电力需求侧管理中提出的节能改造，主动进行节能改造，主动改进用电用户的生产方式和运行工艺，强调用电的规范性及科学性，在最大的程度上降低电能消耗。

（5）大型的用电用户，如企业用电中，具备自建的电网。该类绿色化电网要适度并入到电网系统内，在绿色化的状态下，降低电力消耗。

四、需求响应收益分析

需求响应的收益可以分成三种类别：直接、间接和其他收益。直接收益产生于采取需求响应行动的用户，间接和其他效益由其他部分或所有用户群体获得。

1. 直接收益

用户之所以调整他们的电力使用以响应价格或需求响应项目激励，主因是经济收益。它包括减少在电力高价时用电，或将电力需求转移到低价格时段而节省的电费支出，以及用户在需求响应项目中因为做出承诺或做出削减而得到的奖励报酬。直接收益的水平取决于他们转移或削减负荷的能力，以及需求响应项目所提供的激励水平。

2. 间接收益

间接收益有着整个系统范围内的影响，可以分成短期市场收益、长期市场收益，以及可靠性的收益。

五、需求响应项目的效果评估

需求响应措施众多，每种措施都有不同的效果评估方法，一种比较流行的方法就是合同方式。需求响应并不是一定要让最终的电力用户直接面对电力现货价格的波动风险，而是可以通过合同的方式降低他们的风险。具体来说，可以合同方式规定某一定额电量使用固定电价，该定额可以是历史用电量的某个百分数，也可以由用户选择。

六、电力需求响应评价方法

需求响应效益的评价方法有绝对计算法（或负荷削减量法）和相对指标法。

（1）绝对计算法。用户基本负荷减去用户实际负荷为负荷削减量，负荷削减量越大，响应性能越好。

（2）相对指标法。该方法基于基本负荷，包括两种性能指标：认缴性能指标与峰荷性能指标。认缴性能指标在数值上等于用户每小时实际削减的负荷与其认缴负荷削减量的比值，可用来评价用户兑现其承诺的削减性能。峰荷性能指标在数值上等于用户在事故期间每小时实际平均负荷削减量与非同时峰荷需求的比值，非同时峰荷指用户最大负荷需求。峰荷性能指标显示了用户的技术潜力，该指标低表明目前负荷削减机会较少，需要为其提供额外的技术支持与指导，或应用更高级的技术。

指标评价结果代表着资源的可靠性，其为电力调度中心提供了根据用户承诺来判断可调度资源可靠性的一种方法。性能指标越高，采用负荷削减方法应对峰荷事故越可靠，参与削减用户越少，管理承办与交易成本也越少。

七、需求响应的发展

我国电力需求侧管理在推进、深入中逐渐成熟，为用电用户方提供了高效、灵活的用电措施。需求响应在电力需求侧管理的作用下，更加注重绿色化、节能化的应用。目前，用电用户的需求响应，提倡可再生能源的接入和应用，不仅推行绿色化的电网服务，还要满足智能电网的需求，解决可再生能源方面的间歇性、波动性问题，促使需求响应能够有效发展。电力需求侧管理与需求响应发展的过程中，应强化管理，扩大响应，完善电力市场，积极鼓励传统的用电用户，在用电高峰期尽量不要投入机组运行，降低设备使用，合理调节可再生资源，充分体现节能化、绿色化的发展运行。

第六节　电能质量监测与分析

随着国民经济的发展、科学技术的进步和生产过程的高度自动化，电网中各种非线性负荷及用户不断增长，各种复杂、精密、对电能质量敏感的用电设备越来越多，上述两方面的矛盾越来越突出，用户对电能质量的要求也更高。在这样的环境下，探讨电能质量领域的相关理论及其控制技术，分析我国电能质量管理和控制的发展趋势，具有很强的现实意义。

电能是电力系统向用户提供发电、供电和用电质量保障的特殊商品，找到电能质量提高方法是保证优质供用电的必要条件。然而电能质量存在动态性、复杂性、传播性等特征，提高电能质量绝非轻而易举的事，必须加强对其提高方法的研究，确保满足电能质量设计目标与要求。

一、电能质量

电力系统中各种扰动引起的电能质量问题主要可分稳态和暂态两大类。稳态电能质量问题以波形畸变为特征，主要包括谐波、间谐波、波形下陷及噪声等；暂态电能质量问题通常是以频谱和暂态持续时间为特征，可分脉冲暂态和振荡暂态两大类。

二、电力系统电能质量问题的表现

一般情况下，众多单一类型电力系统干扰问题统称为电能质量问题，其本质在于电压质量问题。电力系统电能质量的衡量指标包括电压偏差、三相平衡度及谐波干扰量等。人们称电能质量为电力电能品质或电力系统整体运行状态，电能质量问题通常分为稳态和动态两种，表现为非线性负荷问题、电力系统元件存在非线性问题或电力系统在运行时因内外故障引发电能质量问题。例如非线性负载在生活与工业用电负载中占据较大比例，引发谐波问题；电力系统中的发电机或者变压器、直流输电等产生谐波，或者输电线路尤其是超高压输电线路、变电站并联电容补偿器装置影响谐波，直流输电是当下电力系统中最大的谐波源；还有在各种电网故障、短路故障、人为误操作的影响下改变发电机、励磁系统的工作状态，启动故障保护装置的电力电子设备等，这些都可能引发电能质量问题。

三、电能质量分析方法

近年来，基于数字技术的各种分析方法已在电能质量领域得到广泛应用，如分析谐波在网络中的传播，分析各种扰动源引起的波形畸变，开发各种电能质量控制装置，并分析它们在解决电能质量问题方面的作用等。

按所采用的不同分析方法，这种技术主要可分为时域、变换域和频域三种。

（一）时域仿真方法

在三种方法中，时域仿真方法在电能质量分析中的应用最为广泛，其最主要的用途是利用各种时域仿真程序对电能质量问题中的各种暂态现象进行研究。目前较通用的时域仿真程序主要有 EMTP、EMTDC、NETOMAC 等系统暂态仿真程序和 SPI-CE、PSPICE、SABER 等电力电子仿真程序两大类。由于电力系统主要由 R、L、C 等元件组成，所以这些程序在求解用微分方程描述的电力元件方程时，通常采用简单易行的变阶、变步长、隐式梯形积分法。

利用隐式梯形积分法可保证求解过程中的数值稳定，采用变阶、变步长技术可缩短迭代计算的时间。采用时域仿真计算的缺点是仿真步长的选取决定了可模仿的最大频率范围，因此必须事先知道暂态过程的频率覆盖范围。此外，在模仿开关的开合过程时，还会引起数值振荡。因此，要采用相应技术以抑制发生数值振荡。

影响电能质量的暂态现象根据电流、电压的波形可分脉冲暂态和振荡暂态两种，它们主要是由雷击线路和投切电力设备引起的。此外，伴随着暂态过程还会出现电压上升、下降、和闪变等现象。因此，利用上列暂态仿真程序可在如下电能质量领域开展研究：计算系统中出现的过电压，分析其对各种保护设备的影响；分析电弧炉造成的电压闪变；分析电容器投切造成的暂态现象；分析可控换流器换流造成的电压波形下陷；分析不正常接地引起的电能质量问题；开发改善电能质量的新型电力电子控制器。

由于配电系统中电能质量问题的日益严重，而广大电力用户对电能质量的要求不断提高，研究和应用各种改善电能质量的电力电子控制器已成为当务之急。利用暂态仿真程序对这些控制器及其控制策略进行仿真分析，将成为这些时域仿真程序在电能质量应用领域中最有发展前途的方法。

此外，由于 EMTP 等系统暂态仿真程序的不断发展，其功能日益强大，还可利用它们进行电力设备、元件的建模和电力系统的谐波分析。

（二）基于变换的方法

基于变换的方法主要指 Fourier 变换方法、短时 Fourier 变换方法及近年来出现的小波变换方法。

1. Fourier 变换方法

作为经典的信号分析方法，Fourier 变换具有正交、完备等许多优点，而且有快速算法，因此已在电能质量分析领域中得到广泛应用。

但在运用 FFT 时，必须满足以下条件：满足采样定理的要求，即采样频率必须是最高信号频率的两倍以上；被分析的波形必须是稳态的、随时间周期变化的。

因此，当采样频率或信号不能满足上述条件时，利用 FFT 分析会产生"旁瓣"和"频谱泄漏"现象，给分析带来误差。此外，由于 FFT 变换是对整个时间段的积分，所以时间信息得不到充分利用；信号的任何突变，其频谱将散布于整个频带。

2. 短时 Fourier 变换方法（STFT）

为解决上述问题，Gabor 利用加窗提出了短时 Fourier 变换方法，即将不平稳过程看成是一系列短时平稳过程的集合，将 Fourier 变换用于不平稳信号的分析。由于实际多尺度过程的分析要求时频窗口具有自适应性，即高频时频窗大、时窗小，低频时频窗小、时窗大，而 STFT 的时-频窗口则固定不变。因此，它只适合于分析特征尺度大致相同的过程，不适合分析多尺度过程和突变过程。而且这种方法的离散形式没有正交展开，难以实现高效算法。小波变换方法在信号分析等领域得到广泛应用。由于小波函数本身衰减很快，也属一种暂态波形，将其用于电能质量分析领域，尤其是暂态过程分析领域，将具有 FFT、STFT 所无法比拟的优点。

（三）频域分析方法

频域分析方法主要用于电能质量中谐波问题的分析，包括频率扫描、谐波潮流计算等。

1. 频率扫描

在谐波分析中，线性网络可用式（7-1）表示，即

$$I_m = Y_m U_m \quad m = 1, 2, \cdots, h \tag{7-1}$$

式中，Y_m 为节点导纳矩阵；I_m 为注入电流源矢量；U_m 为节点电压矢量；m 为谐波次数。

其中，对应每个谐波频率的 Y_m 都要单独生成。

通过向所需研究的节点注入幅值为 I 的电流，其余节点的注入电流置为零，求解式（7-1）所得的电压即为该节点的谐波输入阻抗和相应各节点间的转移阻抗。当注入电流的频率在一定范围内变动时，可得相应谐波阻抗-频率的分布图，从图中曲线的谷值和峰值可确定该节点发生串、并联谐振的频率。

2. 常规谐波潮流计算

利用频域分析法还可进行谐波潮流计算，从而分析谐波在系统中的分布情况。

对应每个谐波频率，从各非线性负载电流中取出相应的分量组成注入电流矢量，代入式（7-1）即可求出各节点电压的相应频率分量。将这些分量合成，又可得各节点电压的时域波形。这种方法简单易上手，适用于大多数情况，因此在实际谐波潮流计算中应用较多。

但在某些情况下，上述非线性负载模型的误差较大。因此，又提出了一种改进方法，即将非线性负载电流表示为如式（7-2）所示的负载节点电压和负载控制变量的函数。计算式为

$$I_m = F\ (U_1,\ U_2,\ \cdots,\ U_h,\ C_1,\ \cdots,\ C_k)$$
$$m = 1,\ 2,\ \cdots,\ h \tag{7-2}$$

式中，I_1，I_2，$\cdots$，I_h 为非线性负载电流各次谐波分量；U_1，U_2，$\cdots$，U_h 为负载节点电压各次谐波分量；C_1，$\cdots$，C_k 为负载控制变量（逆变器触发角等变量）。利用牛顿法联立求解式（7-1）和式（7-2）即可得各节点谐波电压。

3. 混合谐波潮流计算

由于用以上方法表示的非线性负载仍不能反映其动态特性，因此近年来又提出一种更精确的方法——混合谐波潮流计算法。网络仍采用式（7-1）所示的模型，非线性负载则用微分方程描述。求解时，先设定电压初值，利用 EMTP 等时域仿真程序对非线性负载进行仿真计算，直至稳态，可得各非线性负载新的各次谐波电流分量，形成各次谐波电流矢量，代入网络方程求解，又可得各次谐波节点电压矢量。反复如上过程，直至网络方程收敛，并且所有非线性负载都处于稳态。这种方法的优点是可详细考虑非线性负载控制系统的作用，因此可精确描述其动态特性。缺点是计算量大，求解过程复杂。

四、电力系统电能质量的提高方法

（一）质量监测法

对电力系统实施电能质量监测控制是提高电能质量的有效方法，具体包括连续监测、不定时监测、专项监测这三种方法。

（1）连续监测法。适用于实时监测电力系统供电电压偏差和非线性负荷接入点、电网中枢变电站的电能质量指标，通常通过统计型电压表、在线监测装置进行。

（2）不定时监测。在需要掌握供电电能质量指标但不具备连续监测条件的情况下适用。

（3）专项监测。是非线性设备接入电网或者扩建改建前后、了解特殊负载、查找电能质量污染源、用户影响电能质量指标等的适用方法，能通过监测确定电能质量指标的状况、实际污染水平和验证效果等，通常使用电能质量分析仪。

（二）电压

1. 控制电压偏差

调整电力系统电压，利用各种方法保证不同的电力系统运行方式下用户电压偏差与国家标准相符。首先是调整电力系统中枢点电压，因为电力系统结构较为复杂，调整每一个电力设备的电压是不现实的，也没有必要，所以可调整中枢点电压，即调整可以反映电力系统整体电压水平的主要变电站、发电厂等的电压。其次是调整电力系统中发电机端的电压，因为发电机属于无功电源，通过这样的方法能控制电压偏差。再次是通过调压器调整电压，一般可利用变压器分接头、有载调压变压器以及加压调压变压器等调整电压。最后是改变电力系统中电网的无功率分布，达到调整和控制电压偏差的目的。

2. 控制电压跌落

控制电力系统电压跌落的根本方法是引入动态补偿技术。按照电能质量的动态调节装置的不同连接方式、不同补偿信号种类，可把动态补偿技术分成两种，提高电能质量。一种是串联电压补偿，在供电电压跌落时快速将频率、相角、幅值都可变的三相电压注入电力系统，使其与供电电压相串联，抵消跌落部分。另一种是并联电流补偿，在供电电压跌落时把与畸变电流分量极性相反并且大小一致的补偿电流注入电力系统，抵消负荷电流畸变带来的影响。

3. 控制波动闪变

可以想办法控制电力系统电压的波动和闪变，提高电能质量。其方法主要有：

（1）科学选择变压器分接头，确保电力系统设备电压水平达标。

（2）设置电容器，实施人工补偿，分为串联补偿、并联补偿。串联电容补偿是为改变线路参数，减少线路的电压损失，从而提高线路末端电压，减少电能损耗；并联电容补偿则是改变电力系统的无功功率分配，抑制电压波动，提升功率因数，提高电压质量。

（3）将限流电抗器加装在电力系统出口，例如将限流电抗器加装在发电厂的 10kV 电缆出线、大容量变电站线路出口，增大线路短路阻抗，对线路发生故障时的短路电流形成限制，缩小电压波动范围，提升该变电站 35kV 母线遭遇短路时的电压。

（4）通过配电变压器的并列运行减少变压器阻抗，或选择电抗值最小的高低压配电线路方案。架空线路和电缆线路的电抗一般分别是 0.4、0.08Ω/km，这说明在长度相同的架空线路、电缆线路中，由负载波动引发的电压波动存在差异，条件允许时要尽可能优选电缆线路。

（5）针对大型感应电动机实施个别补偿，即带电容器补偿。因为电动机与电容器在线路结构上同时投入运行，电容器的超前冲击电流较大，电动机的滞后启动电流较大，两者之间存在抵消作用，在启动之初就能形成良好功率因数，在全负荷范围里也能保持功率因数良好，有效稳定电力系统的电压波动。

（6）通过电力稳压器维持电力系统电压的稳定性。因为电力电子技术在不断发展和进步，各种类型的国产电力稳压器的质量比较可靠，将其引入低压供配电系统，可以在供电电压波动或者负载改变时自动保持稳定的输出电压，保证电力系统设备正常有序运行，提高电能质量。

（三）谐波治理法

谐波的危害很多，并且电力系统中的谐波无法完全消除，只能采取各种方法治理谐波，使其处于较低水平，弱化对电能质量的负面影响。谐波指的是电源形成的频率为整数倍基波频率的正弦电压、电流，是电力系统中使用大量非线性元件造成的，是困扰电力系统和用户的重大问题。电力系统谐波源主要有变压器、电弧炉、旋转电动机、单相整流电动机、三相电压源和电流源变流器、交流电动机、电抗器、交流调节器、相控调制器等。治理谐波的常用方法有两种：一种是根据电力系统设备的非线性特征，通过变压器移相、变流器桥加以治理，或通过开断能力较强的开关装置设计波形畸变较小的电力系统非线性设备；另一种是利用滤波器实现外部谐波补偿，例如有源滤波器、无源滤波器。

有源滤波器通过把谐波和改变电网或无功的综合阻抗率注入电力系统,改善波形。该方法不仅具备响应速度快、动态实时补偿功能良好等优势，还能实施无功补偿和抑制电压闪变，即时灵活地补偿电力系统中的波形畸变。无源滤波器的装设容量大小、方式主要由经济性决定，通过 RLC 无源元件串并联的方式形成无源的高通或低通滤波器，吸收谐波电流，滤除电力系统中的滤波。这样的谐波抑制治理装置还能发挥无功补偿作用和电压调节作用。频域处理是另一种方法，即分解非正弦周期电流，形成傅里叶级数，吸收电力系统中的某些谐波，达到治理的目的。

五、基于智能电网的电能质量监测与分析技术

随着近年来高压输电技术的不断发展，电气化换流站的负荷得到了很大的提高，因此对电网的运行提出了更高的要求。而传统的电流监测只针对某一点或几点的监测、评估手段并不能对电网的整个性能进行统一分析。因此，为了适应现代智能化电网的需求，对电能质量检测系的智能化势在必行。除了应当具备计算、显示等传统功能外，还需赋予监测技术判断、决策分析的能力，以实现智能电网的安全运行。

（一）智能电网框架结构

当前我国正处于一个经济快速发展的时期，对电力的需求量越来越大，同时对电网的运行也提出了更高的要求。新型智能化电网不仅包括了传统的计算显示等功能，还同时融合了现代化的通信技术、计算机技术、自动控制技术、电子电工技术等，赋予了电网更强的应变、智能自动化能力，能够通过自身来完成自诊、兼容、协调等功能。

1. 智能远程决策指挥

通过选择一种远程平台为基础，采用视讯会议等手段来指导和解决系统方案，结合监控视频，建立起可视化调度站，同时多个不同的指挥中心存在于一个枢纽中的指挥中心方案。可以说，基于决策指挥层的视频智能化、数字化的建立，对于建立一个安全高效的智能电网电能质量检测系统有着关键性的作用。

2. 电力协作

电力行业由于电子技术发展的推动作用取得了很大的发展，随着精确的传感测量技术、通信和控制技术应用于电力行业，为智能电网的发展打下了更为牢固的基础。采用通信平台为技术支持，以智能调控为实施手段，全面覆盖从发电到用电中的每一个环节及每一个电压的类型，从而实现"电力流、信息流、业务流"的高度一体化。

3. 配电通信

针对输配电环境与设备的要求建立起的智能配电通信网解决方案，具备了防雷击、防电磁干扰等特性；采用以太网技术，有效提高智能电网的可靠性能；配电设备具备了更强的抗多点失效性能，采用 2ms 倒换技术的手拉手保护，真正实现了配电网业务的全时段工作。

4. 电力调度

通过对配网网络、电力设备及业务进行可靠性的设计工作来确保电力业务的全时段工作，采用 MPIS VPN 划分以及 MPLS HQOS 技术，对整网实行精细化部署，确保电网与调度业务的实时性需求相符合。采用"IP+光"的模式来进行超远距离的信息可靠传输。

5. 超远电力传输

针对电力需要进行超远距离的传输特性，要确定一个超远距离传输的解决方案。特别是对于一些特高压长距离输电项目，要提供一个经济、可靠的传输手段。可通过降低网络的维护成本、提高网络的扩展性和可靠性，以及减少传输过程中设立的中转站等手段来有效降低成本。

（二）智能电网框架下的电能质量监测技术

电力系统在实际的运行过程中主要针对系统的电压、负序电流、频率、谐波、三相对称情况、暂降/升等机型测量。具备一个优异的智能电网框架下的电力质量监测方式是确保监测终端的前提，通过对电能质量的智能检测，全面分析电能质量的等级，从而确定调整电能质量的方案。电网的运行状态主要包括暂态与稳态。暂态是指电网在运行过程中发生的短暂波动，或因为故障、并网、投切用户时的短暂非稳定状态。对于暂态来讲，一般主要检测其电压的凹陷、振荡、间断等几个方面。稳态则主要检测电网的电压浮动谐波、频率差等几个方面。而对这些模态进行分析研究时，需要根据不同的情况选用不同的数学算法来进行分析。

当前基于智能电网电能质量监测的算法主要包括以下几种：

（1）傅里叶变换。主要应用于对谐波等稳态电能质量进行分析。傅里叶变化不仅具有较好的稳定性，同时在动态特性的分析也较好，并获得了很好的使用。傅里叶变化的缺点是当电力系统的基频出现一定的偏差后，其不能很好地解决由于非同步采样而造成的栅栏效应与频率特性之间引起的测量差异。

（2）小波变换。具备很好的局部时频域特性。以往在进行电能质量的监测中，小波变化主要应用于对波动信号的分析工作。小波变换更多是对暂态电压特性及电压的不稳定性进行分析研究。由于受到频窗中心频率等因素的作用，小波分析在进行时窗宽度的动态分析过程中并不能取得很好的效果，在实践过程中也不能得到很好的利用。

（3）Adaiine 算法。主要用于对稳态的分析，同时对谐波的分析也是其得到有效应用的一个特色。Adaiine 算法通过将线性神经元选用自适应滤波器，来对复杂的网络进行简化。其本身具有收敛速度快、运算量小、抗干扰能力强等特点，但不能对暂态电能质量进行分析。由于这一情况，在实际的应用过程中，通常将最小二乘法与 SVM 之间进行有效的结合。即在小样本下实现对谐波及间谐波的有效分析监测，获得的监测结果精度较高，且计算量也相对较小。

当前应用最为广泛且相对较为完善的基于智能电网的电能质量监测算法是基于时频滤波的监测算法。该算法通过对尺度参数进行灵活的调整来获得精准的测量精度与动态特性的分析研究，能够有效避免小波变换中受到时频窗宽度限制的约束条件，弥补了函数应用中的缺陷。

（三）DSP 和 ARM 质量检测系统

对智能电网的电能质量监测与分析的研究，最终目标是开发出一种能够具备高精度、多通道的电能质量监测分析体系。通过对传统的电力智能监测手段进行分析，寻找其应用优点，研发出一种满足实际应用的电能质量监测终端。

DSP 和 ARM 质量检测系统以 DSP 作为系统核心，通过电压/电流互感器将采集到的数据信息进行转化后输送到下位机中；下位机对接收到的信息进行分析处理，将数据传输到具有双出结构的 RAMO RAM 中，再将获得的数据传输到上位机内，并用 SD 卡将存储的数据进行取出存取。也可通过数据串联接出进行连接下载，根据对电能测量的需要可以通过安装的通信结构实现远程通信功能，相应的电能质量监测数据及电压电流波形等信息可以在屏幕上清楚地显示。同时，下位机也可通过串联接口与上位机直接相连，进行数据的即时通信。

从 DSP 和 ARM 质量检测系统硬件的角度来看，其采用现代化的高精度数字采样芯片及集成信号处理器、数据整合样表、显示器等，并将整合的结论及波形通过大容量储存设备进行记录与存储。通过网络将记录与存储的数据上传，使存储的数据与监测中的运行参数、采用数据、分析结果进行对比。在一般情况下，将电能质量测量点安装在电网的相关连点上，保证动态监测能够长期进行工作。ARM 主要是对故障进行分析对比，一旦发现电网故障，则通过收集到的原始数据与故障数据进行对比，将得到的参数一起存储到数据存储器中，然后将分析的结果通过网络传输到信号预警中，并提供给相关部门来进行故障分析，获得故障报告。同时，通过远程网络来实现上位机的数据传输，终端安装的显示器进行数据故障的显示，这样能够保证电能质量监测人员可以很直观地对故障进行诊断和分析，并作出正确的判断。

DSP 和 ARM 质量检测系统作为一类数字芯片，其本身就具备了低功耗、高集成度、功耗小、受外界环境影响小的特点，同时还能保证较高的可靠性。对电能质量监测系统的改进和升级过程中，只需要进行程序的更改或编辑，就能够实现多样化功能操作，从而扩大设备的使用范围，有效增加设备的寿命。在对电能质量检测进行终端分析时，能够利用 DSP 处理速度快的特点来高效、及时地进行运算，并获得精确的结果。电能质量的管理终端基于 WindowsCE 平台，能够对数据进行实时显示，实现对数据库的管理和及时网络通信。采用 WindowsCE 能够大大降低电能质量监测系统的开发难度，有效保障开发的效率，同时也能够为电能质量数据的网络化交互打下坚实的技术基础。

六、电能质量的在线分析与监测

从普遍意义上讲，电能质量是指优质供电，但是人们对电能质量的技术含义却存在着不同的认识，还不能给出一个准确统一的定义，这是因为人们看问题的角度不同所致。

IEEE 标准化协调委员会已正式采用"power quality"（电能质量）这一术语，并且给出了相应的技术定义。至今，关于电能质量的定义概括起来主要有下列三种：

（1）合格电能质量是指提供给敏感设备的电力和为其设置的接地系统均适合于该设备正常工作。

（2）表现为电压、电流或频率的偏差，造成用户设备故障或错误动作的任何电力问题都是电能质量问题。

（3）电能质量就是电压质量，合格的电能质量应当是恒定频率和恒定幅值的正弦波电压与连续供电。

电能质量问题终究是由电力用户的生产需求驱动的，因此用户的衡量标准应占优先位置。因此电能质量可定义为：导致用电设备故障或不能正常工作的电压、电流或频率的偏差，其内容包括频率偏差、电压偏差、电压波动与闪变、三相不平衡、暂时或瞬态过电压、波形畸变、电压暂降与短时间中断，以及供电连续性等。

实质上，供电系统只能控制电压的高低，不能控制某一负载汲取电流的大小，因而我们在大多数情况下是在讨论电压的质量问题。对电能质量加以细化和分类，制定出科学的、符合生产实际的、可操作的考核电能质量的技术指标和评估方法，继而逐步制定出一个全面的质量管理体系，是亟待进一步研究探讨的课题。

（一）电能质量的在线监测

目前，电能质量的监测方式主要有三种：设备入网前的专门检测、设备使用中的定期或不定期检测和在线监测。由于电能质量问题的特殊性，所以前两种监测方式的监测数据不能全面和准确地反映出电力系统电网的电能质量信息。因此电能质量监测应该采用在线监测，即连续收集、记录和存储电力系统电网的频率偏差、电压偏差、电压波动与闪变、谐波、三相不平衡等稳态信息，以及电压跌落、电压骤升和电压中断等暂态信息。电能质量在线监测系统的服务器安装于电能质量监测管理中心，包括数据服务器和 Web 服务器。主要提供中心数据库、监测数据的统计分析和存储检索、Web 数据网络页面、系统报警和通告信息的发布、远程系统维护管理和软件升级、数据实时访问等功能，结构如图 7-1 所示。

图 7-1　服务器系统

（二）通信子系统

由于基于虚拟仪器技术的在线监测仪具有强大的通信能力，支持以太网接口、调制解调器接口和串口等通信方式，所以在组建电能质量在线监测系统时，可以灵活选用。该系统中采用现有的局域网方式进行通信，通信协议为基于 LabVIEW 平台上的 DataSocket（通信时不受数据类型的影响）和 TCP/IP。通信子系统负责将各个站点电能质量在线监测仪的监测数据实时、准确地上传到数据库服务器的实时数据库中，然后再由数据库服务器的分析处理程序进行相关的统计分析，同时接受管理中心通过服务器发布的检索信息和配置等命令信息，对监测系统进行设置，其结构如图 7-2 所示。

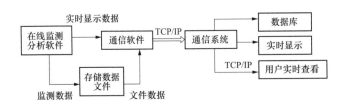

图 7-2　通信系统

七、结论

设法提高电能质量、提供可靠电能，对电力系统的安全经济运行和用电设备完好、减少能耗等均有重要意义。与传统设备相比，现在很多设备都让电力系统面临更高的电能质量要求，人们也不断加深对电能质量的理解、认识，知道电能质量问题会导致严重线损、保护装置异常等。在电力市场持续开发、日益完善的形势下，必须提高电力系统的电能质量，这是必然要求，以便节约能源、节省成本，在满足大众用电需求的同时节省电力系统建设投资，提升电力系统整体的运行水平。

随着现代化技术的发展，智能电网的电能智能监测正朝着信息化、网络化、智能化的方向发展。建立起一个高度智能、完备的电能智能监测网络，不仅能够掌握电网的谐波水平与分布规律，同时能够探索出不同谐波源的规律。采用 DSP 和 ARM 质量检测系统对电能质量进行监测，能够有效提高电能质量的监督管理和控制水平，为智能电网的电能质量监测提供技术保障。

第七节　异常运行监测分析

在当前电力系统运行的过程中，会出现很多不确定的因素，这些因素直接影响着电网的运行状态。因为电力系统自身具有脆弱性的特点，所以这些不确定的因素会让电网的运行进入到一种异常的状态中。因此，在今后的电网研究工作中，加强对电网异常运行状态的研究是十分有必要的。

随着时代的进步，电力事业的发展对电力系统的正常运行带来了一定的挑战。电网自身具有一定的脆弱性，所以经常会受到外界因素的影响而造成电网出现异常状态，以致无法正常工作。加强对不良影响的研究，有助于帮助电网处于正常的运行状态，并且将是今后工作发展的一种主要趋势。现在主要采用电力系统能量管理系统及广域测量系统对电网的信息进行提取，及时发现电力运行过程中产生的异常，保障电网在安全的状态下运行。这对于今后电网风险的有效控制是很有必要的，值得进一步推广。

一、加强对电网异常运行状态的监测

首先，我们应该将重点放在对电网异常运行状态的监测上，这需要满足几个基本的前提条件。比如工作人员需要熟悉电网的拓扑结构，同时还需要对相关的源流量数据进行充分掌握，才能获得所需要的信息。这些信息都是可以在现代化科学技术的帮助下得到的，但是还需要加以处理才能最终得到应用。一旦外部的电能产生变化，则电源的发电方式及很多方面就会产生变化，此时就需要采取预先准备好的手段对其进行进一步调整，才能使异常状态得到控制，帮助电网处于安全的状态下。

事实上，电源发生异常状况后，就会产生较大的波动。这种波动并不是持续存在的，中间会有一定的间隔，也就是间歇性的，电力负荷也因此会出现较大的变化，通常情况下的特点是速度加快，并且呈现出反向的状态。在整个系统中，最终的直接表现就是净负荷曲线出现异常。工作人员此时应该加以注意，因为此时任何一个错误操作都极有可能使整个电网陷入危险之中，最终发生安全事故，所造成的损失可能是无法估量的。在这种情况下，应该加强平时的观察，一旦发现以下几种情形，就需要特别注意。

（1）如果负荷出现快速上升的状态，其升速率超出正常水平，就要引起关注，因为这极有可能是大面积停电的前兆，很多案例都能够证明。因此在出现这种情况后，应该在第一时间采取相应的措施。这种状况在比较极端的天气中是十分常见的，例如过于寒冷或者是天气温度过高的情况下，都比较容易发生此类情况。

（2）在一些重要的活动中，因为用电量突然增大，就会造成负荷出现异常的状态。比如在一些重大的比赛前后，最容易出现电网运行异常的情况。这就需要工作人员加强对负荷工作走向的研究，才能从整体上加以把握，将问题预先解决。

（3）还有一种情形是电网注入源会产生异常，例如间歇性的电源功率发生异常波动。造成这一问题的原因也有很多，其中的一种可能性就是受到低频振荡的影响。

其他比较特殊的状态在这里就不一一赘述了，总而言之，需要工作人员加强日常观察，重视电网运行的异常状态。

二、趋势指标的建立

在建立趋势指标的过程中，应该先将需要的信息收集起来，比如电网运行方式的信息及电网设备状态的信息等，还需要事先将气象及灾害的信息收集到位，才能准确地进行预测。尤其是在一些重大的活动中，这些准备工作就更加重要，能起到事半功倍的作用。在收集完信息后，就可以对电网结构的超常变化进行预测，并且能预测电源的变化，对于未来特征趋势指标的确定起到基础性的影响。通过一系列的准备工作，最终能对电网运行异常指标加以综合性评估，得到最终的安全稳定裕度。

对于电压和频率等质量类状态特征指标，可以由 WAMS 提供的信息直接给出，其趋势指标可以依据相关预报信息，通过潮流计算或灵敏度分析方法在线生成。而安全类状态特征和趋势指标往往需要由 WAMS 提供的信息经过一定的计算才能得到。在电网异常运行工况下，提高相关状态特征和趋势指标的计算速度和精度以满足实用要求是一项关键性挑战，传统计算方法一般不能满足要求。而且为了尽快制定出缓解电网异常程度的关键控制措施，相关状态特征和趋势指标的计算模型应尽可能具有解析性。

在同一类型内部，由不同特征或指标求出的态势异常程度值可以取不同的权重，以代表其对整体态势异常程度的相对贡献；其权重可以根据专家经验或偏好程度进行取值。同时利用安全、质量类型的特征或指标对系统态势异常进行综合评估时，应根据二者之间的重要性给出具有明显区别度的相对权重。

第八节　大数据业务需求分析

电力能源是日常生活与企业生产的基础。在电力系统发展初期，其就具备复杂多变、覆盖范围广、管理工作难度大等特点，在实践运行中，则会接收到越来越多的数据信息。要想更好地管控系统运行，必须加大对数据分析技术的研究。在新时代背景下，传统数据分析处理技术已经难以适应社会需求，为了向居民提供更优质的电力服务，必须更深层次探索大数据环境下电网的智能化与信息化发展，明确智能电网中电力大数据分析技术的内容。

一、智能电网与电力大数据分析技术的关系

简单来讲，大数据是指无法在一定时间内使用常规软件工具对其内容实施抓取、管理及处理的数据集合，具有规模性、多样性及高速性等特点。而电力系统属于社会经济与人类生活的基础内容，也具有大数据的典型特征。由于电力系统属于人造系统中最为复杂系统之一，不仅包含广泛的地理区域，而且需要传递大量能源，所以若在运行期间发生故障，短时间内将会产生无法估量的影响。这些内容都与大数据特征相符。尤其是在智能电网的全面推广中，电力系统的智能化与信息化水平越来越高，促使系统内部储备信息数据越来越多。如安装在家庭和企业终端的智能电表收集的数据；电力设备状态监测系统实时跟踪调查发电机、变压器及开关设备等内容的运行信息；对光伏与风电功率实施预测，必须掌握的历史数据、气象信息等。由此可知，在新时代背景下，电力企业要突破以往数据处理技术的制约，需要在明确自身发展需求的基础上，合理运用电力大数据分析技术。这不仅能快速获取所需信息，而且符合电力行业发展的需求。

二、智能电网中的电力人数据平台分析

（一）总体架构

在智能电网中构建大数据平台整体架构，核心思想在于引用基于 Hadoop 文件系统的分布式文件处理系统作为大数据的存储框架，结合基于 MapReduce 的分布式计算技术作为大数据的处理框架，不仅能在系统中储备 PB、ZB 级数据，而且可以更好地查询分析 PB、ZB 级数据。

不管是平台中的存储框架还是处理框架，一般都会安装在通用的虚拟机、操作系统等设备上，有助于充分展现应用硬件的独特优势，如高拓展、低成本等。此时不管是 PC 机，还是符合要求的普通服务器，都可以作为架构的终端构成单元。对大数据存储框架和大数据处理框架而言，两者会从网络层连接大数据访问框架，具体包含数据仓库工具 Hive、计算机编程语言 Pig 等子模块。

而大数据调度框架也有多个模块，如日志收集系统 Flume、数据序列化格式与传输工具 Avro 等。在平台中有效组织和调度大数据，有助于为实践分析奠定基础。企业级商业智能应用系统具备报表查询及分析等高级功能。

（二）电力大数据分析技术的应用

简单来说，大数据处理流程是指在引用辅助工具的基础上，抽取与集成广泛异构的数据源，并根据统一标准储存相关结果，之后运用数据分析技术研究储备数据信息，以从中获取有价值的信息。对当前电力企业发展而言，大数据处理流程与传统工作模式并没有较大差异，最大区别是电力大数据需要处理更多非结构数据，因此在很多环节都要运用 MapReduce 等方式并行处理。以城市用电信息采集为例，其要运用分钟级的数据采集频率，基本上控制在 15min。换句话说，工作人员每小时就要采集 4 次信息。由于现代居民住宅的分布错综复杂，若继续沿用传统数据收集方式不仅操作难度高、数据处理繁琐，而且难以保障获取数据的科学性和完善性。而在大数据分析技术的引导下，可以选择两种方式：一种是引用重新布线的有线方式传递数据，此时不仅要投入大量资金，而且 PLC 不稳定；另一种是无线方式，如 GPRS 等都是系统可选的技术软件。虽然当前 GPRS 技术得到了大范围推广，但在内外环境的影响下，收集数据依旧存在遗漏现象。因此为了保障智能电网管理决策的有效性，必须加大对数据收集工作的探索，为电力大数据分析技术应用提供依据。

三、面向智能电网的电力大数据分析技术应用分析

（一）数据仓库技术

因为智能电网获取信息的渠道非常多，数据分布范围较广，不同类型处理要求也有差异，所以在收集与管理中会受多种因素限制。通过在系统中运用数据仓库技术可以有效解决这一问题。通常情况下，智能电网处理数据会根据搜集、选择、转换等步骤进行操作，因此运用数据仓库技术主要分为下列三部分：

（1）数据抽取技术。在源系统中获取数据，再向其传输目的数据。

（2）数据转换技术。通过转换获取数据，改变具体形式，并处理其中存在的错误数据。

（3）数据加载技术。加载转换后的数据，并将其传递到源系统中有效储存。

由于数据仓库技术是一项非常关键的数据集成技术，在智能电网数据搜集工作中占据重要地位，所以在企业革新发展中，必须充分展现应用技术的价值，才能实现电力企业可持续发展的目标。

（二）数据分析技术

大数据技术的根本驱动力是将信号转变为数据，并通过分析数据获取信息，而后提炼信息得到知识，最终结合获取知识为重要决策与行动提供基础保障。因此在大数据时代，智能电网运用的电力大数据分析技术要具备在大量数据环境中寻找有价值信息的能力，为决策者设计管理对策提供依据。确保电力企业在发展中拥有完善的企业规划和部署，不仅能提高企业在市场中的竞争力，而且可以为实践发展提供不竭动力。以美国太阳能推广案件为例，企业运用数据分析技术收获了大量用户提供的反馈意见，并由此对太阳能的推广影响进行了分析预测，最终根据获取信息提出了更加完善的管理决策。

（三）数据处理技术

该技术包含分库、分区及分表处理三方面：

（1）分库处理是指研究多个数据库数据，并从中寻找应用率较低的内容，将其传递到系统平台中。

（2）分区处理是指科学划分不同文件的类型，并依次记录到通表中，以此控制大型表压力影响，促使数据访问操作更加流畅。

（3）分表处理是指按照数据处理原则，分类构成数据表，以此减少单表工作压力。同时，该技术还可以用来构建纵列式和并行式数据库，不仅能提升数据加载的效率与质量，而且具备全天候查询功能。

（四）数据展现技术

在大数据平台中，构成电力数据展现技术的内容分为三点：可视化技术、历史信息流展示技术及空间信息流展示技术。这些内容在智能电网中有助于帮助员工更快掌握电力系统的运行情况。其中，可视化技术能实时监控电网工作，优化整体系统运行的自动化水平；空间信息流展示技术能远程操控网点数据，为数据操作设计有功与无功的调节功能。通过构建全方位的电网可视化方案，不仅能获取多信息源数据，如电网模型、地理数据、调度实时数据等，而且可以根据实际地理图了解电网运行状态。在这一过程中，可视化技术为智能电网运行监视提供了新模式，既能完善了解电网各设备、区域及用户用电状态，又可以控制调度运行构成的风险。

第九节　电力用户互动参与

近年来，为解决电网信息化建设过程中，各系统之间软件内容设计混乱、数据模型不统一、系统兼容性不好和共享数据不完整等问题，在电网灵活互动方面，设计一种通用的服务平台，实现各网省公司接入系统的统一性，并形成统一标准。互动服务平台作为智能电网用户侧业务的主要承载方式，是电力企业实现与电力用户友好互动、为电力用户提供智能化和多样化服务的综合平台，平台主要接入智能小区、智能园区、智能楼宇等用电侧用户。通过互动服务平台可实现电力用户角色统一和信息共享的目的，同时也能实现为电力公司配用电侧提供基础的决策数据。

互动服务平台采用先进的信息通信技术，通过 95598 供电服务中心、智能营业厅、手机、电脑、数字电视、智能交互终端、自助终端等多种网络互动和本地互动渠道，实现电网与电力用户之间的远程和现场互动，可完成信息提供、业务受理、客户缴费、能效分析、"三网融合"等多元化服务内容。

一、平台整体架构

面向居民、工业、楼宇等各类电力用户的通用互动服务平台借助智能电网通信技术，在电能、信息和业务的多元、多向流动的基础上，实现居民用户、商业用户、工业用户，以及公共建筑用电能效的管理和互动。平台整体架构从上到下包括保障层、系统层、网络层、接入层四个部分，见图 7-3。

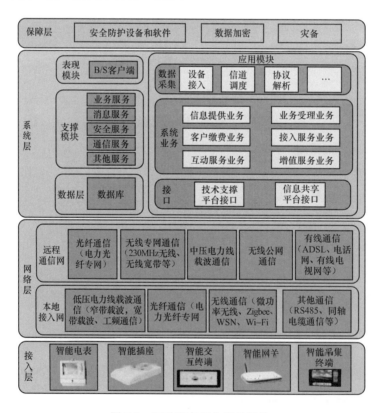

图 7-3　互动服务平台整体架构

（一）保障层

由于电力系统自身有一套独立的网络，与互联网是分割的，但互动服务平台需要通过互联网等外部网络进行数据的采集和传输，因此保障层主要从网络安全和数据灾备的角度出发进行构建。其主要包括安全防护（正反向隔离设备）设备和软件防火墙、数据加密及数据灾备三部分。

（二）系统层

系统层主要提供互动服务平台系统功能，是实现智能用电互动服务的主要内容。

系统层主要由表现模块、应用模块、支撑模块和数据模块组成。表现模块用来提供用户界面与后台的调用；应用模块是软件系统的核心内容，分为数据采集、系统业务、系统接口三部分，其中系统业务是互动服务平台的主体展现内容；支撑模块主要为互动服务平台与其他系统集成提供服务保障；数据模块的实质是数据库和相应的数据库管理。

（三）网络层

网络层提供远程通信网和本地接入网。其中，远程通信网是电力部门的通信传输网和运营商通信网，分为电力光纤专网、230MHz 无线专网、中压电力线载波专网、无线公网通信网和有线通信网等；本地接入网主要由低压电力载波、光纤复合低压电缆（Optical Fiber Composite Low-voltage Cable，OPLC）、微功率无线、Wi-Fi、Zigbee、RS485、同轴电缆等数据传输载体实现。

（四）接入层

接入层主要包括智能电表、网关、交互终端、智能插座采集设备和采集终端等接入端设备。通过采集设备的实时数据，为互动服务平台提供基础分析数据。同时，为电力客户提供控制等互动服务功能支撑部分。

二、平台功能设计

互动服务平台的主要服务内容包括：信息提供、业务受理、客户缴费、能效分析、接入服务、互动服务和增值服务等。通过互动服务平台实现能源信息传输，实现用电侧需求与电网双向互动，进行用电侧高可靠性设备的智能检测管理和能源使用情况监测，为电力辅助分析与决策提供信息支撑。同时，提高电力公司对用电侧故障检测的响应速度，提供安全可靠的优质供电。互动服务平台功能组成如图7-4所示。

三、平台部署方案

（一）物理架构

智能用电服务系统由互动服务平台、技术支持平台、信息共享平台和其他辅助系统组成。其中，互动服务平台是智能用电服务系统电力客户端的主要信息系统，能为智能用电服务系统提供用电数据的信息支撑，为辅助分析与决策系统提供分析支撑。

根据电力系统的整体系统业务分类和部署专区划分,互动服务平台应部署到第四区域。互动服务平台物理部署如图 7-5 所示。

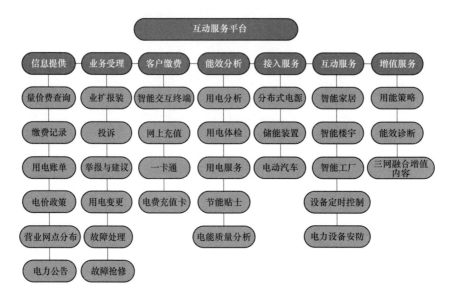

图 7-4 互动服务平台功能组成

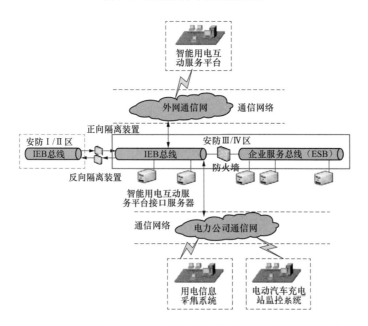

图 7-5 互动服务平台物理部署

（二）安全防护接入方案

系统间数据接口的安全防护主要是指交互服务平台系统与其他业务系统接口之间数据接入方案交换的安全防护。如在已建省级 95598 系统中,接入方案采用互动服务平台与 95598 系统进行数据交互；在未建省级集中 95598 系统中，接入方案采用互动服务平台与管理大区信息内网营销等业务系统的数据接口交互，以及与第三方应用自助缴费平台之间的接口交互等。

（1）对于省级已建成全省集中 95598 系统的，由于全省信息统一由 95598 系统发布，而 95598 系统在建设过程中已考虑了信息内网与信息外网的安全防护问题，所以双向交互平台系统的安全防护需考虑 95598 系统与双向交互平台系统之间的安全防护。95598 系统建设过程中，用户用电信息、停电通知信息、营业网点信息等，均由 95598 系统统一发布，交互服务平台系统采用 Web Service 方式向 95598 获取数据，用户可访问交互服务平台系统查询相关数据。已建省级集中 95598 系统接口安全防护如图 7-6 所示。

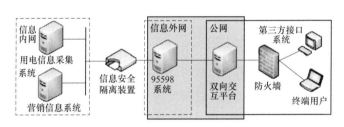

图 7-6　已建省级集中 95598 系统接口安全防护

（2）对于省级未建成全省集中 95598 系统的，交互服务平台系统如需获取相关数据，则需要由电力信息内网业务系统提供，交互服务平台系统的安全防护需考虑电力信息内网与双向交互平台系统之间的安全防护。根据省级用电信息采集系统、营销信息系统的建设情况，数据安全接口分为省级已集中建设用电信息采集系统、营销信息系统的情况和省级未集中建设用电信息采集系统、营销信息系统的情况。以省级集中建设用电信息采集系统、营销信息系统的情况为例说明，未建省级集中部署数据接口安全防护如图 7-7 所示。

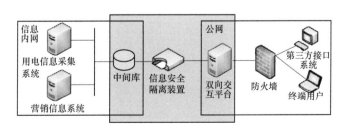

图 7-7　未建省级集中部署数据接口安全防护

在电力公司信息内网部署中间数据库，由于用电信息采集系统、营销信息系统已进行省级集中,可直接将数据推送至中间数据库。交互服务平台系统与中间数据库之间,通过国家电网公司信息安全隔离设备进行安全防护,用户可访问双向交互平台系统查询相关数据。在外部接口和数据调用上,采用统一的业务流程和接口规范。业务流程规范如图 7-8 所示。

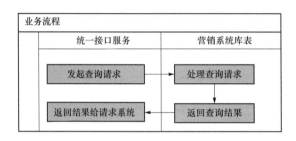

图 7-8　业务流程规范

互动服务平台与自助终端系统均基于营销系统运行,统一接口服务系统与营销系统保持一致的供电单位信息,通过此接口同步营销系统的供电单位。统一接口服务系统在接收到互动服务平台或终端系统后台发送的同步供电单位请求时,与营销系统的供电单位进行同步,调用同步供电单位接口,向营销系统发送同步供电单位请求。营销系统收到请求后,进行处理并返回营销系统的供电单位信息。主站收到供电单位信息后,返回相应的信息给请求的系统。

(三)互动形式

互动服务平台的互动形式主要有推送服务互动和现场互动两种方式。

(1)推送服务互动形式。主要通过电脑、数字电视、智能交互终端、智能监控终端、智能电表、通信等设备,利用互联网、短信、传真、账单、信函、即时通信工具等多种途径给客户提供灵活、多样的远程互动服务。

(2)现场互动形式。主要是电力客户通过智能营业厅、自助终端、营业网点、银行及代售点、现场服务人员等实现与客户的直接交流互动。

第八章　平台风险及应对措施

第一节　风　险　管　理

项目风险是一种不确定的事件或情况，一旦发生，会对项目目标产生负面影响。风险有其成因，如果风险发生，将会导致某种后果。举例来说，风险成因可能是需要获取某种许可，或是项目的人力资源受到限制。风险事件本身则是获取许可所花费的时间可能比计划的要长，或是可能没有充足的人员来完成项目建设工作。以上任何一种不确定事件一旦发生，都会对项目的成本、进度计划、或质量造成不良影响。

风险源于项目中的不确定因素。已知风险是已经经过识别和分析的风险。对于已知风险，可制定相应的策略进行应对。虽然项目经理们可以依据以往类似项目的经验，采取一般的应急措施处理未知风险，但处理难度较高。

在项目建设过程中，涉及的风险主要包括三类：与项目建设直接相关的工程类风险、与管理相关的环境类风险、过程类风险。要成功完成项目，项目组织方必须在项目的全过程中贯彻执行风险管理，制定完善的风险管理策略，必须关注风险管理的四个主要因素：人、过程、基础架构及实施。

风险管理活动贯穿于项目的整个生命周期。项目经理对项目内部的风险管理负责，可指定项目风险管理负责人组织风险管理小组进行识别、分析和跟踪处理风险。风险管理过程包括制定风险管理计划、识别风险、分析风险、制定风险应对计划、监控和应对风险、风险管理收尾等活动。

其中识别风险、分析风险、制定风险应对计划、监控和应对风险四大活动是在项目的生命周期中将定期或事件触发地重复进行的活动。接下来就从这四个方面阐述项目的风险管理策略。

一、项目风险管理策略

（一）识别风险

项目建设过程中的风险包括已知风险、未知风险和不可知风险。已知风险是项目中的一个或多个人注意到的；未知风险是项目组的人员在一定条件（机会、提示和信

247

息）下会暴露的风险；不可知风险是指那些甚至于在理论上都不可预测的风险。

在风险识别中可以使用的信息收集手段包括头脑风暴法、Dephi 法、访谈等。

1. 头脑风暴法

该方法可能是最常用的风险识别手段，其目标是获得一份全面的风险列表，以备在将来的风险定性和定量分析过程中进一步加以明确。一般由项目团队承担这项任务。在一位协调员的领导下，这些人员产生对项目风险的想法。他们在一个广泛的范围内进行风险来源的识别，并且在会议上公布这些风险来源，让全体人员一起参与检查，然后根据风险的类型进行风险的分类。

2. Dephi 法

专家们就某一主题，例如工期，达成一致意见的一种方法。该方法需要确定项目风险专家匿名参加会议。协调员使用问卷征求重要项目风险方面的意见，然后将意见结果反馈给每一位专家，以便进行进一步的讨论。这个过程经过几个回合，就可以在主要的项目风险上达成一致意见。Dephi 法有助于减少数据方面的偏见，并避免个人因素对结果产生的不适当影响。

3. 访谈法

可以通过访谈资深项目经理或相关领域的专家进行风险识别。负责风险识别的人员选择合适的人选，事先向他们作有关项目的简要介绍，并提供必要的信息，如 WBS 和假设条件清单。这些访谈对象依据他们的经验、项目的信息，以及他们所发现的其他有用信息，对项目风险进行识别。

此外还可借由"检查表"的方式来识别风险。从以往类似项目和其他信息来源中积累的历史信息和知识，可以用于编制风险识别检查表。使用检查表的一个优点是它使风险识别工作变得快速而简单。它的不足之处在于不可能编制一个详尽的风险检查表，检查表的使用者可能会被表中的条目所局限。因此要注意发现那些在标准检查表中未列出的，而又与某一特定项目相关联的风险，完善可能发生的风险清单和风险说明。

（二）分析风险

一般来说，在一个项目中可能识别出数十个风险，在思考如何应对这些风险之前，我们必须对这些风险展开分析，以确定哪些风险是关键的、容易发生的，即对风险进行优先级排序。这里提供一个比较简易但是非常实用的方法，称为风险的级别，它是风险发生概率和风险危害性两个参数的乘积。风险危害性指如果风险发生会造成多大的危害，可以用 0～1 之间的小数来量化危害，概率取值可以是 0 和 1 之间的任意一个小数。和概率一样，危害也是一个主观值，不可能很精确，因此一般取一位小数。一个风险所造成的影响很可能是多方面的，可能同时影响进度和成本，一般按叠加的方式取值。

（三）应对风险

识别风险并对风险进行量化分析之后，需要进行风险控制，即制订风险计划并在项目进展过程中按计划开展活动，将风险的综合影响降低至项目可以接受的范围。制订风险计划的第一步是确定风险应对策略，也就是采用什么样的方式来处理风险。一般的风险应对策略有：规避、减轻、接受。

1. 风险规避

通过变更项目计划，从而消除风险或产生风险的条件，或者保护项目目标免受风险的影响。虽然项目队伍永远不可能消除所有风险，但某些特定的风险还是可以规避的。在项目早期出现的某些风险事件可以通过澄清需求、获取信息、加强沟通、听取专家意见的方式加以应对；可以减小项目范围以规避高风险工作；可增加项目资源或时间；可采用一种熟悉的，而不是创新的方法；或规避使用一个不熟悉的分包商。这些都可能是风险规避的方法。

2. 风险减轻

设法将某一风险事件的发生概率或其影响降低到一种可以承受的限度。早期采取措施，降低风险发生的概率或风险对项目的影响，比在风险发生后再亡羊补牢要更为有效。风险减轻采用的形式可能是执行一种减小问题的新的行动方案。例如采用更简单的作业过程、更熟悉的项目环境，或者增加项目资源，给进度计划增加时间，以使风险发生的概率降低。

3. 接受风险

这也是应对风险的策略之一，它是指有意识地选择承担风险后果。例如项目经理期望员工自愿流动的百分比较低，更换一个入门级工程师的费用，可能与为留住此人而提升他的福利所花费的费用一样。这时的策略是接受经过培训的人员调离项目的风险，付出的代价便是雇用顶替他们的人所花的费用。

确定了风险应对策略后，对已识别的关键风险可以形成风险计划文档。文档化后的风险应对计划将是风险跟踪的依据，这份计划也将在项目进展过程中不断更新，补充新发现的风险并删除综合影响小的风险。

（四）监控风险

风险计划制订完成后，在项目进展过程中需要对这些风险进行不断的跟踪，按计划采取相应的措施，并监控风险的变化情况。为使风险的跟踪过程更加有效，可以确定一些触发器，以便及时采取措施。风险管理小组应该确定风险的跟踪和交流机制，比如关键风险清单中的风险阈值每周跟踪；里程碑处重新进行风险评估，并将结果记录到里程碑报告中。风险管理小组的跟踪结果应形成风险监控报告，发送给项目经理和相关的人员。

最后应强调风险的升级机制，因为有很多问题在底层或者项目经理层不易协调或决策，需要上报给上一层甚至更高层领导来争取资源。

二、风险管理方法

风险是不期望发生、但有可能发生的未来事件。风险管理旨在减少风险发生的可能性，并且尽可能减少影响。风险管理方法框图见图 8-1。

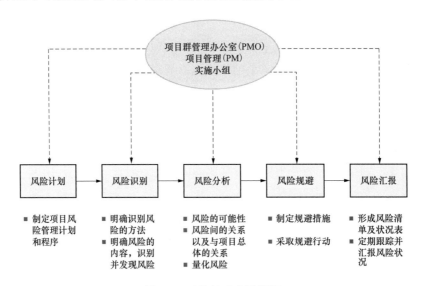

图 8-1　风险管理方法框图

项目风险管理方法不仅强调项目人员的全员参与，而且强调风险管理的流程。整个风险管理流程包括风险计划、识别风险、分析风险、规避风险和汇报风险五个步骤。项目经理负责对风险的全程进行管理和控制。

（1）风险计划。主要工作内容包括制定项目风险管理的目标和计划，以及项目风险管理的程序。

（2）识别风险。主要工作内容包括：

1）明确识别风险的方法。

2）明确风险的内容，发现并识别风险。

（3）分析风险。主要工作内容包括：

1）分析风险的可能性（即风险发生的可能性；确定是低风险还是高风险）。

2）分析风险间的相互关系，以及对整个项目的影响。

3）量化风险的影响。可以从下列四个方面量化：

①对成本的影响；②对整个项目进度的影响；③对质量的影响；④对运行的影响。

（4）规避风险。主要工作内容包括：

1）举行定期的项目状况沟通会。

2）及时采取规避风险的行动。

制定规避风险的方法，包括以下几类：

1）规避（Avoidance）。通过变更项目计划消除风险或风险的触发条件，使目标免受影响。这是一种事前的风险应对策略。例如采用更熟悉的工作方法、澄清不明确的需求、增加资源和时间、减少项目工作范围等。

2）控制（Control）。将风险的概率或结果降低到可以接受的程度，尤其以降低风险概率更有效。例如选择更简单的流程、进行更多的测试、建造原型系统、增加备份设计等。

3）接受（Acceptance）。不改变项目计划，而考虑发生后如何应对。例如制订应急计划，进行应急储备和监控，待发生时随机应变。

4）转移（Transfer）。不消除风险，而是将项目风险的结果连同应对的责任转移给第三方。这也是一种事前的应对策略，例如签订分包合同，将任务交给专业公司完成等。

5）调查（Investigation）。先不做计划，但是针对风险的特征，搜集更多的信息后再考虑风险的应对方法。

（5）汇报风险。主要工作内容包括：

1）形成风险清单及风险状况表。

2）定期跟踪并汇报风险状况。

三、风险等级及流程

按照风险等级均分为重大、重要、普通三个级别，分别以 A、B、C 标示，不同的分析等级有不同的风险控制流程。初步建议的风险控制流程如图 8-2 所示。

（1）风险创建人。风险创建人及风险提出人，在识别到可能存在的风险情况下，对风险进行记录。项目相关人员都可以提出风险。

（2）风险处理人。风险处理人是进行风险应对的人员，对风险进行有效识别，在项目执行过程中对风险进行监控，并执行风险应对计划。

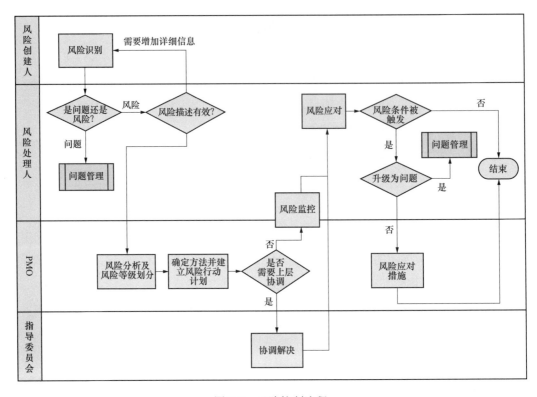

图 8-2　风险控制流程

（3）项目 PMO。项目 PMO 是整体监督风险的组织，对风险进行分析，包括对项目进度、成本及范围等因素的影响，划分确定风险等级和应对措施，并在项目的整个执行过程监控风险。

（4）指导委员会。指导委员会对项目 PMO 范围内难以解决的风险进行协调，一般是项目的重大风险，风险应对所需的资源跨多个组织。

第二节　质　量　管　理

一、质量管理理念

系统的质量通常可以从以下几个方面去衡量：

（1）功用性。即系统是否满足客户功能要求，这是系统质量的第一个评判标准。

（2）可靠性和安全性。即系统是否能够一直在一个稳定的状态上满足可用性，是否能够有效处理意外情况。

（3）可使用性。即衡量用户能够使用系统需要多大的努力。

（4）效率。即衡量系统正常运行需要耗费多少物理资源，是否能够保持成本和性能的平衡。

（5）扩展性和灵活性。即系统是否能够适应一定程度的需求变化。

（6）可维护性。即衡量对已经完成的系统进行维护、调整需要多大的努力。

（7）可移植性。即衡量系统是否能够方便地部署到不同的运行环境中。

系统质量的特殊性表现在以下方面：

（1）对系统而言，无法制定诸如"合格率""一次通过率""PPM""寿命"之类的质量目标。正因为很难制定具体的、数量化的系统质量标准，所以没有相应的国际标准、国家标准或行业标准。每千行的缺陷数量是通用的度量方法，但缺陷的等级、种类、性质、影响都不同，不能说每千行缺陷数量小的软件一定比该数量大的系统质量更好。至于系统的可扩充性、可维护性、可靠性等，也很难量化，不好衡量。系统质量指标的量化手段需要在实践中不断总结。

（2）系统质量没有绝对的合格与不合格界限，系统不可能做到"零缺陷"，对系统的测试不可能穷尽所有情况，有缺陷的系统仍然可以使用。系统通过维护和升级来解决问题和不断完善。

（3）系统之间很难进行横向的质量对比，很难说哪个产品比哪个产品好多少。不同系统之间的质量也无法直接比较，所以没有"国际领先""国内领先"的提法。

（4）满足了用户需求的系统质量，就是好的系统质量。即使技术上很先进、界面很漂亮、功能也很多，但不是用户所需要的，仍不能算好的系统。客户的要求需双方确认，而且这种需求一开始可能是不完整、不明确的，随着开发的进行不断调整。

（5）系统的类型不同，系统质量衡量标准的侧重点也不同。例如对于一些需要系统使用者（用户）与系统本身进行大量交互的系统，对可用性要求较高。

二、质量管理体系

根据国际先进的理念和多年的项目经验，形成了独特的质量管理体系，该体系从质量激励机制、快速解决质量问题机制、质量体系认证标准等方面着手，打造一整套的质量管理体系保证交付物的质量。

质量激励机制包括以下方面：

（1）激发操作者制作精品的意识，实行优质优价。

（2）激发管理者提供优质工作的意识，实行质量问题追溯考核制度。

（3）激发全体员工参与质量管理，实行质量创新奖励机制。

（4）快速解决质量问题机制。

（5）建立渠道畅通的质量信息传递、处理与反馈网络，及时捕捉各个环节的质量动态，通过分析采取纠正与预防措施。

（6）为加强对质量问题的敏感性，形成各部门关心质量、主动解决问题的风气，对出现的质量问题分析责任、进行处罚。

三、质量控制措施

质量控制即监控具体的项目结果，确定其是否满足相关的质量标准，确定消除导致不满意执行情况原因的方法。质量控制措施如下：

（1）坚定质量管理理念，指导项目开展全过程。本着"高质量交付是硬道理，是实施团队的责任和使命"的质量理念，针对不同项目，制定不同的质量管控措施，抓住核心要点，从管理和技术两方面确保项目的有序开展，确保项目高质量交付。

（2）对于项目各阶段的产物提供质量保障。对于项目进展过程中产生的文档等产物，对需要进行技术评审的，将组织技术评审委员会（指定项目组内的部分技术人员）进行评审，以确保项目产物及各项交付物的质量。

1）对于项目的分析、设计阶段的过程产物，需要进行技术评审，成立技术评审委员会（指定项目组内的部分设计人员），以消除分析、设计阶段的缺陷，尽可能不让问题往后拖延。

2）组织技术人员对开发成果进行内部评审，之后再组织用户和专家进行分步评审，编制项目评审报告，并根据评审意见进行完善。

3）定期组织项目组成员对代码进行走查，消除代码中存在的逻辑错误。

4）项目开发到一定阶段后，对产品进行每日构建。采用 Ant、CruiseConrtrol 等工具，每天定时自动获取源代码，并且进行编译、打包、发布及执行单元测试代码。每日构建能够减少最终的排错成本，更为关键的作用是将会为企业的开发流程带来变化，开发人员将会在每日构建的制度下更加频繁地协作，开发进度一目了然，系统的质量也会更加稳定。

5）项目开发完成后，由专门的测试人员进行功能测试、集成测试。

（3）对项目组成员的管理。项目组成员关系到项目的成功与否，同时也是项目质量的关键。应组织一支专业的经验丰富的高技术项目团队，负责该项目各项工作的开展，并且确保项目成员的稳定，以保障项目实施的质量。

第三节 人力资源管理

在项目计划阶段，需要制订项目管理计划，而人力资源计划则是其中必不可少的一项。包括识别项目中的角色、职责和汇报关系，并形成文档，也包括项目人员配备管理计划。

通过对项目的分析，首先确定项目团队的人员，对每项任务活动的总工作量、资源数量及工期进行估算，建立了责任分配矩阵，为具体的人员分配了具体的任务活动，让大家明确自己的责任和目标，并清晰某个活动的相关成员。此外，还可对人力资源的释放标准、培训需求、奖惩标准等做规定。

一、项目资源的人力资源点

（1）具有优秀的团队带头人即项目经理，项目经理应具有丰富的经验，是团队凝聚力的核心，具有较好的组织及人员协调能力。

（2）优秀的团体，应该有好的知识及能力体系，要保证团队目的与个人目的的统一。这也是管理组织学中团队效力及团队效率的问题。也只有这样才能保证团队有凝聚力，稳定、健康地发展。

（3）优秀的团队应目标明确、统一，要有良好的沟通渠道和融洽的团队环境。

（4）优秀的团队人员职责分明，有好的团队学习习惯，这是团队能力提高的阶梯。

二、明确人力资源目标

编制项目团队人力资源计划。人力资源计划的编制是决定项目的角色、职责以及报告关系的过程。在项目启动后，需要及早就项目的人力资源做出合理计划，以保证按时获取满足项目要求的合适资源。在项目启动后，在制定项目进度计划的同时也应尽快完成人力资源计划的制订，因为项目组成员的安排直接关系到项目实施进度情况，二者相互影响、密不可分。在制订人力资源计划时，要注意综合衡量人员经验、成本、效率、可用性。根据项目工作内容对人员的要求，来安排适合的人员，以保证工作可以让适合的人完成。在保证高级别复杂工作有合适人员负责的同时，也避免让能力强的员工做低级别的简单工作，做到人尽其用，既可以保证项目实施进度，又降低了人力成本。

三、选择合适的人力资源组建项目团队

在制订了人力资源组织计划后，就需要按照计划招聘相应的人员组建成项目团队。

充分了解每个项目成员各自的特长和性格特点，充分考虑项目成员的技能情况，为他们分配正确的工作，同时还需要考虑项目成员的工作兴趣和爱好。尽量发挥项目成员的特长，让每个人从事自己喜爱的工作是项目经理进行工作分配要考虑的问题。项目组中各个成员的知识技能评估、个性特点分析、优点和缺点是事先分析和考虑的

内容。

四、绩效考核激励

要保证绩效考核具有充分的激励作用，就必须保证绩效考核达到以下要求：

（1）绩效考核要有明确的标准，并且这个标准要具体化、定量化。

（2）企业员工的绩效考核得分必须反映员工所承担职责的重要性差别，并实现多种职责的综合平衡。

（3）绩效考核必须能提供科学的、让人信服的横向比较依据，使绩效考核成绩具有充分的横向可比性。

（4）绩效考核程序要保持稳定和公开，在绩效考核过程中要杜绝暗箱操作。

（5）在绩效考核中，要尽可能避免以个人好恶为据，要公正评价每一个下属员工的业绩贡献。

（6）绩效考核要紧扣过程考核结果，尽可能把结果和过程结合起来，以实现对下属员工绩效的全面评价。

（7）绩效考核的实施要加大履职人的参与程度，要以履职人本人为主，上司主管和同事、下属只是起审核、监督的作用，而不是由他们根据主观评价打分。

第四节　里程碑进度把控

随着各级电网建设步伐的不断加快，电网建设任务日益繁重，工程建设周期也不断压缩，研发项目数量越来越多，所涉及的新技术和新设备呈现出不断革新的景象。面对纷繁复杂的研发项目，进度超时已经成为业内项目经理和企业高管高度重视的问题。项目进度管理作为项目管理的重要内容之一，其目标就是保证项目能在规定的日期内及一定成本额度下达成既定目标。

一、控制时间节点

项目时间节点又称为项目的里程碑时间点，是项目关键路径中重要任务项的目标时间。里程碑事件是确保完成项目需求的工作项目序列中不可或缺的关键任务，如研发项目中立项会议等关键任务都是项目的里程碑事件。里程碑事件和时间点犹如项目进度执行过程中的领航灯，将项目目标分解为二级目标。控制好各个项目里程碑时间点，按时完成项目目标，是项目进度管理的策略之一。

二、编制里程碑计划

研发项目在初期需完成里程碑计划的编制。里程碑计划是项目的框架，以可实现的重要事件结果为依据，显示了项目为达到最终目标而必须经过的条件或状态序列，描述了在每个阶段要达到的状态。

编制里程碑计划的步骤如下：

（1）从项目既定目标开始，反向推算其近期关键目标，依此类推衍生出从项目起始到终结的所有关键目标。

（2）依据过去同类项目的经验，确定各个里程碑任务并合理命名。

三、控制里程碑达成率

研发项目的里程碑一旦设置就必须严格按时达成，实现进度控制目标。具体控制方法如下：

（1）进度变更和控制系统。描述了项目进度变更的过程，包含文档记录、处理过程和改进措施。

（2）进展度量。进展度量的一项主要工作是判断进度是否发生了变化，比如在非关键路径上的工作延迟可能不影响项目的进展情况，然而关键工作的延迟会导致整个进度的变更。

（3）补充计划。补充计划是为了反映当项目没有完全按照原计划执行时发生的各种计划外的情况而设置的补充计划。

（4）偏差分析。在进度监视过程中进行偏差分析是进度控制的一个关键职能。将目标进度日期与实际或预测的开始与完成日期进行比较，可以获得偏差信息及出现延误时采取纠正措施所需的信息。

（5）项目管理软件。通常使用 Project 等专业项目软件来实现项目进度管理，项目中每一个时间都有相应的工作需完成。

（6）可视化图表。可视化图表包括网络图、里程碑图、甘特图、实际进度前锋线、费用成本曲线、资源负荷图、项目成本记录表和工作绩效图等。

四、核查里程碑成果

研发项目从立项启动到中试完成的整个过程，里程碑成果逐个实现，每个里程碑完成后将输出任务成果。另外，对里程碑工作任务的总结，也是对后续工作的指引。通过核查里程碑成果，可以判断项目里程碑完成的时间和质量，为后续工作做准备，以最终实现项目目标。

项目经理确认研发产品的规格定义信息，形成产品定义书，输出项目立项申请单，该表单要明确研发技术需要达到的质量标准及其他一些标准。

项目经理与研发体系和生产体系各部门进行资源协调沟通，组建开发项目团队，完成项目成员表。项目经理考虑项目策划、研发、测试、成本、质量、认证等各方面的因素，拟制研发项目计划。计划中包含里程碑事件、工作活动时间点、责任人。计划必须得到项目组成员的认可，具有可实现性。

各相关职能部门（例如硬件部、软件部、结构部、测试部、工程部、质量部等）评估项目目标达成风险，形成风险评估报告，用于项目执行过程中的风险预警。

项目经理组织召开立项会议，立项文档完成签核归档，项目正式立项。

第五节　工作沟通机制

在项目中，沟通不可忽视。项目经理最重要的工作之一就是沟通，通常花在这方面的时间应该占全部工作的 75%～90%。良好的交流才能获取足够的信息、发现潜在的问题、控制好项目的各个方面。项目沟通计划是对于项目全过程的沟通工作，包括沟通方法、沟通渠道等各个方面的计划与安排。沟通管理在于明确项目管理的沟通交流机制，在项目开展过程中进行有效沟通的规范约束机制，主要内容包括：会议管理、交付物管理、规范、流程、计划等的审批和发布等。

一、内部会议制度

内部会议是指项目管理每周召集专业组成员定期召开内部协调会，计划每周四下午召开。会议主持和安排要求如下：

（1）内部会议制度由项目经理发布会议通知，并主持会议。

（2）各专业组每周五中午前提交专业组工作周报和问题汇总记录。

（3）例会后，各与会组长根据会议讨论结果，修正周报，当天必须反馈回项目经理。

（4）项目经理指定人员负责会议纪要，交各专业组确认后存档。

二、周例会制度

周例会是指项目组每周总结汇报，会议主持和安排要求见图 8-3。

（1）项目经理根据各专业组周报汇总后，进行主题汇报，包括本周工作总结、下周计划安排、本周存在问题、人员考勤考核等。

（2）会议纪要由我方安排人员记录并提交监理审核，经各方确认统一意见后，统一邮件发布并存档。

三、月度例会制度

月度会议是指每月召集各个项目组、专业组等项目成员定期召开内部总结会，计划每月第一周的周一下午召开。会议主持和安排要求如下：

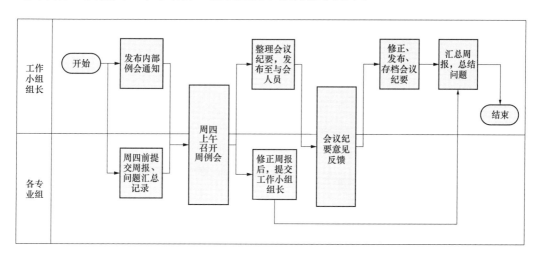

图 8-3 周例会会议流程

（1）月度会议制度由项目总监发布会议通知，并主持会议。

（2）在例会上，由各个项目组做项目月度工作总结及问题汇报。

四、项目专题会议

（1）项目专题会议是除了项目周会之外的相关会议。

（2）项目专题会议发生在各个交付阶段之前。

（3）专业组组长协调安排会议时间、场地、与会人员。

（4）接通知人员应按时参会，确有事不能到会者，需向项目经理和专业组组长请假。

（5）专业组组长指定人员负责记录会议纪要，会议纪要提项目经理、相关各组长确认后，三天内由专业组组长统一邮件发布并存档。

五、其他沟通方式

其他沟通方式见表 8-1。

表 8-1　　　　　　　　其 他 沟 通 方 式

沟通渠道	沟通内容	面向对象	参与人员	应用频率	重要文档
培训	在项目的不同阶段，采取不同的方式，对不同的目标进行培训	全体人员	项目涉及业务范围的人员	根据项目安排	培训材料
					培训效果统计
访谈	征求其他目标受众的意见	领导/部门主任/关键用户	相关项目组人员	根据项目安排	访谈纪要

续表

沟通渠道	沟通内容	面向对象	参与人员	应用频率	重要文档
调查问卷	在项目的不同阶段，采取匿名方式开展受众对项目准确度、接受程度、反馈情况的调查	全体人员	项目组成员	按工作计划开展	问卷统计
电子邮件	作为客户全体员工与项目组间沟通的辅助渠道；解答疑问、提出合理化建议等	全体员工	全体员工	随时	无

第六节　信息安全防护

随着时代的发展，智能电网系统在人们日常生活中扮演的角色日益重要。与传统电网相比，智能电网展现出更加重要的影响。但是与此同时，智能电网的安全性也受到人们的质疑。本节探讨当前形势下，智能电网信息系统所面临的风险与威胁，并在此基础上探讨智能电网系统的安全防护措施。时代的发展及信息化程度的不断加深，对于电网企业提出了更高的要求。传统电网信息系统已经不再适应时代发展的需求，影响了电网信息系统的进一步发展。新时期的智能电网信息系统具有更好的人性化系统，可以进一步提高用户的使用体验。但是也应该意识到当前智能化信息系统所存在的问题，只有将这些问题加以解决，才能有效保障智能电网信息系统的安全性。

一、面临的安全问题简析

（1）设备方面导致的威胁。智能电网信息系统离不开智能设备的支持，虽然在智能电网系统中可依靠一些智能设备完成原先需要人力才能完成的复杂、危险的工作，但是智能设备在无人监护的状况下可能受到不法分子的攻击与破坏，导致其信息遭到篡改。更有可能因为自然因素而导致智能设备的破坏。这些不正常状况往往导致智能设备影响智能电网信息系统，使其产生一定问题。

（2）网络方面导致的威胁。智能设备多数离不开网络，这就导致智能电网系统因为网络信息安全而受到影响。一般来说，智能电网系统安全问题很大一部分来自网络攻击。根据统计，其来源多为入侵、窃听及 DoS 和侧信道攻击等。当不法分子入侵智能电网信息系统后，就会对密码系统进行攻击，从而使用户的信息安全受到严重影响，严重的话会导致其密码、私人信息的泄漏。更有甚者，一些破坏行为可能导致智能电网系统整个安全防护措施的崩溃。

（3）数据方面产生的威胁。智能电网信息系统在运行过程中（发送、传输等）必然会产生大量的数据。这些数据的安全性影响整个智能电网信息系统的安全。但是目前很多数据的安全性没有统一的标准，其访问与使用行为都不严格，往往导致数据泄漏甚至信息数据被篡改。另外，整个信息系统缺乏完备的数据存储与灾害突发应急机制，会导致发生突发状况时数据的安全性得不到保障。

二、安全及防护措施

（1）防火墙的安装。网络防火墙根据不同的技术可分为不同的类型，包括监测型、代理型，以及地址转换型和包过滤型。强化网络之间的相互访问控制，预防外部网络用户对内部网络的非法侵入，防止其破坏内部网络信息，保障内部网络操作环境的正常运行，即为网络防火墙技术，是一种特殊网络互联设备。防火墙会对两个或多个网络之间相互传送的数据包，根据相应的安全措施进行查验，保障网络之间信息的传输是在被允许的状态下进行，并负责网络运行情况的监控。

（2）杀毒软件的安装。一般情况下，个人计算机安装的都是软件防火墙，这种软件防火墙的安装一般都会配备杀毒软件，软件防火墙和杀毒软件都是配套安装的。目前为止，诸多安全技术中，人们普遍使用的都是杀毒软件。杀毒软件的功能以病毒的预防、查杀为主，而且现在较为普遍使用的杀毒软件能够防止黑客和木马的攻击。但是杀毒软件的升级应第一时间完成，最新版本的杀毒软件才能加强防御病毒能力。

（3）计算机 IP 地址的隐藏。黑客通常会运用探测技术，来窥探用户计算机中的重要信息，已达到窃取主机 IP 地址的目的。主机 IP 地址一旦被黑客获取，黑客对用户 IP 的攻击便会易如反掌，如溢出攻击、拒绝服务的攻击等。因此，用户的 IP 地址必须隐藏，通过代理服务器隐藏 IP 地址是目前运用比较广泛的方法。利用代理服务器，若其他计算机用户想要获取用户主机 IP 地址，它探测到的只是代理服务器中的 IP 地址，防止计算机用户主机的 IP 地址泄露，达到保护用户 IP 地址的目的，进而确保计算机用户网络信息不被窃取，保障了网络信息安全。

（4）漏洞补丁程序的安装和升级。计算机漏洞补丁程序的更新和安装必须第一时间完成，因为计算机漏洞是恶意攻击者最易被利用的途径，是计算机的一个致命弱点，例如配置不当、程序缺点和功能设计等存在的漏洞，以及硬件和软件中存在的漏洞等。目前，计算机还存在很多的不足，电脑软件中有些漏洞是固有的，给恶意攻击者提供了攻击的途径，系统中存在固有的漏洞，也就是存在隐藏的不安全因素。针对这种状况，软件开发商也会定期发布补丁程序，计算机用户必须第一时间下载更新相应的补丁，安装漏洞程序，预防漏洞给计算机系统带来的安全隐患。目前较为广泛使用的对漏洞扫描的杀毒软件有 360 安全卫士和瑞星卡卡，此外 tiger、cops 等软件是专门针对漏洞的扫描软件。

三、信息安全关键技术

智能电网体系架构的四个层次中，除了不涉及信息通信的基础硬件层以外，上面三层均有着对应的信息安全技术。感知测量层对应信息采集安全，信息通信层对应信息传输安全，调度运维层对应信息处理安全。信息采集安全主要保障智能电网中的感知测量数据。这一层需要解决智能电网中使用无线传感器、短距离超宽带以及射频识别等技术的信息采集设备的安全性。信息传输安全主要保障传输中的数据信息安全。这一层需要解决智能电网使用的无线网络、有线网络和移动通信网络的安全性。信息处理安全主要保障数据信息的分析、存储和使用。这一层需要解决智能电网的数据存储安全，以及容灾备份、数据与服务的访问控制和授权管理。

（一）信息采集安全

1. 无线传感器网络安全

无线传感器网络中最常用到的是 ZigBee 技术。ZigBee 技术的物理层和媒体访问控制层（MAC）基于 IEEE802.15.4，网络层和应用层则由 ZigBee 联盟定义。ZigBee 协议在 MAC 层、网络层和应用层都有安全措施。MAC 层使用 ABE 算法和完整性验证码确保单跳帧的机密性和完整性；而网络层使用帧计数器防止重放攻击，并处理多跳帧；应用层则负责建立安全连接和密钥管理。ZigBee 技术在数据加密过程中使用三种基本密钥，分别是主密钥、链接密钥和网络密钥。主密钥一般在设备制造时安装。

2. 短距离超宽带通信安全

短距离超宽带（UWB）协议在 MAC 层有安全措施。UWB 设备之间的相互认证基于设备预存的主密钥，采用四次握手机制来实现。设备在认证过程中会根据主密钥和认证时使用的随机数生成对等临时密钥（PTK），用于设备之间的单播加密。认证完成之后，设备还可以使用 PTK 分发组临时密钥（GTK）用于安全多播通信。数据完整性是通过消息的完整性码字段实现的。

（二）信息传输安全

1. 无线网络安全

无线网络安全主要依靠 802.11 和 Wi-Fi 保护接入（WPA）协议、802.11i 协议、无线传输层安全协议（WTLS）。

2. 有线网络安全

有线网络安全主要依靠防火墙技术、虚拟专用网（VPN）技术、安全套接层技术和公钥基础设施（PKI）。

（三）信息处理安全

1. 存储安全

存储可以分为本地存储和网络存储。本地存储需要提供文件透明加密存储功能和加密共享功能，并实现文件访问的实时解密。本地存储严格界定每个用户的读取权限。

2. 容灾备份

容灾备份可以分为三个级别：数据级别、应用级别和业务级别。从对用户业务连续性的保障程度来看，它们的可用级别逐渐提高。前两个级别都仅仅是对通信信息的备份，后一个则包括整个业务的备份。智能电网业务的实时性需求很强，应当选用业务级别的容灾备份。备份不仅包括信息通信系统，还包括智能电网的其他相关部分。整个智能电网可以构建一个集中式的容灾备份中心，为各地区运营部门提供一个集中的异地备份环境。各部门将自己的容灾备份系统托管在备份中心，不仅要支持近距离的同步数据容灾，还必须能支持远程的异步数据容灾。对于异步数据容灾，数据复制不仅要求在异地有一份数据拷贝，同时还必须保证异地数据的完整性、可用性。对于网络的关键节点，要能够实时切换。同时，网络还要具有一定的自愈能力。

3. 访问控制和授权管理

访问控制技术分为三类：自主访问控制、强制访问控制、基于角色的访问控制。自主访问控制即一个用户可以有选择地与其他用户共享文件。主体全权管理有关客体的访问授权，有权修改该客体的有关信息，而且主体之间可以权限转移。强制访问控制即用户与文件都有一个固定的安全属性系统，该安全属性决定一个用户是否可以访问某个文件。

第九章 平台示范案例

第一节 某山区智能电网可视化平台

该平台以打造"安全可靠、透明可控、智慧互联、友好互动"的山区智能电网为目标，综合应用互联网、大数据等新技术，建设以生态友好、简洁实用、灵活兼容、优质可靠为特征的农村山区智能电网智能分析及可视化平台。平台包括总体功能展示、绿色能源主题展示、安全运维主题展示、可靠输变配主题展示、高效管理主题展示、数据分析展示、平台基本管理等功能。

一、平台总体展示

利用地图应用服务展示区域目前的电网架构，以及绿色能源建设、智能电网建设项目的成果分布，并对电网线路地理信息分布图叠加潮流方向或负载率效果图层。配合关键运行指标和绿色能源运行指标展示，凸显电网供电的可靠性和绿色发电在电网所占据的地位。平台总体展示是对平台接入的山区设备进行统一的监测，将设备的状态、运行情况等信息展示出来，让用户能掌握设备的运行状况。

平台总体展示实现的功能子项包括：关键指标展示、电网地理信息分布图/潮流图展示、总体电量情况展示等。

功能项涉及业务活动清单见表9-1，系统画面截图见图9-1。

表 9-1 功能项涉及业务活动清单

序号	业务活动	说　　明
1	供电可靠性指标监测	展示停电时间、停电次数、电压合格率等指标
2	配电自动化设备运行状态监测	展示终端数量、终端在线率、动作次数、正确动作率等指标
3	线路监测	展示线路的电压、电流、功率、频率等信息
4	节点监测	展示变电站、电厂、台区的信息
5	电网潮流监测	可通过点击按钮叠加电压、功率等数据展示电网潮流
6	总供电量监测	展示发电厂的总供电量
7	新能源发电量监测	主要展示小水电总发电量

图 9-1 平台总体展示系统画面

二、绿色能源

对现有绿色清洁能源及其示范绿色能源（含小水电、风电、光伏、储能等）进行可视化展示，统计绿色能源分布、设备信息等，结合小水电微网示范项目和低压光储微网示范项目中微网服务成果，展示绿色能源设备对山区电网带来的效益。绿色能源是山区现有绿色清洁能源及其示范绿色能源（含小水电、风电、光伏、储能等）进行可视化展示，让用户能统计绿色能源分布、设备信息等，并且通过图表展示绿色能源设备的投运和运行情况，以及新能源（含小水电、风电、光伏、储能等）替代传统发电带来的碳排放变化情况。

绿色能源实现的功能子项包括：总览图、光伏项目展示、风电项目展示、水电项目展示、储能项目展示等。

功能项涉及业务活动清单如表 9-2 所示，系统运行画面截图见图 9-2～图 9-7。

表 9-2　　　　　　　　　　　　绿色能源业务活动清单

序号	业务活动	说　明
1	光伏项目	展示光伏项目资产信息、运行状态、运行数据（逆变器等）、故障与事件、发电量及发电效率分析
2	风电项目	展示风电项目资产信息、运行状态、运行数据、故障与事件、发电量及发电效率分析
3	水电项目	展示水电项目资产信息、运行状态、运行数据（机组）、故障与事件、发电量及发电效率分析
4	储能项目	展示储能项目资产信息、运行状态、运行数据、故障与事件、充放电量、充放电次数与时间、剩余电量等
5	充电桩	展示充电桩资产信息、充电站、充电桩、运行状态、运行数据、累计充电次数、累计供电等

图 9-2　绿色能源系统画面（一）

图 9-3　绿色能源系统画面（二）

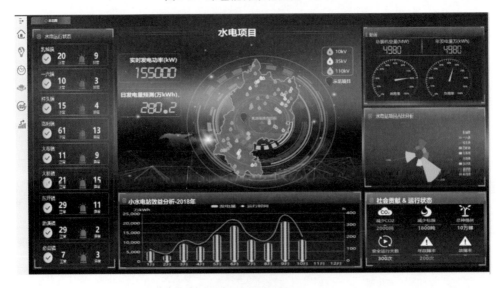

图 9-4　绿色能源系统画面（三）

图 9-5　绿色能源系统画面（四）

图 9-6　绿色能源系统画面（五）

三、安全运维

安全运维主题展示的目的是体现地区智能运维建设成果。气象环境监测功能通过结合智能气象监测系统、主网线路覆冰监测系统，为山区电网提供综合气象监测展示。智能巡检功能结合局内建设的配网线路无人机巡检管理系统，展示无人机进行配网线路巡检轨迹和智能缺陷识别结果。变电站立体模运维可视化功能中会展现 220kV 通济站三维模型，利用三维模型展示设备运行状态。安全运维是通过集成新型智能运维及无人机巡检等系统的数据，统计分析，并可视化展示。

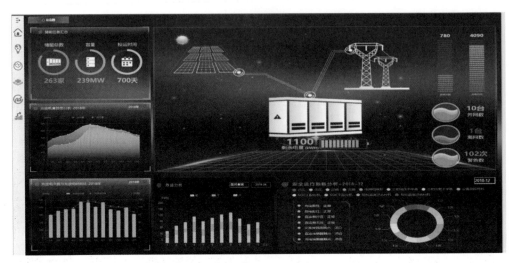

图 9-7　绿色能源系统画面（六）

安全运维实现的功能子项包括：天气环境监测展示、智能巡检展示、变电站立体运维体系可视化展示等。

功能项涉及业务活动清单如表 9-3 所示，系统运行画面见图 9-8～图 9-10。

表 9-3　　　　　　　　　　　安全运维涉及业务活动清单

序号	业务活动	说　　明
1	天气环境监测	展示各种天气指标，如天气情况、温度、降雨量、风力等
2	无人机巡检	通过无人机对线路巡检，发现异常状况，然后将采集的数据统计分析并可视化展示
3	变电站立体运维体系可视化	对示范变电站进行 3D 建模，基于 3D 模型实现站内设备数据监测的可视化

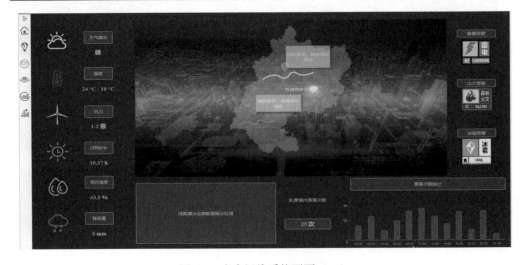

图 9-8　安全运维系统画面（一）

图 9-9　安全运维系统画面（二）

图 9-10　安全运维系统画面（三）

四、可靠输变配

展示输配变线路设备监测数据，统计设备运行告警事件，结合输配电一体化展示系统、线路线损监测，以及智慧台区监测、智慧配电房监测、配电网智能自愈示范工程监测数据，展示智能电网电能质量与供电可靠性。可靠输变配功能是对平台接入的配网基础设备信息及配网设备运行状态和数据进行统一的监测，汇总配网设备的运行情况，监测设备异常状态，对异常告警情况进行统计分析，并展示配网自愈功能。

可靠输变配实现的功能子项包括：设备基础信息、主网运行监测、配网运行监测、智慧配电房、台区综合电压监测、线路监测、智慧台区、异常统计、配网自愈历史重现等。

功能项涉及业务活动清单如表 9-4 所示，系统运行画面见图 9-11～图 9-13。

表 9-4 可靠输变配业务活动清单

序号	业务活动	说　　明
1	设备信息查询	查看设备的名称、所有人、权属、设备厂家台账、投运时间、投运年限、型号、编号等信息
2	配电房监测	展示配电房中的温度、湿度、电流、电压等监测指标
3	变压器监测	监测变压器的电压、电流、有功功率、无功功率、功率因数、温度等数据，设备异常情况统计分析，并对异常告警进行统计分析
4	线路监测	监测线路的负荷数据，并且对线路缺陷状态的隐患及跳闸情况进行监测
5	三相不平衡监测	根据大数据平台的遥信数据，展示是否存在三相不平衡现象
6	停电监测	根据大数据平台的遥信数据及设备的遥测数据，监测是否存在停电情况
7	异常告警统计分析	展示告警统计分析，让用户根据分析情况规划后期工作
8	设备监测	监测电抗器、接地开关、隔离开关、母线、断路器、熔断器、开关柜等设备的遥测遥信数据

图 9-11　可靠输变配系统画面（一）

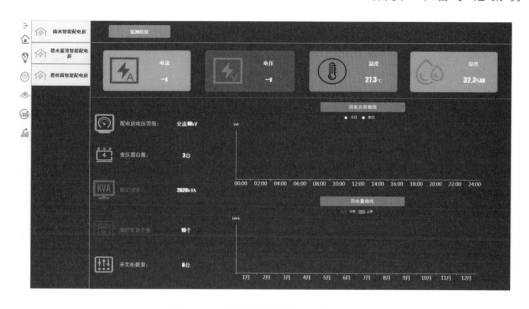

图 9-12　可靠输变配系统画面（二）

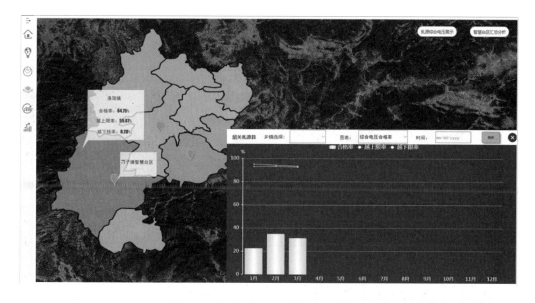

图 9-13　可靠输变配系统画面（三）

五、高效管理

针对客户停电、客户诉求进行统计分析，结合重点用户用电监测示范工程数据和线损情况的展示，体现电网营销高效管理水平。另外，对台区线路的剩余容量进行分析计算，为提高高效管理水平提供决策辅助。高效管理主题展示主要分为客户停电分析、客户诉求分析、线损展示、重点用户展示、营销优化管理、业扩剩余容量分析。

高效管理实现的功能子项包括：客户诉求分析、客户停电分析、线损展示、重点用户展示、营销优化管理、业扩剩余容量分析等。

功能项涉及业务活动清单如表 9-5 所示，系统运行画面见图 9-14～图 9-16。

表 9-5　　　　　　　　　　　　高效管理涉及业务活动清单

序号	业务活动	说　　明
1	客户诉求	平台通过集成客服系统获取工单的类别标签数据，以图表形式展示客户诉求统计的诉求类型及地区、次数
2	客户停电	平台通过集成客服系统获取工单的类别标签数据，以图表形式展示停电户数、平均停电时间
3	线损展示	通过从计量自动化系统获取数据，得出各电压等级线路及台区的线损情况，进行统计展示
4	重点用户展示	主要对山区重点用户工程进行数据展示，监测重点用户用电量、负荷、负载率等电能数据，统计分析重点用户每年或每月的用电量、峰平谷电量等使能数据，为重点用户提供用电保障，重点分析预测负荷，降低线路故障率和停电次数及减少停电时间
5	营销优化	平台通过集成客服系统获取大用电客户档案数据，通过分析研判诉求客户的所在区域，以地图方式展现分布情况，并且可按线路、台区、供电所不同层级进行不同数据类别的展示，如大用电客户分布情况等
6	业扩剩余容量分析	根据台区的坐标，查询到该台区内的线路信息，提供线路的业扩剩余容量可视化展示，内容包含总容量、在投容量、可接入容量等

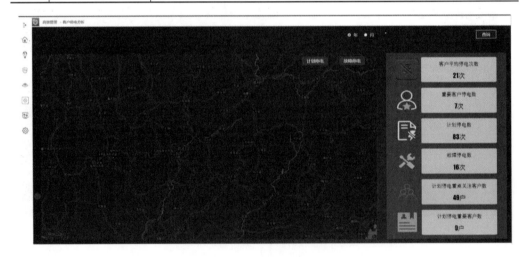

图 9-14　高效管理系统画面（一）

六、数据分析展示

针对水平指标计算和综合数据专题分析两部分，利用大数据手段分别统计十四项水平关键指标和"气温与售电量、诉求量关系分析""设备投运年限分析"两项综合数据专题分析。关键指标完成情况展示的展示指标包括主营业务收入、单位可控供电成本、百万工时工伤意外率、电费回收率、隐患整改完成率、客户平均停电时间、城市居民端电压合格率、农村居民端电压合格率、设备消缺率、第三方客户满意度、综合线损率、10kV 及以下有损线损率、终端数据完整率、信息化水平等指标完成情况，以及对应一流指数、一流等级水平。

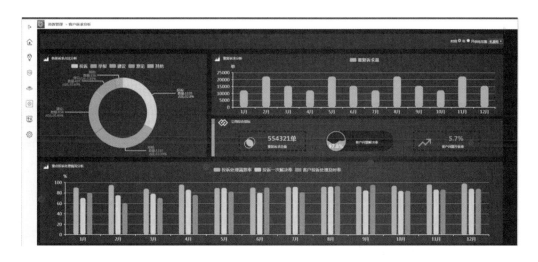

图 9-15　高效管理系统画面（二）

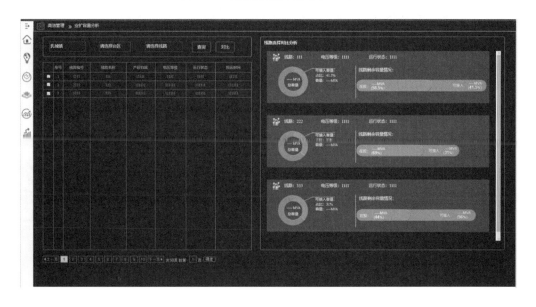

图 9-16　高效管理系统画面（三）

综合数据专题分析展示包括：售电量、客户诉求与气温的关联分析展示，以及设备投运分析。

数据分析展示包括：关键指标可视化、综合数据专题分析等功能子项。

功能项涉及业务活动清单如表 9-6 所示，系统运行画面见图 9-17 和图 9-18。

表 9-6 数据分析展示涉及业务活动清单

序号	业务活动	说　明
1	关键指标可视化	关键指标包括：主营业务收入、单位可控供电成本、百万工时工伤意外率、电费回收率、隐患整改完成率、城市居民端农村居民端电压合格率、设备消缺率、综合线损率、10kV 及以下有损线损率、终端数据完整率、信息化水平
2	售电量、客户诉求与气温的关联分析	温度、季节和售电量与客户诉求的关联度的内容展示
3	设备投运分析	对设备投运年限的分析，包括超过年限、接近年限、正常年限等分析

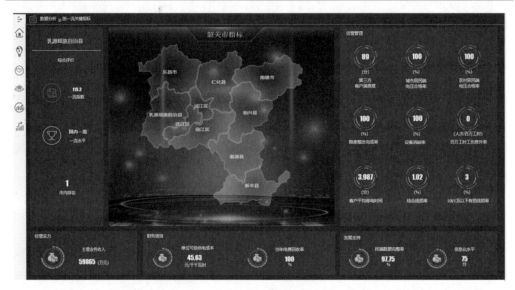

图 9-17　数据分析展示系统画面（一）

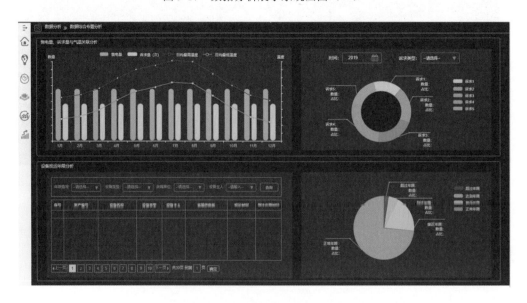

图 9-18　数据分析展示系统画面（二）

七、平台基本管理

平台基本管理功能是为平台设置权限管理、日志管理、数据库管理；权限管理可以为用户分配账号、设置角色，不同的角色代表不同的权限；日志管理用于记录系统运行日志、操作记录、登录日志、错误日志等信息；数据库管理可以管理并维护系统后台数据库结构。

平台基本管理包括权限管理、日志管理、数据库管理等功能子项。

功能项涉及业务活动清单如表 9-7 所示。

表 9-7 平台基本管理涉及业务活动清单

序号	业务活动	说　　明
1	权限管理	权限管理功能，为用户分配账号、设置角色，根据不同的角色权限可以进行不同的操作
2	日志管理	记录系统运行日志、操作记录、登录日志、错误日志等信息
3	数据库管理	管理并维护系统后台数据库结构

第二节　某海岛智能电网可视化平台

以海岛智能电网为对象，建设智能电网综合可视化平台。该平台作为智能电网示范工程建设成效的直接载体，通过实时在线分析计算和离线仿真多种手段，实现针对海岛智能电网的全维度可视化，以更全面、更直观、更综合的方式对海岛电网各环节、各系统进行展示。建设内容涵盖日常的电网管理应用等业务需求，构建集展示宣传、高级应用、教育培训于一体的综合可视化平台。可视化平台以"总体成效、绿色、安全、高效、可靠"五大综合展示主题，包括综合展示、数据分析、数据集成三大方面。

一、总体成效

总体成效是对平台接入的岛屿设备进行统一的规划展示，将设备的状态、运行情况等信息展示出来，让用户能掌握设备的规模、运行状况和用电情况。功能子项包括：电网结构展示、运行指标、供售电情况等。

功能项涉及业务活动清单如表 9-8 所示，系统运行画面见图 9-19～图 9-21。

表 9-8 总体成效涉及业务活动清单

序号	业务活动	说　　明
1	电网结构	以统计图为主要展示方式展示电网资源的建设成果，包含风能光伏绿色能源、输变电主要设备、配网主要设备信息、地图可视化展示全市电网结构和 10kV 配电房分布

续表

序号	业务活动	说　明
2	运行指标	以 GIS 地图为背景，结合地图与统计展示输变电线路监测、变电智能运维等可靠性指标展示、配网设备监测信息、输电线路和变电一次设备，以及配网台变的重过载信息、主配网缺陷信息、主配网运维等安全指标展示
3	供售电情况	以 GIS 地图为背景，展示绿色能源风，电和光伏发电所产生的电能情况、重要用电用户的用电情况，以及用户的分布情况、用电用途分类统计、购电和售电量情况等信息展示、在地图上展示各区域用电量

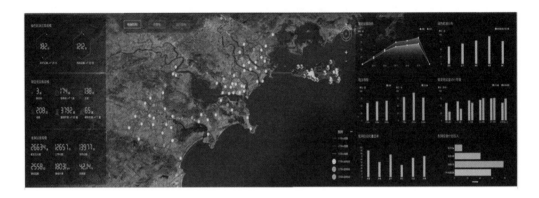

图 9-19　总体成效系统运行画面（一）

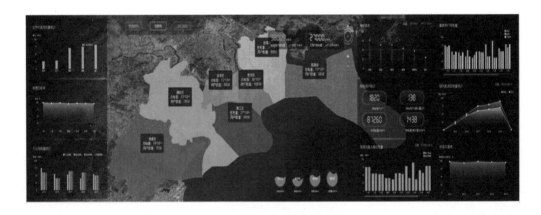

图 9-20　总体成效系统运行画面（二）

二、绿色主题

绿色主题涵盖海岛绿色能源展示内容。海岛绿色能源展示业务主要包括：海岛绿色能源消纳、风电、光伏发电、运营情况可视化展示。

功能项涉及业务活动清单如表 9-9 所示，系统运行画面见图 9-22～图 9-24。

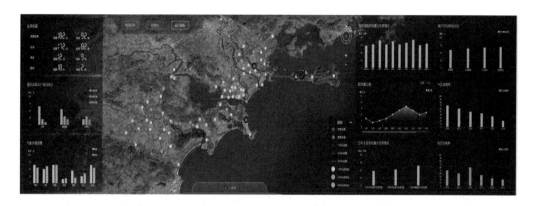

图 9-21 总体成效系统运行画面（三）

表 9-9 绿色主题涉及业务活动清单

序号	业务活动	说　明
1	绿色能源总览	统计图展示海岛各种绿色能源的建设情况，通过图表的方式展示风能发电和光伏发电设备的规模、规划发展情况、新能源替代传统石化能源带来的碳排放变化情况，在地图上可视化展示绿色能源发电设备的分布及简单的设备信息（设备类型、设备名称、投运时间等），在地图上展示风机发电能力热力图，在地图上可视化展示未来风场投入规划
2	风电光伏运营情况	以 GIS 地图为背景，结合地图与统计展示海岛各种绿色能源发电和运营情况、清洁能源占比、电能消纳模式、绿色能源电能送入送出可视化展示、风电或光伏电站的短期功率预测、超短期功率预测，电能消纳模式和新能源替代传统石化能源带来的碳排放变化情况等

图 9-22 绿色主题系统运行画面（一）

三、安全主题

安全主题展示全市电网结构，包括输电、变电和电力通信等业务，以及运行数据，并突出项目科技先进性，展示南澳岛三维立体换流站并通过图片加文字描述展示出换流站的特点。

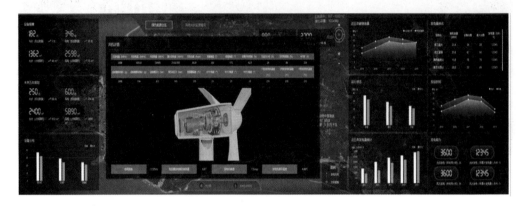

图 9-23　绿色主题系统运行画面（二）

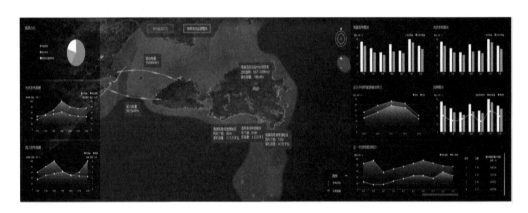

图 9-24　绿色主题系统运行画面（三）

功能项涉及业务活动清单如表 9-10 所示，系统运行画面如图 9-25～图 9-31 所示。

表 9-10　　　　　　　　　　　安全主题涉及业务活动清单

序号	业务活动	说　　明
1	输电展示	以 GIS 地图为背景，结合统计图展示输变电设备、电网拓扑图、设备运行数据、交叉跨越情况、特殊区域分布、在线监测装置信息和海底电缆等信息，实现岛屿 110kV 或 110kV 变电站的视频监测可视化，展示典型架空线路、海底电缆的监测系统实现海陆空多维输电线路可视化，雷电监测站、智能故障监测终端分布情况，并按多维度（按照时间、地域、运行情况等）统计展示信息，屏示海底申缆铺设动画、线路申流方向、换流站输电动画效果
2	变电展示	以 GIS 地图为背景，结合地图与统计图按运维单位和地域展示变电站（换流站），展示变电站主要设备、电站分布、运维检修信息、运行情况，三维展示一个变电站和三个换流站及其监测信息，可视化展示直流断路器、超导限流器两个先进设备，可视化展示重点工程特点

278

序号	业务活动	说　明
3	电力通信展示	结合 GIS 地图展示全市和海岛主干网通信设备分布和覆盖范围并以图表形式统计电力通信设备运行、管理、规模、状态、告警指标等情况

图 9-25　安全主题系统运行画面（一）

图 9-26　安全主题系统运行画面（二）

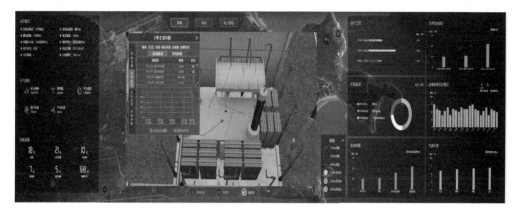

图 9-27　安全主题系统运行画面（三）

图 9-28　安全主题系统运行画面（四）

图 9-29　安全主题系统运行画面（五）

图 9-30　安全主题系统运行画面（六）

图 9-31 安全主题系统运行画面（七）

四、可靠主题

可靠主题主要为配电可视化展示主题。配电可视化展示业务内容主要包括：配网规模可视化、配网主要设备运行及配电房环境监测、重要用户电能质量可视化、历史停电数据可视化、按时间和区域分布统计及微网成效可视化。

功能项涉及业务活动清单如表 9-11 所示，系统运行画面见图 9-32～图 9-34。

表 9-11 可靠主题涉及业务活动清单

序号	业务活动	说　明
1	配网专业可视化	在 GIS 地图以二维地图为背景，对配网的中压、低压及配电自动化设备等主要设备进行设备所属组织、设备投运年限、设备属性分类等多维度的设备规模和变化情况统计，并展示配电自动化建设成效，展示配电设备主要设备状态监测数据、历史预警信息可视化、重过载分析可视化，展示试点用户侧电能质量监测信息，展示配电房的运行环境与设备状态等信息，可视化展示客户停电时间，展示设备的缺陷信息、重过载情况、发生征时停电情况，lora 设备可视化展示、配网火损预测展示
2	微电网可视化	以 GIS 地图为背景，结合地图与统计图并结合微网控制系统建设项目展示海岛微网体系和微电网设备规模，以及设备运行和未来规划情况，最终通过视频和文字描述展示出微电网的优点和微电网对南澳岛的供电可靠性及重要性

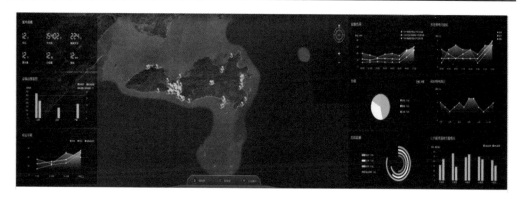

图 9-32 可靠主题系统运行画面（一）

图 9-33 可靠主题系统运行画面（二）

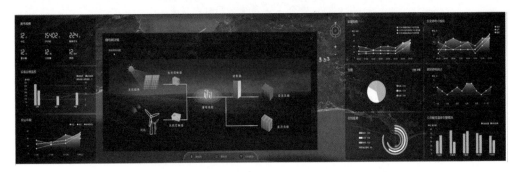

图 9-34 可靠主题系统运行画面（三）

五、高效主题

根据用电类型（互动式用电、电动汽车充电规模、智慧用电业务）切换对应的展示内容。

功能项涉及业务活动清单如表 9-12 所示，系统运行画面见图 9-35～图 9-37。

表 9-12   高效主题涉及业务活动清单

序号	业务活动	说　　明
1	互动式用电与智慧用电业务可视化展示	以地理 GIS（二维）为背景，展示智能楼宇和友好互动用电数据，实现用户用电安全、经济、智慧角度分析统计
2	智能充电规模	以地理 GIS（二维）为背景，结合电动汽车充电运营数据、充电桩地理位置等信息，进行电动汽车服务体系展示

图 9-35 高效主题系统运行画面（一）

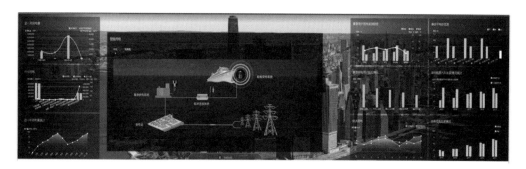

图 9-36 高效主题系统运行画面（二）

图 9-37 高效主题系统运行画面（三）

六、数据分析

依托大数据平台资源，整合与岛屿智能电网有关的台账、运行数据，根据该项目数据情况和实际管理需求，细化管理层级，开展相关数据分析，对电网运行状态、营销业务指标、资产结构及供售电情况进行分析展示。

功能项涉及业务活动清单如表 9-13 所示，系统运行画面如图 9-38～图 9-41 所示。

表 9-13 数据分析涉及业务活动清单

序号	业务活动	说　明
1	主配网运行数据分析	展示出设备状态评价、负载情况、缺陷数据、环境数据、在线监测历史数据等运行信息，并通过将数据按照设备重过载、投运年限、环境情况等关系进行多维度相关性结合展示，体现出设备质量、运行环境和设备运行状态之间影响的关系
2	营销业务关键指标趋势动态分析	利用实增用电用户数、实增用电容量、中压比例、低压比例、客户投诉率、投诉问题升级率等数据进行多维度相关性分析，展示出用户端用电情况和用电质量情况供配网工作人员进行业务管理参考
3	全网资源结构分析	展示主网输电线路、变电站主变压器、配网 10kV 线路和台式变压器设备统计、设备投入情况和预测投资多方面的维度分析结果，展示出设备资产的分布情况和资产现状，为业务人员对设备的生产管理和设备投入计划提供参考

序号	业务活动	说　明
4	市场供售电分析	接入系统中的营销系统的数据利用市场售电量趋势、用电用户类型分类统计、重要用户用电统计、预测买入电量统计等数据因子将数据进行多维度相关性分析，展示海岛的用电情况，供营销系统业务人员对购电和售电量提供数据支撑，更合理地进行市场调控

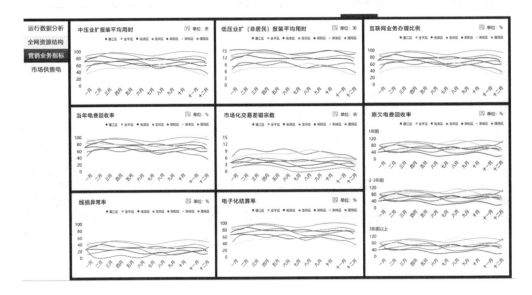

图 9-38　数据分析系统运行画面（一）

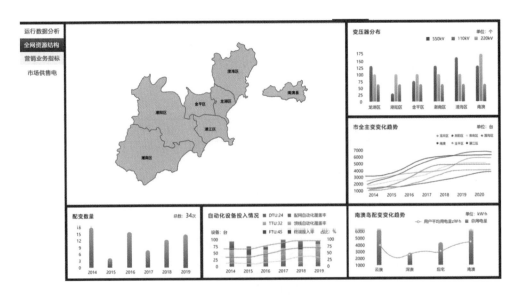

图 9-39　数据分析系统运行画面（二）

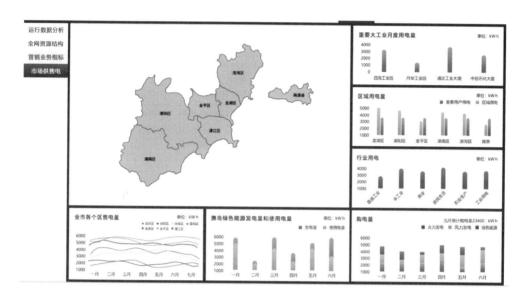

图 9-40 数据分析系统运行画面（三）

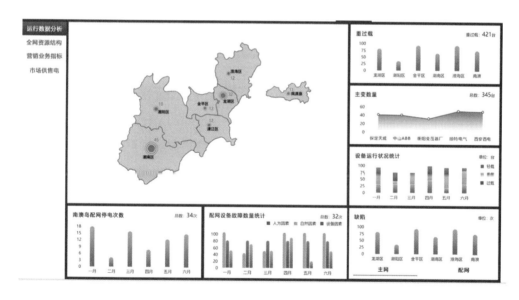

图 9-41 数据分析系统运行画面（四）

七、系统管理

系统管理用于系统管理员和超级管理员对系统的整体维护和监管，包括系统接口管理、元数据管理、数据质量监控、电网大数据质量评估、计算机节点管理、日志管理、人员权限管理 、组件管理与模板管理等功能子项。

功能项涉及业务活动清单如表 9-14 所示。

表 9-14   系统管理涉及业务活动清单

序号	业务活动	说　明
1	系统接口管理	系统提供相应的展示页面,对所接入的数据服务进行统一管理实现可视化数据管理,管理员可以通过页面方便地查看每个接口服务的运行状态,并对接口进行操作(暂停、重启、停止等)
2	元数据管理	对系统中元数据实施统一管理,实现对元数据包括新增、删除、修改、查询等操作,如整个南澳岛依托其他外部系统产生的额外管理数据、业务数据、标准代码数据等
3	数据质量监控	基于元数据实现对海量平台和大数据平台以及其他系统获取的数据进行统计、分析和监控,如数据检查、数据剖析、数据库表空间监控、数据库监控等
4	电网大数据质量评估	在接入各子系统数据的基础上,建立数据质量评估模型,对接入数据进行质量评估
5	计算机节点管理	在系统中管理计算节点,包括日常操作、启动、初始化和维护等
6	日志管理	包括系统日志、业务日志的收集、日志保存、日志定期清除、日志分析等功能
7	人员权限管理	包括对系统用户、角色、权限的添加、修改、删除等管理操作
8	组件管理与模板管理	组建管理用于开发组件的管理和应用描述,可以对组件进行存储、增加、删除等操作。模块管理支持站点、模块分级模板管理,可以对模板进行添加、修改或删除等操作
9	模型拼接	将不同厂家开发的应用数据与组件集成到系统中

第三节　某园区综合能源生态系统平台

该项目是基于供应侧和需求侧的属性特点,以综合能源项目设备状态监控为基础,研发面向需求侧和供给侧的智能型综合能源生态系统,并进行智能电网及各类能源数据的接入。该系统具备综合能源监测、分析、智能诊断、智能管理等功能,可实现供给侧与需求侧的最佳平衡,形成智能调度,大幅提高能源使用效率。

一、驾驶舱管理模块

驾驶舱管理模块是对基地光伏、风电、混合储能、充电桩、电力厨房等综合能源的数据汇总分析,让用户能掌握基地能源使用情况和设备运行情况。

功能项涉及业务活动清单如表 9-15 所示,系统运行画面见图 9-42。

表 9-15   驾驶舱管理模块涉及业务活动清单

序号	业务活动	说　明
1	需求侧及供应侧分析	展示园区年度供给侧和需求侧能源情况
2	实时功率	展示电数据,包括光伏、风电、综合能源实时功率,以及实时用水情况

续表

序号	业务活动	说　　明
3	安全指数分析	展示光伏、风电、混合储能、充电桩、电力厨房安全运行指数占比
4	可视化仿真	通过 3D 建筑展示建筑上的新能源项目，点击某个项目可以查看运行数据，包括光伏、风电、储能、充电桩、电力厨房
5	综合源分析	展示园区总用电、分项用电（照明、空调、其他）、总用水等综合能源数据
6	光伏能源分析	展示光伏装机容量、年发电量、占新能源比例等运行数据
7	风电能源分析	展示风电容量、年发电量、占新能源比例等运行数据
8	混合储能分析	展示混合储能容量、充电量、放电量以及电池 SOC 等运行数据
9	充电桩用能分析	展示充电桩台数、运行状态、电充次数以及充电量等运行数据
10	电力厨房用能分析	展示电力厨房同比环比、当前负荷等运行数据

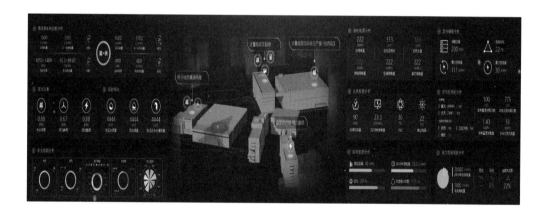

图 9-42　驾驶舱管理模块系统运行画面

二、数据展示-光伏发电

光伏发电实现对屋顶光伏逆变器数据的采集，包括电压、电流、功率、发电量、日照幅度、风速、风向、告警参数等。通过不同维度趋势分析电站功率、发电量、PR 性能等关键指标。

主要分析基地屋顶光伏项目设备运行情况、风向、风速、发电量、投资收益等数据进行汇总、统计分析，并以图表方式进行展示（见图 9-43）。

（1）展示功率与日照强度分析。

（2）展示发电量与投资收益率。

（3）展示光伏电站 PR 性能。

（4）展示光伏电站运行状态和告警数。

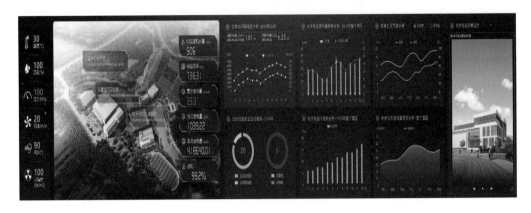

图 9-43　光伏发电系统运行画面

三、数据展示-风力发电

风力发电在园区仿真模型上展示风力发电设备的分布以及运行状态，通过图表方式展示风力发电设备的装机容量、发电情况、风机运行情况、风机 PWM 卸荷情况、风机三相卸荷情况、风机启停状态等，结合国内标准，统计风力发电绿色能源为社会贡献减少 CO_2、减少标煤等指标（见图 9-44）。

主要功能如下：

（1）展示风电综合数据，包括装机容量、年发电量、月发电量、减少 CO_2、减少标煤、总种植树等指标。

（2）按年、按月展示发电量趋势情况。

（3）通过中间 3D 平面图，点击不同风电机。①可以查看风电机运行状态和发电量；②可以查看风电机运行数据，包括电压、功率、电流等；③可以查看风电机蓄电池实时电压情况；④可以查看风电机 PWM 卸荷趋势情况；⑤可以查看风电机三相卸荷趋势情况；⑥可以查看风电机启停状态趋势情况。

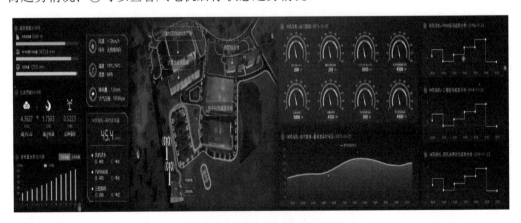

图 9-44　风力发电系统运行画面

四、数据展示-混合储能

混合储能主要对基地超级电容和磷酸铁锂电池进行数据展示，包括：①总体运行情况；②单体电池电压、温度运行情况；③通过时间维度对比分析充电量与放电量比、充放电次数与充放电时间比，分析自我调节是否合理。

通过平台查看超级电容和磷酸铁锂电池运行数据，包括总电压、总电流、状态、SOC、单体电池电压、单体电池温度等；同时多维度分析混合储能充电量和放电量趋势数据、充放电次数和充放电时间趋势数据（见图9-45）。

主要功能如下：

（1）展示超级电容储能系统 PCS 理论值与实时值。

（2）展示磷酸铁锂电池储能系统 PCS 理论值与实时值。

（3）通过储能电路图实时展示运行状态。

（4）展示超级电容 BMS 系统运行数据，包括运行状态、电压、电流、温度、SOC 等。

（5）展示锂电池 BMS 系统运行数据，包括运行状态、电压、电流、温度、SOC 等。

（6）展示混合储能充电量、放电量、充放电次数、充放电时间、每月趋势数据。

图 9-45　混合储能系统运行画面

五、数据展示-充电桩

主要展示直流和交流两种类型的充电桩，实时监控每台充电桩输入电压、输入电流、输出电压、输出电流、有功电度等运行数据；同时分析每台充电桩月度充电量、分时区充电量和报警数据。

充电桩实现对直流充电桩和交流充电桩数据的采集，包括三相输入电压、输出电压、三相输入电流、输出电流、充电量、告警参数等（见图9-46）。

主要功能如下：

（1）展示充电桩基本信息，包括充电桩台数、充电量、充电时长、充电次数等指标。

（2）展示日充电桩负荷趋势情况。

（3）展示每台充电桩实时运行数据，包括运行状态、电流、电流。选择某一台充电桩时，一方面可查看充电桩电压趋势图、累计充电时长、有功电度等指标；另一方面可查看充电桩充电量趋势图及峰平谷分析。

（4）根据报警分类进行占比分析、时区排名分析，根据报警按月进行排名分析。

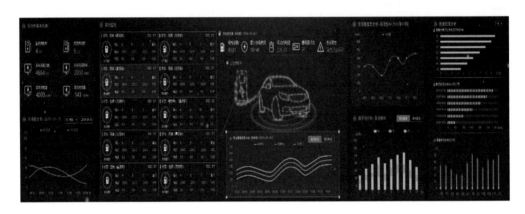

图 9-46 充电桩系统运行画面

六、数据展示-电力厨房

电力厨房主要展示综合楼食堂节能设备的用能情况，包括电能参数、能源流向结构图、峰平谷用电情况及报警数据。

电力厨房实现对电厨电表数据的采集，包括功率因数、频率、负荷、三相电压、三相电流、电流不平衡度、用电量、峰平谷用电量、告警参数等（见图 9-47）。

主要功能如下：

（1）展示电力厨房能源汇总信息，包括总用电量、功率因素、设备运行状态、告警数等指标。

（2）按年展示每个月能源消耗趋势图。

（3）按年展示电力厨房能源流向图。

（4）按年展示每个月峰、平、谷用电情况。

（5）根据现场电房实景图进行组态标识监测位置，点击每个设备监测位置，实时分析设备功率因数、频率、电压、电流、负荷、电流不平衡度等趋势图。

七、数据展示-生活污水处理

生活污水处理主要对园区员工生活污水排放进行 MBR 处理。处理后的水进行园区绿化浇灌；实现水资源再生利用；通过平台对 MBR 污水处理进行实时监控和排放指标达标情况分析。

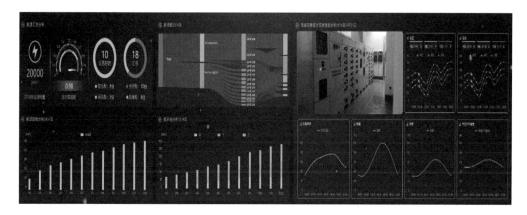

图 9-47 电力厨房系统运行画面

通过生活污水排水量和处理量情况分析投资经济效益，实时监测设备出水量情况，对污水处理后达标排放实现绿化浇灌和沥水流入河塘（见图 9-48）。

主要功能如下：

（1）展示生活污水项目情况。

（2）展示经济效益情况。

（3）仿真污水处理工艺流程。

（4）展示设备运行数据。

（5）展示污水出水量情况。

（6）展示用电量情况。

（7）展示污水处理后水排放指标情况。

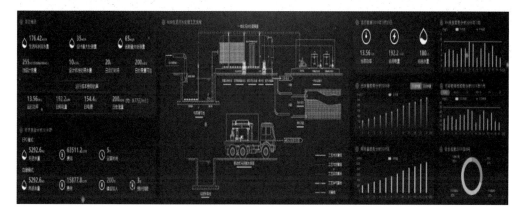

图 9-48 生活污水处理系统运行画面

八、数据展示-综合能源

综合能源主要对园区生产楼、实验楼、仿真楼、应急装备楼、后勤楼、员工宿舍楼、综合楼等照明用电、空调用电进行统计、分析；对用水量进行趋势分析；实时掌握建筑能耗数据，对建筑与建筑之间进行对比，楼层与楼层之间进行对比，多维度挖掘能耗是否超标，是否非工作时间、工作日能耗偏高，然后通过管理节能手段，实现建筑节能。

综合能源实现对仿真楼、应急装备楼、实验楼、后勤楼、生产楼、员工宿舍楼、综合楼等建筑照明用电、空调用电、用水数据的采集，包括负荷、用电量、峰平谷用电量、用水量等（见图9-49）。

主要功能如下：

（1）展示综合能源汇总数据。

（2）展示峰平谷电量数据。

（3）展示建筑用能情况。

（4）展示建筑用能负荷情况。

（5）展示建筑用能占比情况。

（6）展示用水量情况。

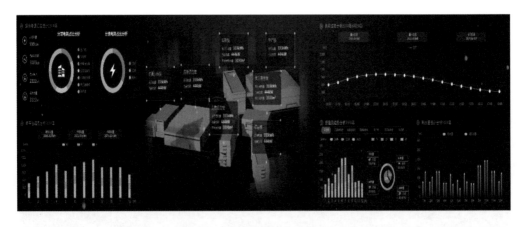

图 9-49　综合能源系统运行画面

九、智能预警分析决策系统

智能预警分析决策系统主要对园区光伏发电、风力发电、混合储能、充电桩、电力厨房等项目，结合基础数据和运行数据的采集，通过相关指标、算法、进行智能预警和智能分析，最后给出相应辅助决策建议信息，为项目维护和项目新建提供数据依据（见图9-50）。

主要功能如下：

（1）展示光伏发电能耗预警、统计分析及辅助决策建议信息。

（2）展示风力发电能耗预警、统计分析及辅助决策建议信息。

（3）展示混合储能能耗预警、统计分析及辅助决策建议信息。

（4）展示充电桩能耗预警、统计分析及辅助决策建议信息。

（5）展示电力厨房能耗预警、统计分析及辅助决策建议信息。

（6）展示综合能源能耗预警、统计分析及辅助决策建议信息。

图 9-50　智能预警分析决策系统运行画面

参 考 文 献

［1］李广宏．vue.jsb 前端应用技术分析．中国新通信，2019（20）：115.

［2］W3C．Service-oriented Architecture［EB/OL］．http：//www.w3.org/TR/ws-gloss.2004.

［3］王秀霞，黄永松．SOA 体系架构的应用研究与分析．硅谷，2011（5）：112.

［4］尚泰．web 基于 ASP．net 技术的应用程序三层设计模型研究．网友世界，2014（14）：13.

［5］吕晶晶．基于 MVC 模式的 ASP.NET 技术应用探讨．科学之友，2013（10）156-157.

［6］姚渝涛．WeX 调用 WebApi 实现交互及跨域认证．电脑编程技巧与维护，2017（05）：25-30.

［7］张尔喜，先晓兵，王雪锋．基于 WebAPI 的移动端学生综合服务平台设计与实现．软件工程，2017（10）：40-42.

［8］孙一笑，张玉军，孙宇成，等．基于 WebAPI 前后端完全分离的软件开发模式．信息与电脑，2019（6）：95-97.

［9］王德建．基于 J2EE 技术开发的应用系统结构浅析．电脑学习，2010（3）：107-108.

［10］沙明．基于 J2EE 技术的企业信息管理系统应用研究．技术应用，2014（9）：114，107.

［11］王仁德，杜勇，沈小军．变电站三维建模方法现状及展望．华北电力技术，2015（2）：19.

［12］肖晓强．智能变电站运行维护管理策略．低碳世界，2016（12）：157.

［13］李占华．变电站变电运行管理的策略．中外企业家，2014（32）：87.

［14］刘世平，王朝．网络信息安全及防护研究．中国新通信，2016：71.

［15］张筱萌．浅谈电网智能调度的辅助决策系统．中国科技投资，2012：76.

［16］刘睿．配电网自愈关键技术．农村电气化，2013（07）：12.

［17］郑宏亮．智能配电网自愈控制关键技术研究．建筑工程技术与设计，2018（08）.

［18］唐峥强．物联网技术与智能电网的融合．科技创新与技术，2015（29）：191.

［19］龙亦文．智能电网与物联网的融合发展研究．中国电子商务，2012（20）：209.

［20］王安如．利用综合监测系统解决配电电缆线路运行监测及故障定位．技术研发，2017（4）：733.

［21］刘旭涛．10kV 配电网故障在线检测和定位分析．中国新技术新产品，2014（11）：48.

［22］朱永强，郝嘉诚，赵娜，等．能源互联网中的储能需求、储能的功能和作用方式．电工电能新技术，2018，37（2）.

［23］冯桂坤，王明忠．电能计量装置资产管理浅析．中国科技期刊数据库，2016（30）：189.

［24］凌俊斌，张旺．电力需求侧管理与需求响应分析．企业改革与管理，2017（107）.

[25] 赵肖旭，耿玲娜，许冠亚，等．面向智能电网的电力大数据分析技术探讨．机电信息，2019（29）：165-166．

[26] 尹超．电网运行异常的状态特征与趋势指标．中国高新区，2017（21）：99．

[27] 安文飞．电能质量分析方法与控制技术探讨．内蒙古石油化工，2012（19）：118-119．

[28] 翟燕．关于电力系统电能质量的提高方法研究．科学技术创新，2019（25）：186-187．

[29] 姜志玲，王勋．电能质量的在线分析与监测．电表与仪器，2007（9）10-13．

[30] 王永权．浅述智能电网电力需求响应．科技创新导报，2013（35）：88．

[31] 姚黎荣．软件项目开发的知识管理模式设计．软件和信息服务，2011：64．

[32] 王志轩．智能电网本质分析：是电网节点上电力流与信息流的双向流动及自动优化运行．中国能源报，2015．［www］https://www.ne21.com/news/show-68592.html．

[33] 郑外生．对智能电网相关三个重要概念的认识．中国电力企业管理，2019：52-53．

[34] 林静瑜．智能电网是传统电网必然发展趋势之探析．湖南农机，2013，40（1）：154-155．

[35] 孟凡超，高志强，王春璞．智能电网关键技术及其与传统电网的比较．河北电力技术，2009（28）：4-5．

[36] 杨超．智能电网：国内投资积极储能技术待突破．中国经济导报．2012-04-21，B02版．

[37] 项峰臣．建设智能电网对我国电网发展的重大意义．物联网技术，2011：32-33．

[38] 智能电网：国内投资积极储能技术待突破．中国经济导报，2012-04-21．

[39] 张扬，沈俊，孙东方．智能电网与能源网融合的模式及其发展前景．农村电气化，2017（364）：8-9．

[40] 李炳森．能源互联网的发展现状与趋势研究．中国水利水电出版社，2017．

[41] 刘国民，宋雨，周庆捷．智能电网信息化体系架构研究．东北电力技术，2012（2）：15-17．

[42] 王砚泽．智能电网技术的发展简史．太原：山西大学，2012．

[43] 吴俊勇．智能电网综述技术讲座第二讲：国内外智能电网的发展战略．电力电子，2010（8）：61-64．

[44] 周勇．智能电网的发展现状、优势及前景．黑龙江电力，2009（31）：404-406．

[45] 郑卫东．分布式能源系统分析与优化研究．南京：东南大学，2016．

[46] 赵磊．智能电网与分布式能源发展概述．电子技术与软件工程，239．

[47] 马晶．分布式能源在智能电网环境下的发展方式探究．上海：上海交通大学，2012．

[48] 顾海军．基于智能电网建设中的储能技术应用研究．电气技术与经济，2019（4）：13-15．

[49] 王承民，孙伟卿，衣涛．智能电网中储能技术应用规划及其效益评估方法综述．中国电机工程学报，2013（7）：33-41．

［50］温诗华．计算机科学在智能电网中的应用．中国高新技术企业，2016（21）：47-49.

［51］佟俊达，杨朔，齐阳，等．5G技术智能配电网发展方向．2020年配电网数字化智能化提升专题交流会论文集，2020：1-4.

［52］吴振铨，梁宇辉，康嘉文．基于联盟区块链的智能电网数据安全存储与共享系统．计算机应用，2017（10）：2742-2747.

［53］张东霞，苗新，刘丽平．智能电网大数据技术发展研究．中国电机工程学报，2015（1）：1-12.

［54］王琼，杨波．知识图谱在电力行业的应用与研究．网络安全技术与应用，2020（11）：137-138.

［55］王振宇．智能电网中基于深度学习的用户短期负荷预测研究．南京：南京邮电大学，2019.

［56］蔡剑彪．基于云计算的智能电网负荷预测平台研究．长沙：湖南大学，2013.

［57］朱琳慧．中国电力信息化行业的市场现状和发展趋势分析电力无线专网标准的统一化发展．http://shupeidian.bjx.com.cn/html/20190307/967329.shtml.

［58］刘国民，宋雨，周庆捷．智能电网信息化体系架构研究．东北电力技术，2012（2）：15-17.

［59］马兴明．我国智能电网与信息化．中国信息化，2018（2）：91-93.

［60］蒋海艳．信息化服务智能电网的初步探索．数字通信世界，2018（3）：46-47.

［61］年玉桂，段凯，袁莉莉．智能电网信息化建设的现状及展望．工程管理，2016（96）：74.

［62］中商产业研究院．2020年中国电力信息化行业市场规模及驱动因素分析．http://shupeidian.bjx.com.cn/html/20200617/1082013.shtml.

［63］骆明，杨威．加强智能电网企业信息化建设．中国电力企业管理，2014（13）：66-67.

［64］田大东．智能电网视域下的电网企业信息化建设研究．中国新通信，2019（19）：44.

［65］杨超，吕军．浅析智能电网的信息化技术．科技创新导报，2019（26）145-146.

［66］张进士．信息技术在智能电网中的应用．信息技术应用研究，2012（12）1-3.

［67］康俊霞，夏文忠．图像识别在电力信息化中的应用．电气传动，2019（12）：121.

［68］杨小蕾．云计算在电力信息化建设中的应用．电子信息，2019（34）：95.

［69］刘源．大数据信息化在电力通信网络中的应用．智能通信，2020（11）：232-233.

［70］张轩瑞，龙翔林．浅析AI技术在电力信息化中的应用与创新．科技前沿，2020（5）：150-152.

［71］徐向南，孟欣．ERP在电力物流信息化中的应用研究．科技风，2019（33）：228.

［72］于东升．面向智能电网愿景的企业信息化建设研究．北京：华北电力大学，2011.

［73］邱光荣．曲靖供电局信息化建设规划研究．昆明：云南大学，2011.

［74］孙绍辉．基于智能电网的黑龙江省电力信息化建设评价研究．北京：华北电力大学，2012.

［75］袁佳．电力企业信息化建设研究．北京：北京交通大学，2006.

［76］李锋贵．A集团公司信息化建设项目规划研究．西安：西安科技大学，2019.

［77］姜继忱，张同斌．信息化提升企业竞争力的机理分析与机制研究．东北财经大学学报，2008.

［78］于艳红．中小企业信息化绩效提升策略研究．学习与实践，2016（09）：54-60.

［79］唐文．制造业企业信息化实施路径的有效选择．会计之友，2014（09）：100-102.

［80］胡进．信息化规划选型方法．现代经济信息，2009（22）：322-323.

［81］王改性．河南省中小企业信息化战略管理研究——基于企业信息孤岛化视角，吉首大学学报（社会科学版），2016，37（S2）：26-29.

［82］路冷飞．高校学业支持与指导信息化平台设计研究．北京：中国药科大学，2019.

［83］付新瑞，付薇薇．智能电网中的信息安全技术．通讯世界，2015（8）：118.

［84］朱爱红，张贵硕．基于SOA体系架构的软件项目开发与实施．项目管理技术，2009，4（7）：57.

［85］乔艳红．智能电网配电技术的应用与发展．中国化工贸易，2018（4）：111.

［86］马骏．面向智能电网的物联网技术及其应用．数字通信世界，2020（2）：210.

［87］吴振田．物联网技术在电力系统中的应用探讨．数码世界，2020（7）：3.

［88］叶军．物联网技术与可视化技术在智能电网中的应用．企业改革与管理，2020（12）：217-218.

［89］李翠．智能电网下可视化技术的展望核心探究．科技风，2020（8）：193-194.

［90］殷雄翔，刘磊．可视化技术在电力调度中的应用．集成电路应用，2019（3）：58-59.